高 等 院 校 力 学 教 材
Textbook Series in Mechanics for Higher Education

"十二五"普通高等教育本科国家级规划教材

水力学内容提要
与习题详解

赵振兴 何建京 王忖 编著

清华大学出版社
北 京

内 容 简 介

本书是高等院校水力学课程的教学参考书,其写作目的是帮助在校学生和工程技术人员加深对水力学基本内容的理解,并进一步熟练解决水利工程计算技能方面所遇到的问题。

内容包括:绪论,水静力学,液体一元恒定总流基本原理,层流和紊流、液流阻力和水头损失,液体三元流动基本原理,有压管流,明渠均匀流,明渠非均匀流,堰流和闸孔出流,泄水建筑物下游水流的衔接与消能,渗流,污染物的输运和扩散,水力相似与模型试验基本原理等的内容提要及习题详解。书后还附有近年各种类型的考卷选编。

本书可供高等院校水利类、土建类等各专业的学生使用,也可供有关技术人员参考。

图书在版编目(CIP)数据

水力学内容提要与习题详解/赵振兴等编著.—北京:清华大学出版社,2012.5(2025.1重印)
ISBN 978-7-302-28610-3

Ⅰ.①水… Ⅱ.①赵… Ⅲ.①水力学—高等学校—教学参考资料 Ⅳ.①TV13

中国版本图书馆 CIP 数据核字(2012)第 072622 号

责任编辑:石 磊 赵从棉
封面设计:常雪影
责任校对:刘玉霞
责任印制:杨 艳

出版发行:清华大学出版社
　　　　网　　　址:https://www.tup.com.cn,https://www.wqxuetang.com
　　　　地　　　址:北京清华大学学研大厦 A 座　　　　邮　　编:100084
　　　　社 总 机:010-83470000　　　　　　　　　　　邮　　购:010-62786544
　　　　投稿与读者服务:010-62776969,c-service@tup.tsinghua.edu.cn
　　　　质量反馈:010-62772015,zhiliang@tup.tsinghua.edu.cn
印 装 者:北京同文印刷有限责任公司
经　　销:全国新华书店
开　　本:175mm×245mm　　　印　张:17.75　　　字　数:363 千字
版　　次:2012 年 5 月第 1 版　　　　　　　　　　印　次:2025 年 1 月第 18 次印刷
定　　价:49.80 元

产品编号:045912-05

前　言
foreword

在多年的水力学教学实践中，我们发现学生对于如何应用所掌握的理论知识解决实际问题比较茫然，无从下手。而目前由于水力学课程的学时不断减少，难以在课内解决这一问题。并且国内现有的水力学解题指导方面的书较少且较陈旧，大多是在20世纪80年代编写的。因此，为适应水力学发展的需要，我们特编写此书，供学生在解题时参考。

本书的编写目的是帮助在校学生和工程技术人员加深对水力学基本内容的理解，并进一步熟练解决工程计算技能方面所遇到的问题。

本书参照近期由清华大学出版社出版的《水力学》(第2版)现行教材的体系编排而成。各章的内容包括：内容提要、习题及解答(习题来源于《水力学》(第2版)中的习题)、补充题及解答(主要选择一些较典型和有一定难度的习题)。书末还附有6份近年来各种类型的考试题。书中先对各章的基本理论、基本概念作一小结，再配以该章详细的习题及解答来帮助理解、消化和吸收该章的基本概念，这样由浅入深，循序渐进，非常有利于学生的学习和提高。

本书由赵振兴、何建京、王忖编著，参加编写的有赵振兴(1、3章)，何建京(4、13章)，王忖(2、6、10章)，张淑君(5章)，程莉(7、8章)，戴昱(9、11、12章)。

对于给予编写此书以鼓励和支持的教师一并致以衷心的感谢！

由于编者水平有限，书中难免有遗漏甚至错误之处，恳切欢迎广大读者批评指正。

编　者
于河海大学，南京
2012年1月

目 录
Contents

第1章 Chapter

绪　　论

内容提要

本章主要介绍水力学的定义及研究内容。同时介绍了连续介质模型、液体的特征及主要物理力学性质和作用在液体上的力。

1.1　液体的连续介质模型

液体是由无数没有微观运动的质点组成的没有空隙存在的连续体,并且认为表征液体运动的各物理量在空间和时间上都是连续分布的。

在连续介质模型中,质点是最小单元,具有"宏观小"、"微观大"的特性。

1.2　液体的主要物理性质

液体的主要物理性质有质量和重量、易流性、黏滞性、压缩性、表面张力等。

1. 质量和重量

质量是惯性的度量,质量越大,惯性越大。质量用符号 m 表示。

液体单位体积内所具有的质量称为液体的密度,用 ρ 表示。

对于均质液体,若其体积为 V,质量为 m,则其密度为 $\rho = \dfrac{m}{V}$。

一般情况下,可将密度视为常数。如水的密度 $\rho = 1000 \ \text{kg/m}^3$。水银的密度 $\rho_\text{m} = 13\,600 \ \text{kg/m}^3$。

2. 黏滞性

易流性:液体受到切力后发生连续变形的性质。

黏滞性：液体在流动状态之下抵抗剪切变形的性质。

切力、黏性、变形率之间的关系可由牛顿内摩擦定律给出：

$$F = \mu A \frac{\mathrm{d}u}{\mathrm{d}y} \tag{1.1}$$

式中，F 为相邻液层之间的内摩擦力，亦可写为应力的形式 $\tau = \dfrac{F}{A}$，在液体内部它们总是成对出现的；μ 为动力黏性系数；A 为流层间接触面的面积；$\dfrac{\mathrm{d}u}{\mathrm{d}y}$ 为液体的角变形率或流速梯度。

3. 压缩性

液体受压后体积减小的性质称为液体的压缩性。用体积压缩系数来衡量压缩性大小：

$$\beta = -\frac{\dfrac{\mathrm{d}V}{V}}{\mathrm{d}p} \tag{1.2}$$

β 的单位为 m^2/N，其值越大，表示液体越易压缩。

β 的倒数称为体积弹性系数，用 K 表示，即

$$K = \frac{1}{\beta} = -\frac{\mathrm{d}p}{\dfrac{\mathrm{d}V}{V}} \tag{1.3}$$

其单位为 N/m^2，K 值越大，液体越难压缩。

4. 表面张力

表面张力是液体自由表面在分子作用半径一薄层内，由于分子引力大于斥力而在表层沿表面方向产生的拉力。通常用表面张力系数 σ 来度量，其单位为 N/m。

1.3　作用于液体的力

液体无论是处于静止或运动状态都受到各种力的作用，这些力可以分为两类。

(1) 表面力：作用在液体的表面或截面上且与作用面的面积成正比的力，如压力 P、切力 F。表面力又称为面积力。

(2) 质量力：作用在脱离体内每个液体质点上的力，其大小与液体的质量成正比。如重力、惯性力。对于均质液体，质量力与体积成正比，故又称为体积力。

单位质量所受到的质量力称为单位质量力，由下式给出：

$$
\left.
\begin{aligned}
f_x &= \frac{F_x}{M} \\
f_y &= \frac{F_y}{M} \\
f_z &= \frac{F_z}{M}
\end{aligned}
\right\}
\tag{1.4}
$$

习题及解答

1.1　如图有一薄板在水面上以 $u=2.0$ m/s 的速度作水平运动,设流速沿水深 h 按线性分布。水深 $h=1.0$ cm,水温为 20℃。试求:(1)切应力 τ 沿水深 h 的分布;(2)若薄板的面积为 $A=2.0$ m²,求薄板所受到的阻力 F。

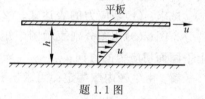

题 1.1 图

解:(1)按水温 20℃,查表查得水的动力黏性系数 $\mu=1.005\times10^{-3}$ N·s/m²,则由牛顿内摩擦定律有

$$
\tau = \mu\frac{\mathrm{d}u}{\mathrm{d}y} = \mu\frac{u}{h} = 1.005\times10^{-3}\times\frac{2}{0.01} = 0.201\ (\text{N/m}^2)
$$

切应力 τ 为常数,沿间隙呈矩形分布。则薄板所受到的阻力为

(2)$F=\tau A=0.201\times2=0.402$(N)

1.2　如图有一宽浅的矩形渠道,其流速分布可由下式表示:

$$
u = 0.002\frac{\rho g}{\mu}\left(hy - \frac{y^2}{2}\right)
$$

式中,ρ 为水的密度;g 为重力加速度;μ 为水的动力黏性系数。

当水深 $h=0.5$ m 时,试求:(1)切应力 τ 的表达式;(2)渠底($y=0$)、水面($y=0.5$ m)处的切应力 τ,并绘制沿铅垂线的切应力分布图。

解:(1)切应力 τ 的表达式为

$$
\tau = \mu\frac{\mathrm{d}u}{\mathrm{d}y} = 0.002\rho g(h-y)
$$

(2)在渠底:

$$
\tau\big|_{y=0} = 0.002\times9810\times0.5 = 9.81(\text{N/m}^2)
$$

在水面:

$$
\tau\big|_{y=0.5} = 0
$$

(3)由于切应力为线性分布,由已知两点的 τ 即可绘出切应力分布图如题解 1.2 图所示。

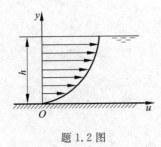

题 1.2 图

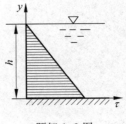

题解 1.2 图

1.3　如图有一圆管,其水流流速分布为抛物线分布

$$u = 0.001 \frac{g}{\nu}(r_0^2 - r^2)$$

式中,g 为重力加速度;ν 为水的运动黏性系数。设半径 $r_0 = 0.5$ m。

试求:(1)切应力的表达式;(2)计算 $r = 0$ 和 $r = r_0$ 处的切应力,并绘制切应力的分布图;(3)用图分别表示图中矩形液块 A, B, C 经过微小时段 dt 后的形状以及上下两面切应力的方向。

解:由牛顿内摩擦定律可求出 τ 的表达式。

(1)　$\tau = -\mu \dfrac{\mathrm{d}u}{\mathrm{d}r} = 0.002 \rho g r$

(2)　$\tau|_{r=0} = 0$

　　　$\tau|_{r=r_0} = 0.002 \times 9810 \times 0.5 = 9.81 (\text{N/m}^2)$

(3)　作用在液块 A, B, C 上下表面切应力如题解 1.3 图所示。

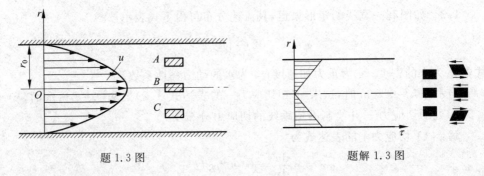

题 1.3 图　　　　　　　　　　　　　　　　　　题解 1.3 图

1.4　由内外两个圆筒组成的量测液体黏度的仪器如图所示。两筒之间充满被测液体。内筒半径为 r_1,外筒与转轴连接,其半径为 r_2,旋转角速度为 ω。内筒悬挂于一金属丝下,金属丝上所受的力矩 M 可以通过扭转角的值确定。外筒与内筒底面间隙为 δ,内筒高度为 H,试推导所测液体动力黏性系数 μ 的计算式。

解:内筒侧面的黏性切应力为 $\tau = \mu \dfrac{\omega r_2}{\delta_1}$,其中 $\delta_1 = r_2 - r_1$,阻力矩

$$M_1 = \mu \frac{\omega r_2}{\delta_1} 2\pi r_1 H r_1$$

而内筒之底面上,距转轴为 r 处的切应力为

$$\tau = \mu\omega\,\frac{r}{\delta}$$

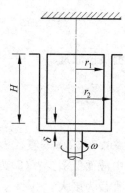

这样内筒的底面受到的阻力矩为

$$M_2 = \int_0^{r_1} \mu\,\frac{\omega r}{\delta}2\pi r^2\,\mathrm{d}r = \frac{1}{2}\mu\,\frac{\omega}{\delta}\pi r_1^4$$

由于 $M = M_1 + M_2$,则有

$$\mu = \frac{M}{\dfrac{\omega}{\delta}\pi r_1^4\left(\dfrac{1}{2} + \dfrac{2\delta r_2 H}{r_1^2\delta_1}\right)}$$

题 1.4 图

1.5 一极薄平板在动力黏性系数分别为 μ_1 和 μ_2 两种油层界面上以 $u = 0.6$ m/s 的速度运动,如图所示。$\mu_1 = 2\mu_2$,薄平板与两侧壁面之间的流速均按线性分布,距离 δ 均为 3 cm。两油层在平板上产生的总切应力 $\tau = 25$ N/m²。求油的动力黏性系数 μ_1 和 μ_2。

解:由牛顿内摩擦定律可知

$$\tau = \tau_1 + \tau_2 = \mu_1\,\frac{\mathrm{d}u}{\mathrm{d}y} + \mu_2\,\frac{\mathrm{d}u}{\mathrm{d}y}$$

$$= \mu_2\left(2\,\frac{\mathrm{d}u}{\mathrm{d}y} + \frac{\mathrm{d}u}{\mathrm{d}y}\right) = 3\mu_2\,\frac{0.6}{0.03} = 60\mu_2$$

由于 $60\mu_2 = \tau = 25$ N/m²,所以

$$\mu_2 = 0.415\ \mathrm{N\cdot s/m^2},\quad \mu_1 = 2\mu_2 = 0.830\ \mathrm{N\cdot s/m^2}$$

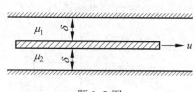

题 1.5 图

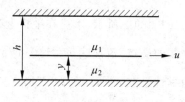

题 1.6 图

1.6 如图所示,有一很窄间隙,高为 h,其间被一平板隔开,平板向右拖动速度为 u,平板一边液体的动力黏性系数为 μ_1,另一边液体动力黏性系数为 μ_2,计算平板放置的位置 y。要求:(1)平板两边切应力相同;(2)拖动平板的阻力最小。

解:(1)由牛顿内摩擦定律可写出

$$\tau_1 = \mu_1\,\frac{u}{h-y},\quad \tau_2 = \mu_2\,\frac{u}{y}$$

由于平板两边的 $\tau_1 = \tau_2$,即

$$\mu_1\,\frac{u}{h-y} = \mu_2\,\frac{u}{y}$$

可解出 $y = \dfrac{\mu_2 h}{\mu_1 + \mu_2}$,由于总切应力为

$$\tau = \mu_1 \frac{u}{h-y} + \mu_2 \frac{u}{y}$$

根据极值原理 $\dfrac{\mathrm{d}\tau}{\mathrm{d}y} = \dfrac{\mu_1 u}{(h-y)^2} - \mu_2 \dfrac{u}{y^2} = 0$，可解出

$$y = \frac{h}{1 + \sqrt{\dfrac{\mu_1}{\mu_2}}}$$

1.7　(1) 一直径为 5 mm 的玻璃管铅直插在 20℃ 的水银槽内，试问管内液面较槽中液面低多少? (2) 为使水银测压管的误差控制在 1.2 mm 之内，试问测压管的最大直径为多大?

解：(1) $h = \dfrac{10.8}{d} = \dfrac{10.8}{5} = 2.16(\mathrm{mm})$

(2) 由 $1.2 = \dfrac{10.8}{d}$，则得 $d = 9$ mm。

1.8　温度为 10℃ 的水，若使体积压缩 1/2000，问压强需增加多少?

解：查得温度 $t = 10℃$ 时弹性系数 $K = 2.11 \times 10^9$ N/m²，则根据弹性系数公式有

$$\mathrm{d}p = K \frac{\mathrm{d}V}{V} = 2.11 \times 10^9 \times \frac{1}{2000} = 1.06 \times 10^6 (\mathrm{N/m^2})$$

补充题及解答

1.1　如图所示，水流在平板上运动，靠近板壁附近的流速呈抛物线分布，E 点为抛物线的端点，流速为 $u = 1.0$ m/s，并且流速梯度 $\dfrac{\mathrm{d}u}{\mathrm{d}y} = 0$，水的动力黏性系数 $\mu = 1.0 \times 10^{-3}$ Pa·s，试求 $y = 0, 2, 4$ cm 处的切应力。

解：设流速分布为

$$u = Ay^2 + By + C \tag{1}$$

补充题 1.1 图

由题给条件：$y = 0, u = 0$，代入式(1)可得出 $C = 0$。

由 $y = 0.04$ m，$u = 1.0$ m/s 代入式(1)可得出

$$0.0016A + 0.04B = 1 \tag{2}$$

再由

$$\frac{\mathrm{d}u}{\mathrm{d}y}\bigg|_{y=0.04\,\mathrm{m}} = 2Ay + B + C = 0$$

可得出 $0.08A + B = 0$，解得

$$B = -0.08A \tag{3}$$

将式(3)代入式(2)可解出

$$-0.0016A = 1$$

即 $A = -625$，则 $B = 50$，将 A、B、C 的值代入式（1）则得

$$u = -625y^2 + 50y$$

可求出切应力

$$\tau = \mu \frac{\mathrm{d}u}{\mathrm{d}y} = 1.0 \times 10^{-3}(-1250y + 50)$$

这样有

$$\tau \mid_{y=0} = 5.0 \times 10^{-2} \text{ N/m}^2, \quad \tau \mid_{y=0.02} = 2.5 \times 10^{-2} \text{ N/m}^2, \quad \tau \mid_{y=0.04} = 0$$

1.2 一转轴在轴承中转动，如图所示，转轴直径 $d = 0.36$ m，轴承长度 $l = 1.0$ m，轴与轴承之间的间隙 $\delta = 0.2$ mm，其中充满动力黏性系数 $\mu = 0.75$ N·s/m^2 的润滑油。如果已知轴的转速 $n = 200$ r/min，求轴克服油的黏性阻力所消耗的功率。

解：由于油层与轴承接触面上的速度为零。油层与轴接触面上的速度为

$$u = r\omega = r \frac{\pi n}{30} = 0.18 \times \frac{3.14 \times 200}{30} = 3.77(\text{m/s})$$

设油层在缝隙内的速度是线性的，即

$$\frac{\mathrm{d}u}{\mathrm{d}y} = \frac{u}{\delta}$$

轴表面上的切力

$$F = \mu A \frac{\mathrm{d}u}{\mathrm{d}y} = 0.75 \times 3.14 \times 0.36 \times 1.0 \times \frac{3.77}{0.0002} = 1.598 \times 10^4(\text{N})$$

克服摩擦所消耗的功率

$$N = F \times u = 1.598 \times 10^4 \times 3.77 = 6.02 \times 10^4(\text{W})$$

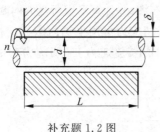

补充题 1.2 图

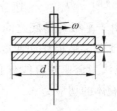

补充题 1.3 图

1.3 如图所示，上下两平行圆盘的直径为 d，两盘之间的间隙为 δ，间隙中流体的动力黏性系数为 μ。若下盘不动，上盘以角速度 ω 旋转，不计空气摩擦力，求转动圆盘所需的阻力矩 M。

解：假设两盘之间流体的速度为直线分布，上盘半径 r 处的切应力为

$$\tau = \mu \frac{u}{\delta} = \frac{\mu r \omega}{\delta}$$

则所需阻力矩为

$$M = \int_0^{\frac{d}{2}} (\tau \times 2\pi r \mathrm{d}r)r = \frac{2\pi\mu\omega}{\delta} \int_0^{\frac{d}{2}} r^3 \mathrm{d}r = \frac{\pi\mu\omega d^4}{32\delta}$$

1.4　有一重量为 $G=9.5$ N 的圆柱体,直径 $d=150$ mm,高度 $h=160$ mm,在一内径 $D=150.5$ mm 的圆管中以速度 $u=4.6$ cm/s 匀速下滑,求圆柱体和管壁间隙中油液的动力黏性系数 μ 为若干。

解:由力的平衡条件

$$G = \tau A$$

而

$$\tau = \mu \frac{\mathrm{d}u}{\mathrm{d}r}$$

则

$$G = \mu \frac{\mathrm{d}u}{\mathrm{d}r} A$$

补充题 1.4 图

$$\mathrm{d}u = 0.046 \text{ m/s}, \quad \mathrm{d}r = \frac{0.1505 - 0.15}{2} = 0.000\,25(\text{m})$$

代入上式中可解出

$$\mu = \frac{G\mathrm{d}r}{\mathrm{d}uA} = \frac{9.5 \times 0.000\,25}{0.046 \times 0.16 \times 3.14 \times 0.15} = 0.685(\text{Pa} \cdot \text{s})$$

1.5　如图所示,在水槽的静止液体表面上,有一面积 $A=1500$ cm^2 的平板,拉动平板以速度 $u=0.5$ m/s 作水平移动,使平板与槽底之间的水流作层流运动。平板下液体分两层,它们的动力黏性系数与厚度分别为 $\mu_1 = 0.142$ N $\cdot$ s/m^2,$\delta_1 = 0.1$ cm;$\mu_2 = 0.235$ N $\cdot$ s/m^2,$\delta_2 = 1.4$ cm。试绘制平板间液体的流速分布图和切应力分布图,并计算平板所受的内摩擦力 F。

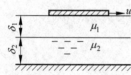

补充题 1.5 图

解:由于平板与槽底之间的水流为层流,其切应力可用牛顿内摩擦定律求解,表面液层速度等于平板移动速度。设在液层分界面上,流速为 u',切应力为 τ,因 δ_1、δ_2 很小,近似认为流速按直线分布。

上层液体的切应力

$$\tau_1 = \mu_1 \frac{u - u'}{\delta_1}$$

下层液体的切应力

$$\tau_2 = \mu_2 \frac{u' - 0}{\delta_2}$$

根据题给条件 $\tau = \tau_1 = \tau_2$,即

$$\mu_1 \frac{u - u'}{\delta_1} = \mu_2 \frac{u'}{\delta_2}$$

可解出

$$u' = \frac{\mu_1 \delta_2 u}{\mu_2 \delta_1 + \mu_1 \delta_2} = \frac{0.142 \times 0.0014 \times 0.5}{0.235 \times 0.001 + 0.142 \times 0.0014} = 0.23(\text{m/s})$$

因为

$$\tau = \tau_1 = \mu_1 \frac{u - u'}{\delta_1} = 0.142 \frac{0.5 - 0.23}{0.001} = 38.34 (\mathrm{N/m^2})$$

平板所受的内摩擦力

$$F = \tau_1 A = 38.34 \times 1500 \times 10^{-4} = 5.75 (\mathrm{N})$$

切应力分布如补充题解 1.5 图所示。

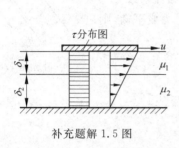

补充题解 1.5 图　　　　　　　　　补充题 1.6 图

1.6 一圆锥体绕其垂直中心轴以等角速度 ω 旋转,如图所示。已知锥体高为 H,锥顶角为 2α,锥体与锥腔之间的间隙为 δ,间隙内润滑油的动力黏性系数为 μ,试求锥体旋转所需的阻力矩 M 的表达式。

解: 设高度为 h 处的圆锥半径为 $r = h\tan\alpha$,沿 h 增加一微分量 $\mathrm{d}h$,其微分表面积 $\mathrm{d}A = 2\pi r \dfrac{\mathrm{d}h}{\cos\alpha}$。设缝隙内的流速按直线变化,则

$$\frac{\mathrm{d}u}{\mathrm{d}y} = \frac{u}{\delta} = \frac{\omega r}{\delta}$$

所以在 $\mathrm{d}h$ 范围内的力矩为

$$\mathrm{d}M = r\tau \mathrm{d}A = r\mu \frac{\mathrm{d}u}{\mathrm{d}y}\mathrm{d}A = r\mu \frac{\omega r}{\delta} 2\pi r \frac{\mathrm{d}h}{\cos\alpha} = 2\pi\mu \frac{\omega}{\delta} \frac{\tan^3\alpha}{\cos\alpha} h^3 \mathrm{d}h$$

则作用于锥体的阻力矩为

$$M = \int \mathrm{d}M = 2\pi\mu \frac{\omega}{\delta} \frac{\tan^3\alpha}{\cos\alpha} \int_0^H h^3 \mathrm{d}h = 2\pi\mu \frac{\omega}{\delta} \frac{\tan^3\alpha}{\cos\alpha} \frac{H^4}{4}$$

1.7 一半球体,其半径为 R,它绕竖直轴旋转的角速度为 ω,半球体与凹槽之间隙为 δ,如图所示,槽面涂有润滑油,其动力黏性系数为 μ。试推证半球体旋转时,所需的旋转力矩为 $M = \dfrac{4}{3}\pi R^4 \dfrac{\mu\omega}{\delta}$。

解: 由于球面上的任意点到转轴的距离为 $R\sin\theta$,则该点的切应力

$$\tau = \mu \frac{\omega R}{\delta}\sin\theta$$

则旋转力矩为 $M = \displaystyle\iint_A \tau R\sin\theta \mathrm{d}A$,将 $\mathrm{d}A = 2\pi R\sin\theta R\mathrm{d}\theta$,

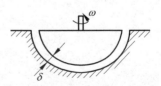

补充题 1.7 图

及 τ 的表达式代入上式,可得

$$M = 2\pi R^4 \frac{\mu\omega}{\delta} \int_0^{\frac{\pi}{2}} \sin^3\theta d\theta = -2\pi R^4 \frac{\mu\omega}{\delta} \int_0^{\frac{\pi}{2}} (1 - \cos^2\theta)d\cos\theta = \frac{4}{3}\pi R^4 \frac{\mu\omega}{\delta}$$

1.8　一个圆柱体沿管道内壁下滑。圆柱体直径 $d=$ 100 mm,长度 $L=300$ mm,自重 $G=10$ N。管道直径 $D=$ 101 mm,倾角 $\theta=45°$,内壁涂有润滑油,如图所示。测得圆柱体下滑速度为 $u=0.23$ m/s,求润滑油的动力黏性系数 μ。

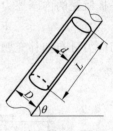

解:自重沿流动方向的分量与圆柱所受阻力成平衡,则

$$G\sin\theta = F = \mu A \frac{du}{dy} = \mu 2\pi \frac{d}{2} L \frac{u}{\delta}$$

补充题 1.8 图

代入具体数值可得

$$\mu = \frac{\delta \times G \times \sin\theta}{\pi \times d \times L \times u} = \frac{0.0005 \times 10 \times 0.707}{3.14 \times 0.1 \times 0.3 \times 0.23} = 0.163(\text{N} \cdot \text{s/m}^2)$$

第2章 Chapter

水 静 力 学

内容提要

　　水静力学研究液体平衡(包括静止和相对平衡)规律及其在工程实际中的应用。其主要任务是根据液体的平衡规律,计算静水中的点压强,确定受压面上静水压强的分布规律和求解作用于平面和曲面上的静水总压力等。

2.1　静水压强及其特性

　　在静止液体中,作用在单位面积上的静水压力定义为静水压强,用字母 p 表示,即

$$p = \lim_{\Delta A \to 0} \frac{\Delta P}{\Delta A} \tag{2.1}$$

单位是 N/m²(或 Pa),kN/m²(或 kPa)。

　　静水压强具有两个特性:

　　(1) 静水压强的方向垂直指向作用面;

　　(2) 静止液体中任一点处各个方向的静水压强的大小都相等,与该作用面的方位无关,即

$$p_x = p_y = p_z = p_n$$

2.2　液体平衡微分方程

1. 欧拉液体平衡微分方程

其平衡微分方程为

$$f_x - \frac{1}{\rho} \frac{\partial p}{\partial x} = 0 \left.\rule{0pt}{0pt}\right\}$$
$$f_y - \frac{1}{\rho} \frac{\partial p}{\partial y} = 0 \left.\rule{0pt}{0pt}\right\} \qquad (2.2)$$
$$f_z - \frac{1}{\rho} \frac{\partial p}{\partial z} = 0 \left.\rule{0pt}{0pt}\right\}$$

上式表明：在静止液体内部，若在某一方向上有质量力存在，那一方向就一定存在压强的变化；反之亦然。

2. 液体平衡微分方程的全微分形式

$$dp = \rho(f_x dx + f_y dy + f_z dz) \qquad (2.3)$$

该式表明：当液体所受的质量力已知时，可求出液体内的压强 p 的具体表达式。

3. 等压面及其特性

定义：在互相连通的同一种液体中，由压强相等的各点所组成的面称为等压面。
等压面方程为

$$f_x dx + f_y dy + f_z dz = 0 \qquad (2.4)$$

等压面的特性：等压面上任意点处的质量力与等压面正交。

2.3　重力作用下静水压强的分布规律

1. 水静力学基本方程

在重力作用下，对于不可压缩的均质液体，静止液体的基本方程为

$$z + \frac{p}{\rho g} = C \qquad (2.5)$$

方程表明：当质量力仅为重力时，静止液体内部任意点的 z 和 $\dfrac{p}{\rho g}$ 两项之和为常数。

$$p = p_0 + \rho g h \qquad (2.6)$$

该式表明：在静止液体内部，任意点的静水压强由表面压强加上该点所承受的单位面积的小液柱的重量组成。

2. 绝对压强、相对压强，真空压强

静水压强的两种表示：绝对压强、相对压强，
绝对压强：以设想没有任何气体存在的绝对真空为计算零点所得到的压强称为绝对压强，以 p_{abs} 表示。

相对压强：以当地大气压强 p_a 为计算零点所得到的压强称为相对压强，又称计示压强或表压强，以 p_r 表示。

相对压强与绝对压强之间的关系为

$$p_r = p_{abs} - p_a \tag{2.7}$$

真空压强：如果某点的绝对压强小于大气压强，其相对压强为负值，则认为该点出现了真空。某点的真空压强以 p_v 表示

$$p_v = p_a - p \tag{2.8}$$

上式右端中的 p_a 和 p 均用绝对压强或均用相对压强该等式都成立。

真空的大小除了以真空压强 p_v 表示外，还可以用真空高度 h_v 表示。定义为

$$h_v = \frac{p_v}{\rho g} \tag{2.9}$$

2.4 重力和惯性力同时作用下的液体平衡

研究相对平衡液体主要解决两个问题，一是等压面的形状，特别是自由液面的形状；二是液体中各点压强的计算。

自由液面（等压面）方程为

$$z = \frac{\omega^2 r^2}{2g} \tag{2.10}$$

液体中某点的压强

$$p = p_0 + \rho g \left(\frac{\omega^2 r^2}{2g} - z \right) \tag{2.11}$$

2.5 作用于平面上的静水总压力

1. 解析法

静水总压力的大小

$$P = \rho g h_C A = p_C A \tag{2.12}$$

上式表明：任意形状平面上的静水总压力 P 等于该平面形心点的压强 p_C 与平面面积 A 的乘积。

静水总压力的方向：静水总压力 P 的方向垂直指向受压面。

静水总压力的作用点（压力中心）

$$y_D = \frac{I_C + y_C^2 A}{y_C A} = y_C + \frac{I_C}{y_C A} \tag{2.13}$$

式中各量的含义参见图 2.1，I_C 为通过面积的形心轴惯性矩。

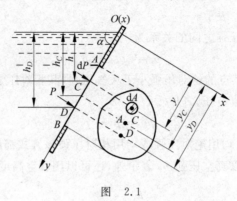

图　2.1

2. 矩形平面静水压力——压力图法

实际工程中常见的受压面大多是矩形平面，对上、下边与水面平行的矩形平面采用压力图法求解静水总压力及其作用点的位置较为方便。

静水总压力的大小

$$P = \Omega b \tag{2.14}$$

上式表明：矩形平面上的静水压力等于该矩形平面上压强分布图的面积 Ω 乘以宽度 b 所构成的压强分布体的体积。这一结论适用于矩形平面与水面倾斜成任意角度的情况。

矩形平面上静水总压力 P 的作用线通过压强分布体的重心（也就是矩形半宽处的压强分布图的形心），垂直指向作用面，作用线与矩形平面的交点就是压心 D。

对于压强分布图为三角形的情况，其压力中心位于水面下 $2h/3$ 处（见图 2.2）。

对于压强分布图为梯形分布的情况，其压力中心距底面的距离为（见图 2.3）

$$e = \frac{a}{3}\frac{2p_1 + p_2}{p_1 + p_2} = \frac{a}{3}\frac{2h_1 + h_2}{h_1 + h_2} \tag{2.15}$$

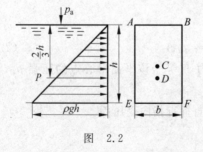

图　2.2

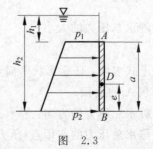

图　2.3

2.6 作用于曲面上的静水总压力

1. 静水总压力的大小

曲面静水总压力水平分力

$$P_x = \rho g h_c A_x \tag{2.16}$$

该式表明,曲面静水总压力的水平分力等于该曲面的铅垂投影面积 A_x 所受的静水压力。二向曲面的铅垂投影面积是矩形平面,故静水总压力的水平分力的大小、方向和作用点均可用前述的解析法或压力图法求解。

曲面静水总压力铅垂分力

$$P_z = \int \mathrm{d}P_z = \int_{A_z} \rho g h \, \mathrm{d}A_z = \rho g \int_{A_z} h \, \mathrm{d}A_z = \rho g V \tag{2.17}$$

式中, $\int_{A_z} h \, \mathrm{d}A_z = V$ 称为压力体的体积。

压力体是由以下各面组成:

(1) 曲面本身;

(2) 通过曲面周界的铅垂面;

(3) 自由液面或其延续面。

可用如下法则判别 P_z 的方向:

(1) 如压力体和对曲面施压的液体在该曲面的两侧,则 P_z 方向向上;

(2) 如压力体和对曲面施压的液体在该曲面的同侧,则 P_z 方向向下。

求得 P_x 和 P_z 后,按力的合成定理,作用于曲面上的静水总压力为

$$P = \sqrt{P_x^2 + P_z^2} \tag{2.18}$$

2. 静水总压力的方向

静水总压力 P 与水平面之间的夹角 θ 为

$$\tan\theta = \frac{P_z}{P_x} \tag{2.19}$$

求得 θ 角后,便可定出 P 的作用线方向。

3. 静水总压力的作用点

将 P_x 和 P_z 的作用线延长,交于一点,过该点作与水平面交角为 θ 的直线,它与曲面的交点就是静水总压力的作用点。

对于圆柱面,则不必求出该点,可直接通过圆心作与水平面交角为 θ 的直线,它与曲面的交点就是静水总压力的作用点。

习题及解答

2.1　绘出图中注有字母的各挡水面的静水压强分布图。

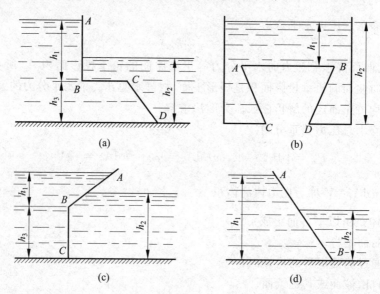

题 2.1 图

解：静水压强分布图见题解 2.1 图。

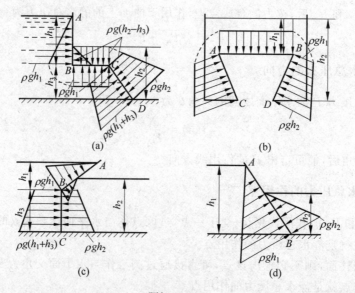

题解 2.1 图

2.2 某压力容器,如题 2.2 图所示。容器上装有两个水银测压计,已知 $h_1 = 2.0\ \text{cm}, h_2 = 24.0\ \text{cm}, h_3 = 22.0\ \text{cm}$,求水深 H。

解:对第 1 个水银测压计,由等压面原理可得

$$p_0 = \rho_m g h_1 = 13\,600 \times 9.81 \times 0.02 = 2668.32\,(\text{N/m}^2)$$

对第 2 个水银测压计,由等压面原理可得

$$\rho_m g h_3 = p_0 + \rho g H + \rho g h_2$$

解得

$$H = \frac{\rho_m g h_3 - \rho g h_2 - p_0}{\rho g} = \frac{133\,416 \times 0.22 - 9810 \times 0.24 - 2668.32}{9810} = 2.48\,(\text{m})$$

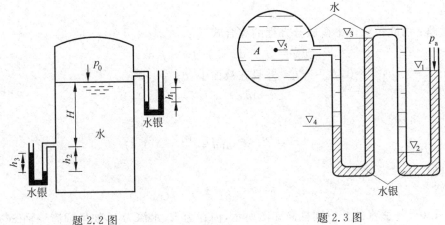

题 2.2 图　　　　　　　　　　题 2.3 图

2.3 在管道上装一复式 U 形水银测压计,如图所示。已知测压计上各液面及 A 点的标高为:$\nabla_1 = 1.0\ \text{m}, \nabla_2 = 0.2\ \text{m}, \nabla_3 = 1.3\ \text{m}, \nabla_4 = 0.4\ \text{m}, \nabla_A = \nabla_5 = 1.1\ \text{m}$。试确定管中 A 点的绝对压强和相对压强。

解:根据等压面原理,可直接写出 A 点绝对压强的表达式

$$p_{Aabs} = p_a + \rho_m g (\nabla_1 - \nabla_2) - \rho g (\nabla_3 - \nabla_2) + \rho_m g (\nabla_3 - \nabla_4) - \rho g (\nabla_5 - \nabla_4)$$

$$= 101.4 + 133.42 \times 0.8 - 9.81 \times 1.1 + 133.42 \times 0.9 - 9.81 \times 0.7$$

$$= 101.4 + 106.74 - 10.79 + 120.08 - 6.87 = 310.56\,(\text{kN/m}^2)$$

A 点的相对压强则为

$$p_{Ar} = p_{Aabs} - p_a = 310.56 - 101.4 = 209.16\,(\text{kN/m}^2)$$

2.4 有一盛水容器的形状如图所示,已知各个水面的高程为 $\nabla_1 = 1.15\ \text{m}, \nabla_2 = 0.68\ \text{m}, \nabla_3 = 0.44\ \text{m}, \nabla_4 = 0.83\ \text{m}, \nabla_5 = 0.44\ \text{m}$,求 1、2、3、4、5 各点的相对压强。

解:$p_2 = 0$

$$p_1 = p_2 - \rho g (\nabla_1 - \nabla_2) = -9.81 \times 0.47 = -4.61\,(\text{kN/m}^2)$$

$$p_3 = \rho g (\nabla_2 - \nabla_3) = 9.81 \times 0.24 = 2.35\,(\text{kN/m}^2)$$

$$p_4 = p_3 = 2.35\,(\text{kN/m}^2)$$

$$p_5 = p_4 + \rho g(\nabla_4 - \nabla_5) = 2.35 + 9.81 \times 0.39 = 6.18(kN/m^2)$$

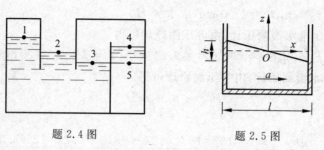

题 2.4 图　　　　　　　　　　　　　　题 2.5 图

2.5　测定运动加速度的 U 形管如图所示,若 $l=0.3$ m,$h=0.2$ m,求加速度 a 的值。

解:由欧拉液体平衡微分方程的综合式

$$dp = \rho(f_x dx + f_y dy + f_z dz)$$

由于 $f_x = -a$,$f_y = 0$,$f_z = -g$。并且在液面上,$dp = 0$,则有

$$-a dx - g dz = 0$$

即有

$$-\frac{dz}{dx} = \frac{a}{g} = \tan\theta = \frac{0.2}{0.3} = 0.67$$

所以加速度

$$a = 0.67 \times 9.81 = 6.57(m/s^2)$$

2.6　一盛水的开口圆柱筒如图所示,内径为 R,水深为 h,如果圆筒绕轴 z(亦即铅垂轴)以等角速度 $\omega(rad/s)$ 旋转,试确定其自由液面的方程式(不考虑水外溢及露底的情况)。

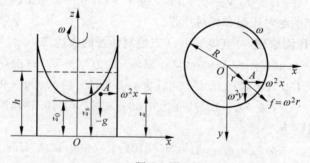

题 2.6 图

解:该题为相对平衡问题,筒内质点 A 所受的单位质量力在 x,y,z 轴上的分力分别为

$$f_x = \omega^2 x, \quad f_y = \omega^2 y, \quad f_z = -g$$

将其代入欧拉液体平衡微分方程的综合式得

$$dp = \rho(\omega^2 x dx + \omega^2 y dy - g dz)$$

因为自由液面为等压面,故 $dp=0$,则

$$\omega^2 x dx + \omega^2 y dy - g dz = 0$$

积分上式并化简得

$$\frac{1}{2}\omega^2(x^2 + y^2) - gz = C$$

$$r^2 = x^2 + y^2$$

则该式可进一步简化为

$$\frac{1}{2}\omega^2 r^2 - gz = C$$

根据边界条件确定积分常数 C。在自由液面的最低点 $x=0,y=0,z=z_0$,代入上式得 $C=-gz_0$。把求得的 C 值代入原方程得

$$\frac{1}{2}\omega^2 r^2 = g(z - z_0)$$

此方程为自由液面方程,故 $z=z_s$,上式可改写为

$$\frac{1}{2}\omega^2 r^2 = g(z_s - z_0)$$

式中 z_s 为自由液面上半径为 r 的任意点的纵坐标值。

2.7 有一引水涵洞如图所示。涵洞进口处装有圆形平面闸门,其直径 $D=0.5$ m,闸门上缘至水面的斜距 $l=2.0$ m,闸门与水平面的夹角 $\alpha=60°$。求闸门上的静水总压力的大小及其作用点的位置。

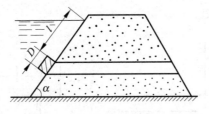

题 2.7 图

解:(1) 静水总压力的大小

$$P = p_C A = \rho g \left(l + \frac{D}{2}\right) \sin\alpha \times \frac{\pi}{4}D^2$$

$$= 9.81 \times (2.0 + 0.25) \times 0.866 \times 0.196 = 3.75(\text{kN})$$

(2) 静水总压力的作用点

$$y_D = y_c + \frac{I_c}{y_c A} = \left(l + \frac{D}{2}\right) + \frac{\frac{\pi}{64}D^4}{\left(l + \frac{D}{2}\right)\frac{1}{4}\pi D^2} = 2.25 + \frac{0.003\,06}{0.442} = 2.26(\text{m})$$

故

$$h_D = y_D \sin\alpha = 2.26 \times 0.866 = 1.96(\text{m})$$

2.8 一矩形平板旋转闸门如图所示,长 $L=3$ m,宽 $b=4$ m,用来关闭一泄水孔口。闸门上游水深 $H_1=5$ m,下游水深 $H_2=2$ m。试确定开启闸门的钢绳所需的拉力 T,并绘出闸门上的压强分布图。

解:求出上游面的总压力

$$p_1 = \rho g(H_1 - L) = 9810 \times 2 = 19.62(\text{kN/m}^2)$$

$$p_2 = \rho g H_1 = 9810 \times 5 = 49.05(\text{kN/m}^2)$$

$$P_1 = \frac{p_1 + p_2}{2}Lb = \frac{19.62 + 49.05}{2} \times 12 = 412.02(\text{kN})$$

$$e_1 = \frac{a}{3}\frac{2p_1 + p_2}{p_1 + p_2} = \frac{3}{3} \times \frac{2 \times 19.62 + 49.05}{19.62 + 49.05} = \frac{88.29}{68.67} = 1.29(\text{m})$$

$$P_2 = \frac{1}{2}\rho g H_2^2 b = \frac{1}{2} \times 9810 \times 4 \times 4 = 78.48(\text{kN})$$

$$e_2 = \frac{H_2}{3} = \frac{2}{3} = 0.67(\text{m})$$

将所有的力对 A 点求矩有

$$P_1(L - e_1) - P_2(L - e_2) - T \times L\sin 45° = 0$$

$$T = \frac{P_1(L - e_1) - P_2(L - e_2)}{L\sin 45°} = \frac{412.02 \times 1.71 - 78.48 \times 2.33}{3 \times 0.707}$$

$$= \frac{521.7}{2.12} = 246.08(\text{kN})$$

压强分布见题 2.8 图。

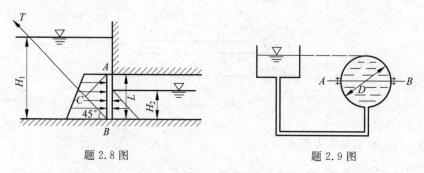

题 2.8 图   题 2.9 图

2.9 一球形盛水压力容器如图所示。球的直径 $D=2.0$ m,容器上、下两个半球在径向断面 AB 的周围用螺栓连接,设该球形容器的上半球重量为 $G=10$ kN,求作用于螺栓上的力。

解:绘出该球面上的压力体为圆柱体减去半个球体,并由此求出作用于螺栓上的力为

$$T = \rho g\left(\frac{\pi}{4}D^2 \times \frac{D}{2} - \frac{1}{12}\pi D^3\right) - G = 9.81\left(\frac{\pi}{4} \times 4 - \frac{1}{12}\pi \times 8\right) - 10$$

$$= 9.81 \times (3.14 - 2.09) - 10 = 9.81 \times 1.05 - 10 = 0.3(\text{kN})$$

2.10 绘出图中二向曲面上的铅垂水压力的压力体及曲面在铅垂投影面积上的水平压强分布图。

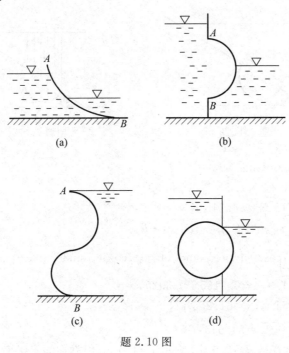

题 2.10 图

解：答案如题解 2.10 图所示。

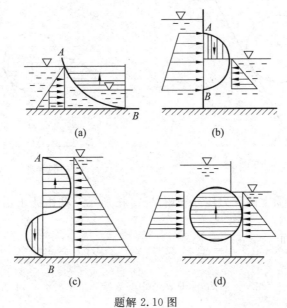

题解 2.10 图

2.11 有一水槽其侧壁与水平面成 $\alpha=30°$ 的角,壁上开一矩形孔口,其宽度 $b=$ 1.5 m,长度 $l=1.0$ m,孔口中心处的水深 $h=2.0$ m。设用一半圆柱形的盖子封闭该孔口,求作用于盖上的压力 P。

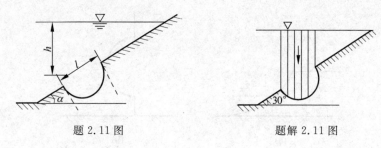

题 2.11 图   题解 2.11 图

解: $P_x=\rho gh \cdot bl\sin\alpha$

$=9810\times2\times1.5\times1.0\times\sin30°$

$=14715 \text{ N}=14.715 \text{ KN}$

$P_z=\rho g(S_{长方形}+S_{三角形}+S_{半圆}) \cdot b$

$=\rho g\left[l\cos30°\left(h+\dfrac{l}{2}\sin30°\right)-\dfrac{1}{2}l\cos30°l\sin30°+\dfrac{1}{2}\pi\left(\dfrac{l}{2}\right)^2\right] \cdot b$

$=\rho g(1.948-0.2165+0.3925) \cdot b$

$=31254.7 \text{ N}=31.255 \text{ kN}$

$P=\sqrt{P_x^2+P_z^2}=34.545 \text{ kN}$

2.12 一圆筒直径 $d=2.0$ m,长度 $b=4.0$ m,斜靠在与水平面成 $60°$ 的斜面上,如图所示。求圆筒所受到的静水总压力的大小及其方向。

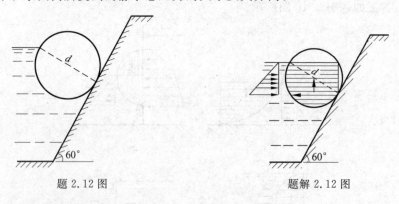

题 2.12 图   题解 2.12 图

解:绘出该圆筒上的压力体如题解 2.12 图所示。并由此求出作用在筒上的水平作用力和铅垂作用力分别为

$$P_x=\dfrac{1}{2}\rho g(d\cos60°)^2b=\dfrac{1}{2}\times9.81(2.0\times0.5)^2\times4.0=19.62(\text{kN})$$

$$P_z=\rho g\left[\dfrac{1}{2}\pi\left(\dfrac{d}{2}\right)^2+\dfrac{1}{2}d\cos60°d\sin60°\right]b=9.81\times4\times(1.57+0.866)$$

$$= 95.59(\text{kN})$$

则圆筒上所受的总压力为

$$P = \sqrt{P_x^2 + P_z^2} = \sqrt{19.62^2 + 95.59^2} = 97.58(\text{kN})$$

方向角为

$$\tan\theta = \frac{P_z}{P_x} = \frac{95.59}{19.62} = 4.872$$

则 $\theta = 78.4°$。

2.13 盛有水的密闭容器如图所示,其底部圆孔用金属圆球封闭。该球重 19.6 N,直径 $D = 10$ cm,圆孔直径 $d = 8$ cm,水深 $H_1 = 50$ cm,外部容器水面低 10 cm,$H_2 = 40$ cm,水面为大气压,容器内水面压强为 p_0。

(1) 当 p_0 也为大气压时,求球体所受的水压力;

(2) 当 p_0 为多大的真空度时,球体将浮起。

解:(1)计算 $p_0 = p_a$ 时,球体所受的水压力

因为球体对称,侧向水压力相互抵消,作用在球上仅有垂直压力。

绘出该球体的压力体,如题解 2.13(a)图所示,并由此求出球体所受水压力为

$$P = \rho g\left[\frac{\pi}{6}D^3 - (H_1 - H_2)\frac{\pi d^2}{4}\right]$$

$$= 9810 \times 3.14 \times (0.000\ 167 - 0.000\ 16)$$

$$= 0.216(\text{N})$$

(2)计算密闭容器内的真空度

设所求真空度为 H 米(水柱)高,欲使球体浮起,必须满足由于真空吸起的"吸力"+上举力=球重,如题解 2.13(b)图所示。

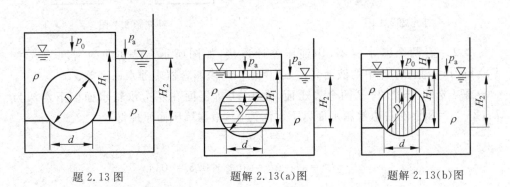

题 2.13 图   题解 2.13(a)图   题解 2.13(b)图

由此可得出如下平衡方程式:

$$\rho g H \frac{\pi d^2}{4} + 0.216 = 19.6$$

则可解出

$$H = (19.6 - 0.216) \times \frac{4}{9810 \times 3.14 \times 0.08^2} = 0.393(\text{m})$$

$$\frac{p_0}{\rho g} \geqslant 0.393 \text{ m}$$

当 $p_0 \geqslant 9810 \times 0.393 = 3855(\text{N/m}^2)$ 时,球将浮起。

补充题及解答

2.1 如图所示一封闭容器中盛有相对密度为 0.8 的油,其深度 $h_1 = 0.3$ m;下面为水,深度 $h_2 = 0.5$ m。测压管中水银液面读数 $h = 0.4$ m,求封闭容器中的油表面压强 p_0。

解:

$$p_0 = \rho_m g h - \rho g h_2 - \rho_0 g h_1$$
$$= 13.6 \times 9.81 \times 0.4 - 1.0 \times 9.81 \times 0.5 - 0.8 \times 9.81 \times 0.3$$
$$= 46.1(\text{kN/m}^2)$$

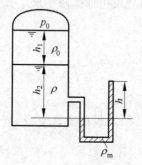

补充题 2.1 图

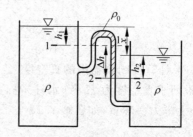

补充题 2.2 图

2.2 有两个盛水容器,用油压差计连接,如图所示。已知油的密度为 $\rho_0 = 800 \text{ kg/m}^3$,油压差计中的液面高差 $\Delta h = 0.5$ m,求两容器中的水面高差 x。

解: 选取 1—1,2—2 两个等压面,设 1—1 等压面在左边水箱水面以下水深为 h_1,2—2 等压面在右边水箱水面以下水深为 h_2,根据等压面原理得

$$\rho g h_1 + \rho_0 g \Delta h = \rho g h_2$$

$$h_2 - h_1 = \frac{\rho_0}{\rho} \Delta h = 0.8 \times 0.5 = 0.4$$

由几何关系可知

$$x = \Delta h - h_2 + h_1$$
$$= \Delta h - (h_2 - h_1)$$
$$= 0.5 - 0.4$$
$$= 0.1(\text{m})$$

2.3 用如图所示的气压式液面计测量封闭油箱中液面深度 h。打开阀门 1,调

整压缩空气的压强,使气泡开始在油箱中逸出,记下 U 形水银压差计的读数 $\Delta h_1 = 0.15$ m,然后关闭阀门 1,打开阀门 2,进行同样操作,测得 U 形水银压差计的读数 $\Delta h_2 = 0.21$ m。已知 $a = 1.0$ m,求油箱中液面深度 h 及油的密度 ρ_0。

解:打开阀门 1 时,设压缩空气压强为 p_1,考虑到水银压差计两边液面的压差以及油箱液面和排气口的压差,则有

$$p_1 - p_0 = \rho_m g \Delta h_1 = \rho_0 g h$$

同样,打开阀门 2 时,有

$$p_2 - p_0 = \rho_m g \Delta h_2 = \rho_0 g (h + a)$$

两式相减并化简得

$$\rho_m g (\Delta h_2 - \Delta h_1) = \rho_0 g a$$

$$\rho_0 = \frac{\rho_m (\Delta h_2 - \Delta h_1)}{a}$$

$$= \frac{13.6 \times 10^3 \times (0.21 - 0.15)}{1}$$

$$= 816 (\text{kg/m}^3)$$

$$h = \frac{\rho_m}{\rho_0} \Delta h_1 = \frac{13.6 \times 10^3}{816} \times 0.15$$

$$= 2.5 (\text{m})$$

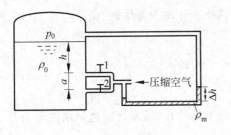
补充题 2.3 图

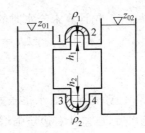
补充题 2.4 图

2.4 如图所示,盛有同种液体的两容器,用两根 U 形压差计连接。上部压差计内盛有密度为 ρ_1 的液体,其左右液面高差为 h_1;下部压差计内盛有密度为 ρ_2 的液体,其左右液面高差为 h_2。试证容器内液体的密度为

$$\rho = \frac{\rho_1 h_1 + \rho_2 h_2}{h_1 + h_2}$$

证明:设左右容器的液面高程分别为 z_{01} 和 z_{02},两个压差计左右液面高程分别为 z_1、z_2 和 z_3、z_4,由静水压强公式得

$$\rho g (z_{01} - z_1) = \rho g (z_{02} - z_2) + \rho_1 g (z_2 - z_1)$$

$$\rho g (z_{01} - z_3) = \rho g (z_{02} - z_4) - \rho_2 g (z_3 - z_4)$$

两式相减得

$$\rho g (z_3 - z_1) = \rho g (z_4 - z_2) + \rho_1 g (z_2 - z_1) + \rho_2 g (z_3 - z_4)$$

$$\rho(h_1 + h_2) = \rho_1 h_1 + \rho_2 h_2$$

则有

$$\rho = \frac{\rho_1 h_1 + \rho_2 h_2}{h_1 + h_2}$$

2.5　有一锥形容器,如图所示,在 O 点处接一 U 形水银压差计,当容器排空时, O 点以下注水后压差计读数 $\Delta h = 0.19$ m。当容器充满水后,问压差计读数 $\Delta h'$ 为多少?

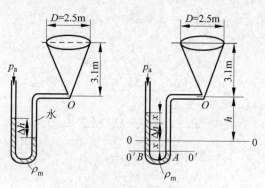

补充题 2.5 图

解:(1) 先计算未充水时的高度 h。取 0—0 面为等压面,则

$$\rho_m g \Delta h = \rho g h$$

$$h = \frac{\rho_m}{\rho} \Delta h = 13.6 \times 0.19 = 2.584 (\mathrm{m})$$

(2) 计算充满水后水银压差计读数。

充水后,压差计右边压强增加,水银面下降 x m,压差计左边原水银面上升 x m, 如图所示,取 $0'$—$0'$ 面为等压面,则

$$p_A = p_B$$
$$p_A = \rho g(3.1 + 2.584 + x)$$
$$\quad = \rho g(5.684 + x)$$
$$p_B = \rho_m g(0.19 + 2x)$$
$$\rho g(5.684 + x) = \rho_m g(0.19 + 2x)$$

$$x = \frac{5.684 - 0.19 \times \dfrac{\rho_m}{\rho}}{2\dfrac{\rho_m}{\rho} - 1} = \frac{5.684 - 0.19 \times 13.6}{2 \times 13.6 - 1} = 0.1183 (\mathrm{m})$$

压差计的读数

$$\Delta h' = \Delta h + 2x = 0.19 + 2 \times 0.1183 = 0.427 (\mathrm{m})$$

2.6　有一盛水的开口容器以 $a = 3.6$ m/s² 的加速度沿与水平面成 $\alpha = 30°$ 角的

倾斜平面上运动，如图所示，求容器中水面倾角 θ。

解：根据平衡微分方程的综合式

$$\mathrm{d}p = \rho(f_x\mathrm{d}x + f_y\mathrm{d}y + f_z\mathrm{d}z)$$

单位质量力

$$f_x = -a\cos30°$$
$$f_y = 0$$
$$f_z = -(g + a\sin30°)$$

液体表面为大气压强，$\mathrm{d}p = 0$，则有

$$-a\cos30°\mathrm{d}x - (g + a\sin30°)\mathrm{d}z = 0$$

$$-\frac{\mathrm{d}z}{\mathrm{d}x} = \tan\theta = \frac{a\cos30°}{g + a\sin30°}$$

$$= \frac{3.6 \times \cos30°}{9.81 + 3.6 \times \sin30°} = 0.269$$

解得 $\theta = 15°$，即容器中水面与水平面的夹角 $\theta = 15°$。

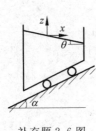

补充题 2.6 图

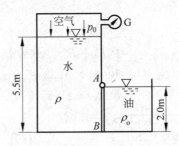

补充题 2.7 图

2.7　如图所示一矩形闸门 AB 宽 1.2 m，铰在 A 点，压力表 G 的读数为 $p_0 = -14.7$ kN/m²，在右侧箱中装有油，其密度 $\rho_o = 850$ kg/m³，问在 B 点加多大的水平力才能使闸门 AB 平衡？

解：将空气的负压值用水柱高表示

$$h = \frac{p_0}{\rho g} = -\frac{14.7}{9.81} = -1.5(\mathrm{m})$$

相当于 A 以上水位减小 1.5 m。0—0 为当地大气压作用下的液面，故左侧作用在 AB 闸门上的水压力 P_1 为

$$P_1 = \rho g h_c A$$
$$= 9.81 \times (2+1) \times (2 \times 1.2)$$
$$= 70.63(\mathrm{kN})$$

其压力中心距自由液面为

$$y_D = y_C + \frac{I_C}{y_C A}$$

$$= 3 + \frac{\frac{1.2 \times 2^3}{12}}{3 \times (2 \times 1.2)}$$

$$= 3.11(\text{m})$$

其压力中心距 A 点为 $3.11 - 2 = 1.11$ m。

右侧油对 AB 面的压力 P_2 为

$$P_2 = \frac{1}{2} \rho_0 g h^2 b$$

$$= \frac{1}{2} \times 0.85 \times 9.81 \times 2^2 \times 1.2$$

$$= 20.01(\text{kN})$$

其压力中心距 A 点为

$$h'_D = \frac{2}{3} \times 2 = 1.33(\text{m})$$

设在 B 点加水平力 F 才能使闸门 AB 平衡，如补充题解 2.7 图所示。将各力对 A 点求矩得

$$\sum M_A = 0$$
$$P_2 h'_D + F \times AB - P_1 \times 1.11 = 0$$
$$20.01 \times 1.33 + 2F - 70.63 \times 1.11 = 0$$
$$F = 25.89 \text{ kN}$$

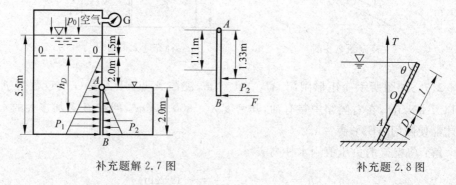

补充题解 2.7 图　　　　　　　　　　补充题 2.8 图

2.8　如图所示，一圆形闸门，其直径 $D = 1.2$ m，$\theta = 60°$，$l = 25$ m，闸门的顶端由铰固定。若不计闸门的重量，求启动闸门所需的向上拉力 T。

解：闸门所受的静水总压力

$$P = \rho g h_C A$$

$$= \rho g \left(l + \frac{D}{2} \right) \sin\theta \frac{\pi}{4} D^2$$

$$= 9.81 \times \left(2.5 + \frac{1.2}{2} \right) \sin 60° \times \frac{3.14 \times 1.2^2}{4}$$

$$= 29.77(\text{kN})$$

作用点位置

$$y_D = y_C + \frac{I_C}{y_C A}$$

$$= \left(l + \frac{D}{2}\right) + \frac{\dfrac{\pi D^4}{64}}{\left(l + \dfrac{D}{2}\right)\dfrac{1}{4}\pi D^2}$$

$$= \left(l + \frac{D}{2}\right) + \frac{D^2}{16 \times \left(l + \dfrac{D}{2}\right)}$$

$$= \left(2.5 + \frac{1.2}{2}\right) + \frac{1.2^2}{16 \times \left(2.5 + \dfrac{1.2}{2}\right)}$$

$$= 3.13 (\text{m})$$

对铰点 O 求矩,以确定启动闸门的最小拉力 T

$$T \times D\cos 60° = P(y_D - l)$$

$$T = \frac{P(y_D - l)}{D\cos 60°}$$

$$= \frac{29.77 \times (3.13 - 2.5)}{1.2 \times \cos 60°}$$

$$= 31.26 (\text{kN})$$

2.9 有一自动开启的矩形平面闸门可绕铰链轴 O 转动,如图所示,闸门宽度 $b = 1$ m。当上游水位 $h_1 = 2$ m 时,要求闸门自动开启。闸门另一侧的水深 $h_2 = 0.4$ m,$\alpha = 60°$。若略去闸门自重和轴的摩擦力,试求铰链轴的位置 x。

解:上游水位超过 $h_1 = 2$ m 时,闸门自动打开,则上游水压力 P_1 对 O 点的力矩应小于下游水压力 P_2 对 O 点的力矩。即

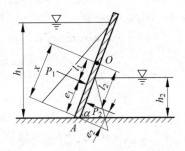

补充题 2.9 图

$$P_1 l_1 \leqslant P_2 l_2$$

$$P_1 = p_{C1} A_1 = \rho g h_{C1} A_1$$

$$= \rho g \frac{h_1}{2} \frac{h_1}{\sin\alpha} b$$

$$= \frac{1}{2} \times \frac{9.81 \times 2^2 \times 1.0}{\sin 60°}$$

$$= 22.66 (\text{kN})$$

$$P_2 = p_{C2} A_2 = \rho g h_{C2} A_2$$

$$= \rho g \frac{h_2}{2} \frac{h_2}{\sin\alpha} b$$

$$= \frac{1}{2} \times \frac{9.81 \times 0.4^2 \times 1.0}{\sin 60°}$$

$$= 0.91 \text{(kN)}$$

设上下游静水压力合力作用点距底部 A 的距离分别为 e_1 和 e_2,有

$$e_1 = \frac{1}{3} \frac{h_1}{\sin\alpha} = \frac{1}{3} \times \frac{2}{\sin 60°} = 0.77 \text{(m)}$$

$$e_2 = \frac{1}{3} \frac{h_2}{\sin\alpha} = \frac{1}{3} \times \frac{0.4}{\sin 60°} = 0.15 \text{(m)}$$

$$l_1 = x - e_1 = x - 0.77$$

$$l_2 = x - e_2 = x - 0.15$$

$$P_1(x - e_1) \leqslant P_2(x - e_2)$$

$$22.66 \times (x - 0.77) \leqslant 0.91 \times (x - 0.15)$$

$$x \leqslant 0.8 \text{ m}$$

2.10 如图所示,有一矩形平板闸门 AB,宽度 $b = 1.0$ m,左侧油深 $h_1 = 1.0$ m,水深 $h_2 = 2.0$ m,油的密度 $\rho_o = 800$ kg/m³,闸门的倾角 $\alpha = 60°$,求闸门上的液体总压力及作用点的位置。

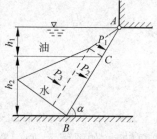

补充题 2.10 图

解:设闸门上油水分界点为 C 点,总压力的作用点为 D 点,为了便于求作用点的位置,将液体总压力分解为 P_1 和 P_2 两部分,则有

$$p_C = \rho_o g h_1 = 0.8 \times 9.81 \times 1.0 = 7.84 \text{(kN/m}^2\text{)}$$

$$p_B = p_C + \rho_{水} g h_2 = 7.84 + 1.0 \times 9.81 \times 2.0$$

$$= 27.46 \text{(kN/m}^2\text{)}$$

$$P_1 = \Omega b = \frac{1}{2} p_C \cdot \frac{h_1}{\sin\alpha} \cdot b$$

$$= \frac{1}{2} \times 7.84 \times \frac{1.0}{\sin 60°} \times 1.0 = 4.53 \text{(kN)}$$

$$P_2 = \frac{1}{2}(p_C + p_B) \frac{h_2}{\sin\alpha} \cdot b$$

$$= \frac{1}{2} \times (7.84 + 27.46) \times \frac{2.0}{\sin 60°} \times 1.0 = 40.76 \text{(kN)}$$

$$P = P_1 + P_2 = 4.53 + 40.76 = 45.29 \text{(kN)}$$

利用合力矩定理求作用点位置,对 A 点求矩得

$$y_{D1} = \frac{2}{3} \frac{h_1}{\sin\alpha} = \frac{2}{3} \times \frac{1.0}{\sin 60°} = 0.77 \text{(m)}$$

$$y_{D2} = \frac{h_1 + h_2}{\sin\alpha} - \frac{1}{3} \frac{h_2}{\sin\alpha} \frac{2p_C + p_B}{p_C + p_B}$$

$$= \frac{1.0 + 2.0}{\sin\alpha} - \frac{1}{3} \times \frac{2.0}{\sin 60°} \times \frac{2 \times 7.84 + 27.46}{7.84 + 27.46}$$

$$= 2.53 \text{(m)}$$

$$Py_D = P_1 y_{D1} + P_2 y_{D2}$$

$$y_D = \frac{P_1 y_{D1} + P_2 y_{D2}}{P}$$

$$= \frac{4.53 \times 0.77 + 40.76 \times 2.53}{45.3}$$

$$= 2.35(\text{m})$$

$$h_D = y_D \sin\alpha = 2.35 \times \frac{\sqrt{3}}{2} = 2.035(\text{m})$$

2.11 绘出图中二向曲面上的铅垂水压力的压力体及曲面在铅垂投影面积上的水平压强分布图。

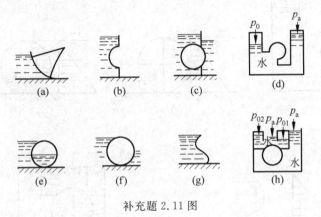

补充题 2.11 图

解：答案如补充题解 2.11 图所示。

2.12 在容器上部有一半球曲面，如图所示，试求该曲面上所受的液体总压力的大小和方向。容器中充满相对密度为 0.8 的油。

解：根据等压面原理，可算得 O 点的压强

$$p_0 = \rho_m g \times 0.1 - \rho g \times 0.1 + \rho_m g \times 0.1 - \rho_0 g \times (0.2 - 0.05)$$

$$= (0.2\rho_m - 0.1\rho - 0.15\rho_0)g$$

将 O 点的压强换算成液面为大气压强作用下的高度为

$$H = \frac{p_0}{\rho_0 g} = \frac{0.2\rho_m - 0.1\rho - 0.15\rho_0}{\rho_0} = 3.125(\text{m})$$

作用在半球面上的作用力为

$$P_z = \rho_0 g V = \rho_0 g \left(\frac{\pi D^2}{4} H - \frac{\pi D^3}{12} \right)$$

$$= 0.8 \times 9810 \times \left(\frac{3.14 \times 0.2^2}{4} \times 3.125 - \frac{3.14 \times 0.2^3}{12} \right)$$

$$= 735.66(\text{N})$$

P_z 的作用方向竖直向上，如补充题解 2.12 图所示。

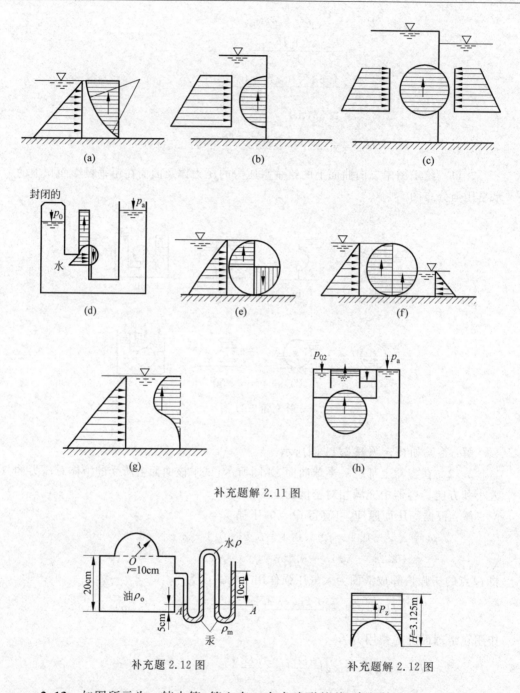

补充题解 2.11 图

补充题 2.12 图   补充题解 2.12 图

2.13 如图所示为一储水箱,箱上有三个半球形的盖,直径均为 $D=0.5$ m,$h=2.0$ m,由压力表读出相对压强 $p=24.5$ kN/m²,试求作用在每个球盖上的静水总压力。

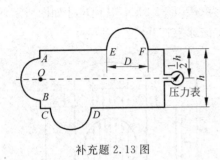

补充题 2.13 图

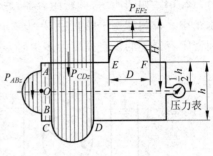

补充题解 2.13 图

解：将压力表的相对压强换算成液面为大气压强作用下的高度为

$$H = \frac{p}{\rho g} = \frac{24.5}{9.81} = 2.5 \text{(m)}$$

作用在 AB 球盖上的水平作用力为

$$P_{ABx} = p_C A = \rho g H \frac{\pi D^2}{4}$$

$$= 9.81 \times 2.5 \times \frac{3.14 \times 0.5^2}{4} = 4.813 \text{(kN)}$$

作用在 AB 球盖上的竖直作用力为

$$P_{ABz} = \rho g V_{AB} = \rho g \frac{\pi D^3}{12}$$

$$= 9.81 \times \frac{3.14 \times 0.5^3}{12} = 0.321 \text{(kN)}$$

合力

$$P_{AB} = \sqrt{P_{ABx}^2 + P_{ABz}^2} = \sqrt{4.813^2 + 0.321^2} = 4.824 \text{(kN)}$$

$$\theta = \arctan \frac{P_{ABz}}{P_{ABx}} = \arctan \frac{0.321}{4.813} = 3°49'$$

对于 CD 球盖，由于左右对称，$P_{CDx} = 0$，只有垂直分力 P_{CDz}：

$$P_{CDz} = \rho g V_{CD} = \rho g \left[\frac{\pi D^2}{4} \left(H + \frac{h}{2} \right) + \frac{\pi D^3}{12} \right]$$

$$= 9.81 \times \left[\frac{3.14 \times 0.5^2}{4} \times \left(2.5 + \frac{2.0}{2} \right) - \frac{3.14 \times 0.5^3}{12} \right]$$

$$= 7.059 \text{(N)}$$

对于 EF 球盖，由于左右对称，$P_{EFx} = 0$，只有垂直分力 P_{EFz}：

$$P_{EFz} = \rho g V_{EF} = \rho g \left[\frac{\pi D^2}{4} \left(H - \frac{h}{2} \right) - \frac{\pi D^3}{12} \right]$$

$$= 9.81 \times \left[\frac{3.14 \times 0.5^2}{4} \times \left(2.5 - \frac{2.0}{2} \right) + \frac{3.14 \times 0.5^3}{12} \right]$$

$$= 3.209 \text{(N)}$$

2.14　如图所示,一密闭容器,底部有一圆球止水塞子,这一容器又放置在一个水箱中。设圆球塞子的直径 $d=0.2$ m,其重量为 $G=0.353$ kN,其他尺寸如图所示。问密闭容器上的真空高度为多少时,才能恰好将该球塞打开?

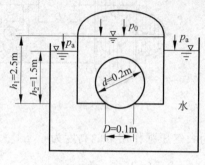 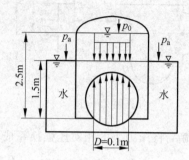

补充题 2.14 图　　　　　　　　　　　补充题解 2.14 图

解:作用于圆球止水塞上的静水总压力的垂直分力合成的结果如题解图所示,其大小为

$$P_z = \rho g V = \rho g \left[\frac{\pi D^2}{4}(h_1 - h_2) - \frac{p_0}{\rho g} \frac{\pi D^2}{4} - \frac{\pi d^3}{6} \right]$$

$$= 9.81 \times \left[\frac{3.14 \times 0.1^2}{4} \times (2.5 - 1.5) - \frac{p_0}{9.81} \times \frac{3.14 \times 0.1^2}{4} - \frac{3.14 \times 0.2^3}{6} \right]$$

$$= 0.036 - 0.007\,85 p_0$$

根据力的平衡条件,当 $P_z = G$ 时,恰好将圆球止水塞子打开,故

$$0.036 - 0.007\,85 p_0 = 0.353$$

$$p_0 = \frac{0.036 - 0.353}{0.007\,85} = -40.382 (\text{kN/m}^2)$$

相对压强 $p_0 < 0$,一定存在真空,其真空压强的大小为

$$p_v = | p_0 | = 40.382 (\text{kN/m}^2)$$

p_0 的真空高度为

$$h_v = \frac{p_v}{\rho g} = \frac{40.382}{9.81} = 4.12 (\text{m})$$

2.15　有一封闭水箱,右下方接一圆柱体,长 $L=1$ m(垂直于纸面方向),横断面如图所示。在距水面 0.8 m 处装一 U 形水银压差计,水银面压差值 $\Delta h = 0.147$ m,圆柱体半径 $r = 1.0$ m,其他尺寸如图所示。求作用于圆柱体上的静水总压力的水平分力 P_x 和垂直分力 P_z。

解:由 U 形水银测压计求得水箱液面的压强(用水柱高表示)为

$$\frac{p_0}{\rho g} = \frac{\rho_m g \Delta h - \rho g (0.8 + 0.2)}{\rho g}$$

$$= 13.6 \times 0.147 - 1.0$$

$$= 1.0 (\text{m}) \quad (\text{水柱})$$

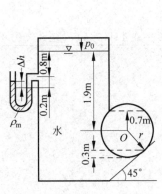

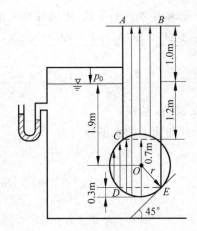

补充题 2.15 图　　　　　　　补充题解 2.15 图

作用在圆柱体上的水平分力为

$$P_x = p_C A_x = \rho g h_C A_x$$
$$= 9.81 \times (1 + 1.9) \times 1.4 \times 1.0 = 39.83(\text{kN})$$

P_x 方向水平向右。

作用在圆柱体上的垂直作用力为

$$P_z = \rho g V = \rho g \Omega b$$
$$= 1.0 \times 9.81 \times \left[1.4 \times 3.6 + 2 \times \left(\frac{90°}{360°} \times 3.14 - \frac{1}{2} \times 1.4 \times 0.7 \right) \right] \times 1.0$$
$$= 55.23(\text{kN})$$

P_z 方向向上。

2.16　有一压力储油箱如图所示,其宽度(垂直于纸面方向)$b = 2$ m,箱内油层厚度 $h_1 = 1.9$ m。油的密度为 $\rho_0 = 800$ kg/m³,油层下水的厚度 $h_2 = 0.4$ m,箱底有一 U 形水银压差计,所测数据如图所示,试求作用在半径 $R = 1.0$ m 的圆柱面 AB 上的静水总压力的大小和方向。

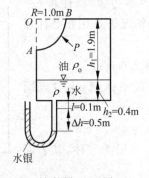

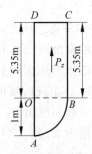

补充题 2.16 图　　　　　　　补充题解 2.16 图

解：先求出 B 点的压强，用油柱高表示为

$$\frac{p_B}{\rho_0 g} = \frac{\rho_m g \Delta h - \rho g(h_2 + l + \Delta h) - \rho_0 g h_1}{\rho_0 g}$$

$$= \frac{13.6 \times 9.81 \times 0.5 - 1.0 \times 9.81 \times (0.4 + 0.1 + 0.5) - 0.8 \times 9.81 \times 1.9}{0.8 \times 9.81}$$

$$= 5.35 \text{(m 油柱)}$$

作用在 AB 曲面上的水平分力为

$$P_x = p_C A_x = p_C R b$$

$$= \rho_0 g \left(\frac{p_B}{\rho_0 g} + \frac{R}{2} \right) R b$$

$$= 0.8 \times 9.81 \times \left(5.35 + \frac{1}{2} \right) \times 1.0 \times 2.0$$

$$= 91.82 \text{(kN)}$$

P_x 方向水平向左。

作用在 AB 曲面上的垂直作用力为

$$P_z = \rho_0 g V$$

$$= \rho_0 g \left(\frac{\pi R^2}{4} + \frac{p_B}{\rho_0 g} R \right) b$$

$$= 0.8 \times 9.81 \times \left(\frac{3.14 \times 1.0^2}{4} + 5.35 \times 1.0 \right) \times 2.0$$

$$= 96.29 \text{(kN)}$$

P_z 方向水平向上。

AB 曲面上的总压力为

$$P = \sqrt{P_x^2 + P_z^2} = \sqrt{91.82^2 + 96.29^2} = 133.05 \text{(kN)}$$

总压力与水平线间的夹角为

$$\theta = \arctan \frac{P_z}{P_x} = \arctan \frac{96.29}{91.82} = 46.37°$$

2.17　如图所示，有一半圆柱体突入一容器边缘，圆柱长 $b = 1.0$ m，圆柱半径 $R = 0.4$ m，分别求以下四种情况下作用在圆柱面上的水平总压力和垂直总压力。

(1) 容器中的自由液面高出圆心以上 $h = 2.0$ m；

(2) 容器中液体下层为相对密度为 1.6 的液体，到达 O 点同一高度，上层为水，自由液面高出 O 点以上 2.0 m；

(3) 容器加盖后为密闭，其表面气体压强为 49 N/cm^2；

(4) 容器下层为水，到达 O 点同一高度，上层为气体，其表面压强为 19.6 N/cm^2。

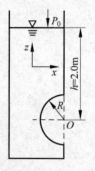

补充题 2.17 图

解：(1) 如题解图(a)所示，可得

$$P_x = p_C A_x = \rho g h_C A_x$$
$$= 1.0 \times 9.81 \times 2.0 \times 0.8 \times 1.0$$
$$= 15.696(\text{kN})$$

$$P_z = \rho g V$$
$$= \rho g \left(\frac{\pi R^2}{2} \right) b$$
$$= 1.0 \times 9.81 \times \frac{3.14 \times 0.4^2}{2} \times 1.0$$
$$= 2.464 \ (\text{kN})$$

(2) 如题解图(b)所示，可得

$$P_x = \frac{\rho g (h - R) + \rho g h}{2} \times R \times b + \rho g h R b + \frac{\rho' g R^2}{2} b$$
$$= \frac{9.81 \times (2 - 0.4) + 9.81 \times 2}{2} \times 0.4 \times 1.0 + 2 \times 9.81 \times 0.4 + \frac{1.6 \times 9.81}{2} \times 1.0$$
$$= 16.167(\text{kN})$$

$$P_z = \rho g V$$
$$= \rho g \left(\frac{\pi R^2}{4} \right) b + 1.6 \rho g \left(\frac{\pi R^2}{4} \right) b$$
$$= 2.6 \rho g \left(\frac{\pi R^2}{4} \right) b$$
$$= 2.6 \times 9.81 \times \frac{3.14 \times 0.4^2}{4} \times 1.0$$
$$= 3.204(\text{kN})$$

(3) 如题解图(c)所示，可得

$$P_x = p \times 2Rb$$
$$= 490 \times 2.0 \times 0.4 \times 1.0$$
$$= 392(\text{kN})$$
$$P_z = 0$$

(4) 如题解图(d)所示，可得

$$P_x = p \times 2Rb + \frac{\rho g R^2}{2} b$$
$$= 196 \times 2.0 \times 0.4 \times 1.0 + \frac{9.81 \times 0.4^2}{2} \times 1.0$$
$$= 157.6 \ \text{kN}$$

$$P_z = \rho g V$$
$$= \rho g \left(\frac{\pi R^2}{4} \right) b$$

$$= 1.0 \times 9.81 \times \frac{3.14 \times 0.4^2}{4} \times 1.0$$

$$= 1.232(\text{kN})$$

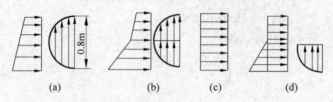

(a)   (b)   (c)   (d)

补充题解 2.17 图

2.18 半径 $R=0.2$ m,长度 $L=2.0$ m 的圆柱体与油(相对密度为 0.8)水接触情况如图所示。圆柱右边与容器顶边成直线接触,试求:

(1)圆柱体作用在容器顶边上的力;

(2)圆柱体的质量。

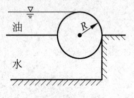

补充题 2.18 图

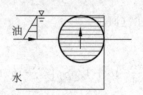

补充题解 2.18 图

解:

$$P_x = \frac{1}{2}\rho_0 g R^2 L$$

$$= \frac{1}{2} \times 0.8 \times 9.81 \times 0.2^2 \times 2.0$$

$$= 0.314(\text{kN})$$

$$P_z = \rho g V$$

$$= \rho g \left(\frac{\pi R^2}{2}\right) L + \rho_0 g \left(\frac{\pi R^2}{4} + R^2\right) L$$

$$= 9.81 \times \frac{3.14 \times 0.2^2}{2} \times 2.0 + 0.8 \times 9.81 \times \left(\frac{3.14 \times 0.2^2}{4} + 0.2^2\right) \times 2.0$$

$$= 2.353(\text{kN}) = 2353(\text{N})$$

由力的平衡

$$R_x = P_x = 0.314(\text{kN})$$

$$G = P_z, \quad 即 \quad mg = 2353 \text{ N}$$

解得

$$m = 239.9(\text{kg})$$

2.19 有一密闭水箱,其右下方接一圆柱体,横断面如图所示。圆柱体长度 $L=$ 1.0 m(垂直于纸面方向),圆柱半径 $R=0.5$ m,A 点距水箱顶部 0.5 m,在距水箱顶部 0.3 m 的 C 点处接一 U 形水银测压计,水银面高差 $\Delta h=0.147$ m,其他尺寸见图。计算 AB 曲面上静水总压力的大小。

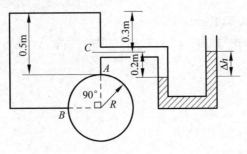

补充题 2.19 图

解: 先求出 C 点压强,得

$$
\begin{aligned}
p_C &= \rho_m g\Delta h - 0.2gh_2 \\
&= 13.6 \times 9.81 \times 0.147 - 0.2 \times 9.81 \\
&= 17.65 (\text{kN/m}^2)
\end{aligned}
$$

则

$$
\begin{aligned}
p_A &= p_C + 0.2\rho g \\
&= 17.65 + 0.2 \times 9.81 \\
&= 19.612 (\text{kN/m}^2) \\
p_B &= p_A + 0.5\rho g \\
&= 19.612 + 0.5 \times 9.81 \\
&= 24.517 (\text{kN/m}^2) \\
P_x &= \frac{p_A + p_B}{2}RL \\
&= \frac{19.612 + 24.517}{2} \times 0.5 \times 1.0 \\
&= 11.032 (\text{kN})
\end{aligned}
$$

水箱顶部压强为

$$
\begin{aligned}
p &= p_C - 0.3\rho g \\
&= 17.65 - 0.3 \times 9.81 \\
&= 14.707 (\text{kN/m}^3) \\
\frac{p}{\rho g} &= \frac{14.707}{9.81} = 1.5 (\text{m})
\end{aligned}
$$

即自由液面距水箱顶部 1.5 m,则

$$P_z = \rho g V$$

$$= \rho g \left[(1.5 + 0.5 + 0.5) \times 0.5 - \frac{\pi R^2}{4} \right] L$$

$$= 9.81 \times \left(2.5 \times 0.5 - \frac{1}{4} \times 3.14 \times 0.5^2 \right) \times 1.0$$

$$= 10.339(\text{kN})$$

$$P = \sqrt{P_x^2 + P_z^2} = \sqrt{11.032^2 + 10.339^2} = 15.12(\text{kN})$$

第3章
Chapter

液体一元恒定总流基本原理

内容提要

本章首先介绍描述液体运动的两种方法和液体运动的基本概念,再从运动学和动力学的角度出发,建立液体运动所遵循的普遍规律。即从质量守恒定律建立水流的连续方程,从能量守恒定律建立水流的能量方程,从动量定理建立动量方程,并利用三大方程解决工程实际问题。

3.1 描述液体运动的两种方法

1. 拉格朗日法

此法引用固体力学方法,把液体看成是一种质点系,并把流场中的液体运动看成是由无数液体质点的迹线构成。每一质点运动都有其运动迹线,由此可进一步获得液体质点流速及加速度等运动要素的数学表达式。综合每一质点的运动状况,即可获得整个液体的流动状况,即先从单个质点入手,再建立流场中液流流速及加速度的数学表达式。

在任一时刻 t,某质点的迹线方程可表达为

$$\left. \begin{aligned} x &= x(a, b, c, t) \\ y &= y(a, b, c, t) \\ z &= z(a, b, c, t) \end{aligned} \right\} \tag{3.1}$$

式中,a、b、c、t 统称为拉格朗日变数。若给定方程中的 a、b、c 值,就可以得到某一特定质点的轨迹方程。将式(3.1)对时间求一阶和二阶偏导数,在求导过程中 a、b、c 视为常数,便得到该质点的速度和加速度在 x、y、z 轴方向的分量

$$\left. \begin{aligned} u_x &= \frac{\partial x}{\partial t} = \frac{\partial x(a,b,c,t)}{\partial t} \\ u_y &= \frac{\partial y}{\partial t} = \frac{\partial y(a,b,c,t)}{\partial t} \\ u_z &= \frac{\partial z}{\partial t} = \frac{\partial z(a,b,c,t)}{\partial t} \end{aligned} \right\} \tag{3.2}$$

$$a_x = \frac{\partial^2 x}{\partial t^2} = \frac{\partial^2 x(a,b,c,t)}{\partial t^2} \left.\vphantom{\begin{array}{c}1\\1\\1\end{array}}\right\}$$

$$a_y = \frac{\partial^2 y}{\partial t^2} = \frac{\partial^2 y(a,b,c,t)}{\partial t^2} \qquad (3.3)$$

$$a_z = \frac{\partial^2 z}{\partial t^2} = \frac{\partial^2 z(a,b,c,t)}{\partial t^2}$$

2. 欧拉法

欧拉法以液体运动所经过的空间点作为观察对象,观察同一时刻各固定空间点上液体质点的运动,综合不同时刻所有空间点的情况,得到整个流体的运动,故欧拉法亦称为流场法。

欧拉法可把运动要素视做空间坐标(x,y,z)与时间坐标 t 的连续函数。自变量 x、y、z、t 亦称为欧拉变数。这样,任一空间点上液体质点速度 u 在 x、y、z 方向的分量可表示为

$$u_x = u_x(x,y,z,t) \left.\vphantom{\begin{array}{c}1\\1\\1\end{array}}\right\}$$

$$u_y = u_y(x,y,z,t) \qquad (3.4)$$

$$u_z = u_z(x,y,z,t)$$

加速度的表达式为

$$a_x = \frac{\partial u_x}{\partial t} + u_x \frac{\partial u_x}{\partial x} + u_y \frac{\partial u_x}{\partial y} + u_z \frac{\partial u_x}{\partial z} \left.\vphantom{\begin{array}{c}1\\1\\1\end{array}}\right\}$$

$$a_y = \frac{\partial u_y}{\partial t} + u_x \frac{\partial u_y}{\partial x} + u_y \frac{\partial u_y}{\partial y} + u_z \frac{\partial u_y}{\partial z} \qquad (3.5)$$

$$a_z = \frac{\partial u_z}{\partial t} + u_x \frac{\partial u_z}{\partial x} + u_y \frac{\partial u_z}{\partial y} + u_z \frac{\partial u_z}{\partial z}$$

3.2　液体运动的几个基本概念

由欧拉法出发,可以建立描述流场的几个基本概念。这些概念对深刻认识和了解液体的运动规律非常重要。

1. 恒定流与非恒定流

用欧拉法表达液体运动时,可把液体运动分为恒定流与非恒定流两大类。液体流动时空间各点处的所有运动要素都不随时间而变化的流动称为恒定流;反之,为非恒定流。

2. 一元流、二元流与三元流

液体的运动要素是三个坐标变量的函数,这种运动称为三元流(亦称为空间运

动）；如果运动要素是两个坐标变量的函数，这种运动称为二元流（亦称为平面运动）；运动要素仅是一个坐标（包括曲线坐标）变量的函数，这种运动称为一元流。

3. 流线与迹线

由欧拉法出发，可引出流场中流线的概念。流线是某一瞬时在流场中绘出的曲线，在此曲线上所有液体质点的速度矢量都和该曲线相切。

由拉格朗日法出发，可引出迹线的概念。迹线则是同一质点在一个时段的运动轨迹线。

4. 流管、元流、总流、过水断面

在流场中取一条与流线不重合的微小封闭曲线，在同一时刻，通过这条曲线上的各点作流线，由这些流线所构成的管状封闭曲面称为流管。

微小流管中的液流称为元流或微小流束。

由无数元流集合而成的整股水流称为总流。

与流线垂直的液流横断面称为过水断面。

5. 流量与断面平均流速

单位时间内通过过水断面的液体量称为流量。而液体量可用体积或质量来度量，这样流量又可用体积流量 Q_v 和质量流量 Q_m 表示。在水力学中一般采用体积流量，就用 Q 表示。流量是衡量过水断面过水能力大小的物理量，其单位为 $\mathrm{m^3/s}$ 或 $\mathrm{L/s}$。

元流的流量为

$$\mathrm{d}Q = u\mathrm{d}A \tag{3.6}$$

总流的流量等于所有元流的流量之和，即

$$Q = \int_A \mathrm{d}Q = \int_A u\mathrm{d}A \tag{3.7}$$

实际应用时，引入所谓断面平均流速，用 v 表示。断面平均流速是一假想的流速，假想总流同一过水断面上各点的流速均等于断面平均流速 v，而通过的流量与以实际流速分布所通过的流量相等。这样式(3.7)可写为

$$Q = \int_A u\mathrm{d}A = vA \tag{3.8}$$

则断面平均流速 v 可表示为

$$v = \frac{\int_A u\mathrm{d}A}{A} = \frac{Q}{A} \tag{3.9}$$

6. 均匀流和非均匀流

根据流场中位于同一流线上各质点的流速矢量是否沿流程变化，可将总流分为均匀流和非均匀流。若各质点的流速矢量沿程不变称为均匀流，否则称为非均匀流。

7. 渐变流与急变流

渐变流是流速沿流线变化缓慢的流动；此时流线近乎平行，且流线的曲率很小。渐变流的极限就是均匀流。急变流是流速沿流线急剧变化的流动；此时流线的曲率较大或流线间的夹角较大，或两者皆有之。

8. 系统和控制体

所谓系统是指由确定的连续分布的众多液体质点所组成的液体团（即质点系）。所谓控制体是指相对于某个坐标系来说，有液体流过的固定不变的任何体积。

3.3   恒定流动的连续方程

不可压缩液体恒定元流的连续方程为

$$\left.\begin{array}{l} u_1 \, \mathrm{d}A_1 = u_2 \, \mathrm{d}A_2 \\[2mm] \mathrm{d}Q_1 = \mathrm{d}Q_2 \end{array}\right\} \tag{3.10}$$

不可压缩液体恒定总流的连续方程为

$$\left.\begin{array}{l} A_1 v_1 = A_2 v_2 \\[2mm] Q_1 = Q_2 \end{array}\right\} \tag{3.11}$$

3.4   恒定流的能量方程

实际液体恒定元流的能量方程为

$$z_1 + \frac{p_1}{\rho g} + \frac{u_1^2}{2g} = z_2 + \frac{p_2}{\rho g} + \frac{u_2^2}{2g} + h'_{\mathrm{w}} \tag{3.12}$$

实际液体恒定总流的能量方程为

$$z_1 + \frac{p_1}{\rho g} + \frac{\alpha_1 v_1^2}{2g} = z_2 + \frac{p_2}{\rho g} + \frac{\alpha_2 v_2^2}{2g} + h_{\mathrm{w}} \tag{3.13}$$

水力坡度：单位长度流程上的水头损失定义为水力坡度，用 J 表示。即

$$J = -\frac{\mathrm{d}\left(z + \dfrac{p}{\rho g} + \dfrac{\alpha v^2}{2g}\right)}{\mathrm{d}s} = \frac{\mathrm{d}h_{\mathrm{w}}}{\mathrm{d}s} \tag{3.14}$$

式中的负号，是因为总水头沿程总是减少的，为使 J 值为正，故取负号。

测管坡度：单位长度流程上测管水头值称为测压管坡度，用 J_{p} 表示。即

$$J_{\mathrm{p}} = -\frac{\mathrm{d}\left(z + \dfrac{p}{\rho g}\right)}{\mathrm{d}s} \tag{3.15}$$

式中的负号,是因为当测压管水头沿程减小时,为使 J_p 为正值,故取负号。

能量方程的应用条件是:

(1) 液体是不可压缩的,流动是恒定的。

(2) 质量力只有重力。

(3) 所取过水断面必须取在均匀流或渐变流断面上,但两断面之间可以是急变流。

(4) 两个过水断面之间没有外界的能量从控制体内加入或支出。如果有外界能量加入(如水泵)或从内部支出能量(如水轮机),则恒定总流能量方程应改写为

$$z_1 + \frac{p_1}{\rho g} + \frac{\alpha_1 v_1^2}{2g} \pm h_p = z_2 + \frac{p_2}{\rho g} + \frac{\alpha_2 v_2^2}{2g} + h_w \tag{3.16}$$

式中 h_p 为两断面间加入(取正号)或支出(取负号)的单位机械能。

3.5 恒定总流动量方程

恒定总流的动量方程为

$$\sum \boldsymbol{F} = \rho Q(\beta_2 \boldsymbol{v}_2 - \beta_1 \boldsymbol{v}_1) \tag{3.17}$$

具体应用时,一般是利用其在某坐标系上的投影式进行计算:

$$\left.\begin{aligned} \sum F_x &= \rho Q(\beta_2 v_{2x} - \beta_1 v_{1x}) \\ \sum F_y &= \rho Q(\beta_2 v_{2y} - \beta_1 v_{1y}) \\ \sum F_z &= \rho Q(\beta_2 v_{2z} - \beta_1 v_{1z}) \end{aligned}\right\} \tag{3.18}$$

动量方程的应用条件:

液流必须是恒定流;液体是不可压缩的;所取的控制体中,有动量流进和流出的控制面,必须是均匀流或渐变流过水断面,但期间可以是急变流。

用动量方程解题时,应注意以下几点:

(1) 在选取控制体时,应适当选取控制面的位置,以满足是均匀流或渐变流断面的条件;

(2) 分析作用在控制面上和控制体中的所有作用力;

(3) 选取直角坐标系(注意其方向,以简化计算),分别写出分量形式的方程,注意式中力和动量投影的正负号。

3.6 空化与空蚀的概念

(1) 空化:在常温下,当局部压强降低到一定程度时,水质点将汽化形成微小气泡存在于水流中,将此现象称为空化(亦称为空穴或气穴)。

（2）空蚀：因空穴溃灭引起的冲击压强，导致边壁材料剥蚀的现象称为空蚀或气蚀。

习题及解答

3.1 如图某水平放置的分叉管路，总管流量 $Q=40 \text{ m}^3/\text{s}$，通过叉管 1 的流量为 $Q_1=20 \text{ m}^3/\text{s}$，叉管 2 的直径 $d=1.5 \text{ m}$，求出管 2 的流量及断面平均流速。

解：由连续方程可知 $Q=Q_1+Q_2$，则

$$Q_2 = Q - Q_1 = 40 - 20 = 20(\text{m}^3/\text{s})$$

$$v_2 = \frac{Q_2}{A_2} = \frac{4Q_2}{\pi d_2^2} = \frac{4 \times 20}{3.14 \times 1.5^2} = 11.32(\text{m/s})$$

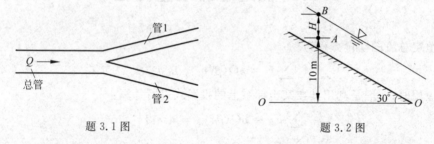

题 3.1 图   题 3.2 图

3.2 有一底坡非常陡的渠道如图所示。水流为恒定流，A 点流速为 5 m/s，设 A 点距水面的铅直水深 $H=3.5$ m，若以 $O\!-\!O$ 为基准面。求 A 点的位置水头、压强水头、流速水头、总水头各为多少。

解：A 点的位置水头为

$$z_A = 10(\text{m})$$

A 点的压强水头为

$$\frac{p_A}{\rho g} = H\cos^2 30° = 3.5 \times 0.75 = 2.63(\text{m})$$

A 点的流速水头为

$$\frac{u_A^2}{2g} = \frac{25}{2 \times 9.81} = 1.27(\text{m})$$

总水头

$$E_A = z_A + \frac{p_A}{\rho g} + \frac{u_A^2}{2g} = 10 + 2.63 + 1.27 = 13.9(\text{m})$$

3.3 垂直放置的管道，并串联一文丘里流量计如图所示。已知收缩前的管径 $D=4.0$ cm，喉管处的直径 $d=2.0$ cm，水银压差计读数 $\Delta h=3.0$ cm，两断面间的水头损失 $h_w=0.05\dfrac{v_1^2}{2g}$（$v_1$ 对应喉管处的流速），求管中水流的流速和流量。

解：以 2—2 断面为基准面，对 1—1 断面和 2—2 断面列能量方程有（并取 $\alpha_1 = \alpha_2 = 1.0$）

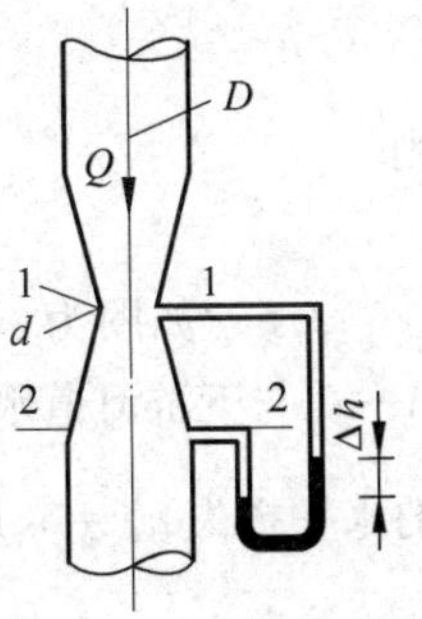

$$z_1 + \frac{p_1}{\rho g} + \frac{v_1^2}{2g} = 0 + \frac{p_2}{\rho g} + \frac{v_2^2}{2g} + 0.05\frac{v_1^2}{2g}$$

整理后得出

$$z_1 + \frac{p_1}{\rho g} - \frac{p_2}{\rho g} = \frac{v_2^2}{2g} - \frac{v_1^2}{2g} + 0.05\frac{v_1^2}{2g}$$

$$= \frac{v_2^2}{2g} - 0.95\frac{v_1^2}{2g}$$

$$v_1 A_1 = v_2 A_2$$

列出水银压差计上的等压面方程为

$$p_1 + \rho g l + \rho_{\mathrm{m}} g \Delta h = p_2 + \rho g\left[l - (z_1 - z_2) + \Delta h\right]$$

经化简，并由于 $z_2 = 0$，得

$$z_1 + \frac{p_1 - p_2}{\rho g} = -12.6\Delta h$$

代入式(a)后可得

$$12.6\Delta h = 0.89\frac{v_1^2}{2g}$$

从而可解出

$$v_1 = 2.89 \ \mathrm{m/s}$$

流量

$$Q = v_1 A_1 = 2.89 \times \frac{\pi d^2}{4} = 9.07 \times 10^{-4}\ (\mathrm{m^3/s})$$

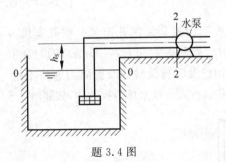

（a）

题 3.3 图

3.4 有一水泵如图所示，抽水流量 $Q = 0.02\ \mathrm{m^3/s}$，吸水管直径 $d = 20\ \mathrm{cm}$，管长 $L = 5.0\ \mathrm{m}$，泵内允许真空值为 $6.5\ \mathrm{m}$ 水柱，吸水管（包括底阀、弯头）水头损失 $h_{\mathrm{w}} = 0.16\ \mathrm{m}$，试计算水泵的安装高度 h_{s}。

题 3.4 图

解：以水池水面为基准面，列水面和水泵进口断面的能量方程得

$$0 + 0 + 0 = h_{\mathrm{s}} - \frac{p}{\rho g} + \frac{\alpha v^2}{2g} + 0.16$$

而

$$v = \frac{4Q}{\pi d^2} = \frac{4 \times 0.02}{3.14 \times 0.2^2} = 0.637 \, (\text{m/s})$$

则

$$h_s = 6.5 - 0.021 - 0.16 = 6.32 \, (\text{m})$$

3.5　如图为一水轮机直锥形尾水管。已知 $A—A$ 断面的直径 $d = 0.6$ m,断面 $A—A$ 与下游河道水面高差 $z = 5.0$ m。水轮机通过流量 $Q = 1.7 \, \text{m}^3/\text{s}$ 时,整个尾水管的水头损失 $h_w = 0.14 \dfrac{v^2}{2g}$ (v 为对应断面 $A—A$ 的流速),求 $A—A$ 断面的动水压强。

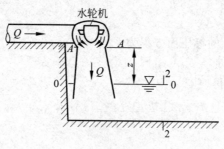

题 3.5 图

解：选下游水面为基准面,列 $A—A$ 断面与下游河道 $2—2$ 断面的能量方程得

$$z + \frac{p_A}{\rho g} + \frac{\alpha v_A^2}{2g} = 0 + 0 + 0 + 0.14 \frac{v_A^2}{2g}$$

而

$$v_A = \frac{4Q}{\pi d^2} = \frac{4 \times 1.7}{3.14 \times 0.6^2} = 6.02 \, (\text{m/s})$$

将 v_A 代入上式得

$$p_A = \rho g \left(0.14 \frac{v_A^2}{2g} - \frac{v_A^2}{2g} - z \right) = 9810(0.26 - 1.85 - 5.0) = -64.65 \, (\text{kN/m}^2)$$

3.6　如图为一平板闸门控制的闸孔出流。闸孔宽度 $b = 3.5$ m,闸孔上游水深为 $H = 3.0$ m,闸孔下游收缩断面水深 $h_{c0} = 0.6$ m,通过闸孔的流量 $Q = 12 \, \text{m}^3/\text{s}$,求水流对闸门的水平作用力(渠底与渠壁的摩擦阻力忽略不计)。

解：自 $1—1,2—2$ 断面截取一段水体为控制体,如题解 3.6 图所示。列出动量方程:

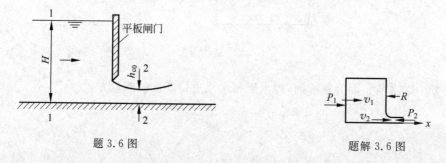

题 3.6 图　　　　　　　　　　　　　　　题解 3.6 图

$$P_1 - P_2 - R = \rho Q(v_2 - v_1)$$

则可解出

$$R = -\rho Q(v_2 - v_1) + P_1 - P_2$$

而

$$v_1 = \frac{Q}{bH} = \frac{12}{3 \times 3.5} = 1.14(\text{m/s}),$$

$$v_2 = \frac{Q}{bh_{c0}} = \frac{12}{3.5 \times 0.6} = 5.71(\text{m/s})$$

式中:

$$P_1 = \frac{1}{2}\rho g H^2 b = \frac{1}{2} \times 9810 \times 3^2 \times 3.5 = 154.51(\text{kN})$$

$$P_2 = \frac{1}{2}\rho g h_{c0}^2 b = \frac{1}{2} \times 9810 \times 0.6^2 \times 3.5 = 6.18(\text{kN})$$

将上述速度和压力值代入动量方程后,可得出

$$R = -54\,840 + 154\,510 - 6180 = 93\,490(\text{N}) = 93.49(\text{kN})$$

而水流对闸门的作用力为 $R' = -R$。

3.7 固定在支座内的一段渐缩形的输水管道如图所示,其直径由 $d_1 = 1.5$ m 变化到直径 $d_2 = 1.0$ m,在渐缩段前的压力表读数 $p = 405$ kN/m²,管中流量 $Q = 1.8$ m³/s,不计管中的水头损失,求渐变段支座所承受的轴向力 R。

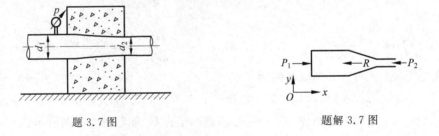

题 3.7 图   题解 3.7 图

解:列 1—1 与 2—2 断面的能量方程得

$$\frac{p_1}{\rho g} + \frac{\alpha_1 v_1^2}{2g} = \frac{p_2}{\rho g} + \frac{\alpha_2 v_2^2}{2g}$$

则可解出

$$p_2 = \rho g \left(\frac{p_1}{\rho g} + \frac{v_1^2}{2g} - \frac{v_2^2}{2g} \right)$$

而 $v_1 = \frac{4Q}{\pi d_1^2} = 1.02(\text{m/s})$，$v_2 = \frac{4Q}{\pi d_2^2} = 2.29(\text{m/s})$,代入上式后可得

$$p_2 = 9810(41.28 + 0.053 - 0.267) = 402.86(\text{kN/m}^2)$$

选取 1—1,2—2 断面为控制体,如题解 3.7 图所示,列出动量方程:

$$P_1 - P_2 - R = \rho Q(v_2 - v_1)$$

$$405 \times \frac{\pi \times 1.5^2}{4} - 402.86 \times \frac{\pi \times 1}{4} - R = 1.8(2.29 - 1.02)$$

可解得渐变支座所承受的力 $-R = 396.79$ kN,方向向右。

3.8 有一突然收缩的管道如图所示,收缩前的直径 $d_1 = 30$ cm,$d_2 = 20$ cm,收缩前压力表读数 $p = 1.5$ Pa,管中流量 $Q = 0.30$ m³/s。若忽略水流阻力,试计算该管道所受的轴向拉力 N。

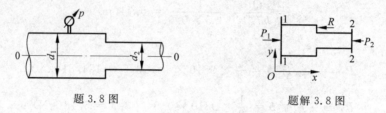

题 3.8 图   题解 3.8 图

解:取 1—1,2—2 断面为过水断面,基准面选在管的中心线上,列出该两断面的能量方程为

$$\frac{p_1}{\rho g} + \frac{\alpha_1 v_1^2}{2g} = \frac{p_2}{\rho g} + \frac{\alpha_2 v_2^2}{2g}$$

取 $\alpha_1 = \alpha_2 = 1$,则可解出 2 断面的压强

$$p_2 = \rho g \left(\frac{p_1}{\rho g} + \frac{v_1^2}{2g} - \frac{v_2^2}{2g} \right)$$

由于

$$v_1 = \frac{4Q}{\pi d_1^2} = \frac{4 \times 0.3}{3.14 \times 0.3^2} = 4.25(\text{m/s}), \quad v_2 = \frac{4Q}{\pi d_2^2} = \frac{4 \times 0.3}{3.14 \times 0.2} = 9.55(\text{m/s})$$

将流速代入上式可得 2 断面压强为

$$p_2 = 9810(15.49 + 0.92 - 4.65) = 115.37(\text{kN/m}^2)$$

以 1—1,2—2 断面为控制体,并分析受力,选取坐标系,如题解 3.8 图所示。

列 x 方向动量方程:$P_1 - P_2 - R = \rho Q(v_2 - v_1)$,则

$R = P_1 - P_2 - \rho Q(v_2 - v_1) = 151.994 \times 0.0707 - 115.37 \times 0.0314 - 0.3 \times 5.3$
$= 5.53(\text{kN})$

该管道所受轴向力为 $N = -R$。

3.9 如图为一挑流式消能所设置的挑流鼻坎,已知:挑射角 $\theta = 35°$,单宽流量 $q = 80$ m²/s,反弧起始断面的流速 $v_1 = 30$ m/s,射出速度 $v_2 = 28$ m/s。1—2 断面间水重 $G = 149.7$ kN,不计坝面与水流间的摩擦阻力,试求:水流对鼻坎的水平作用力和铅直作用力。

解:求出断面 1 和 2 处水深为

$$h_1 = \frac{q}{v_1} = \frac{80}{30} = 2.67(\text{m}), \quad h_2 = \frac{q}{v_2} = \frac{80}{28} = 2.86(\text{m})$$

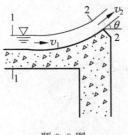
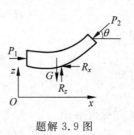

题 3.9 图   题解 3.9 图

1—1 和 2—2 断面单位宽度的动水总压力分别为

$$P_1 = \frac{1}{2}\rho g h_1^2 = \frac{1}{2} \times 9.81 \times 2.67^2 = 34.97(\text{kN})$$

$$P_2 \approx 0$$

取 1—1,2—2 断面为控制体,并分析受力,选取坐标系,如题解 3.9 图所示。

列 x 方向动量方程:

$$P_1 - R_x = \rho Q(v_2\cos 35° - v_1)$$

$$R_x = P_1 - \rho Q(v_2\cos 35° - v_1)$$

$$= 34.97 - 80 \times (22.96 - 30) = 598.17(\text{kN})(\rightarrow)$$

列 z 方向动量方程:

$$-G + R_z = \rho Q v_2 \sin 35°$$

$$R_z = +G + \rho Q v_2 \sin 35° = 40.12 \times 0.57 + 149.7 + 80 \times 28 \times 0.57$$

$$= 1426.5(\text{kN})(\downarrow)$$

3.10 如图将一平板放置在自由射流之中,并且垂直于射流轴线,该平板截去射流流量的一部分 Q,射流的其余部分偏转一角度 θ。已知 $v=30$ m/s,$Q=36$ L/s,$Q_1=12$ L/s。不计摩擦,试求:(1)射流的偏转角度 θ;(2)射流对平板的作用力。

解:由连续方程 $Q=Q_1+Q_2$ 可得出

$$Q_2 = 24 \text{ L/s}$$

选取控制体和坐标系,如题解 3.10 图所示。

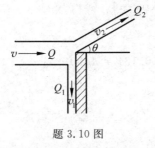
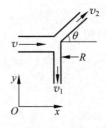

题 3.10 图   题解 3.10 图

列 x 方向动量方程：

$$-R = \rho Q_2 v_2 \cos\theta - \rho Q v$$

列 y 方向动量方程：

$$0 = \rho Q_2 v_2 \sin\theta - \rho Q_1 v_1$$

由能量方程可知：

$$v = v_1 = v_2$$

由 y 方向动量方程可解出

$$\sin\theta = \frac{Q_1}{Q_2} = \frac{1}{2}, \quad 得 \quad \theta = 30°$$

由 x 方向动量方程可解出

$$R = 1000 \times 0.024 \times 30 \times 0.866 - 1000 \times 0.036 \times 30 = 456.5(\text{N})$$

而

$$R' = -R$$

3.11　如图所示，有一铅直放置的管道，其直径 $d = 0.35$ m，在其出口处设置一圆锥形阀门，圆锥顶角 $\theta = 60°$，锥体自重 $G = 1400$ N。当水流的流量 Q 为多少时，管道出口的射流可将锥体托起？（不计水体自重）

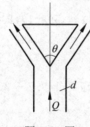 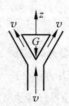

题 3.11 图　　　　　题解 3.11 图

解：管道出口流速为 v，绕过阀体后仍为 v。选取控制体、坐标系，如题解 3.11 图所示。列出 z 方向动量方程：

$$-G = \rho Q \left(v \cos\frac{\theta}{2} - v \right)$$

则

$$G = \rho v^2 A \left(1 - \cos\frac{\theta}{2} \right)$$

代入数据后可得

$$1000 \times v^2 \frac{\pi \times 0.35^2}{4} \times 0.134 = 1400$$

可解出

$$v = 10.42 \text{ m/s}$$

因此需要流量

$$Q = \frac{\pi d^2}{4} v = \frac{3.14 \times 0.35^2}{4} \times 10.42 = 1.0(\text{m}^3/\text{s})$$

才能将锥体托起。

3.12 一水平放置的 180°弯管如图所示。已知管径 $d=0.2$ m,断面 1—1 及 2—2 处管中心的相对压强 $p=4.0\times10^4$ N/m²,管道通过的流量 $Q=0.157$ m³/s。试求诸螺钉上所承受的总水平力。(不计水流与管壁间的摩阻力)

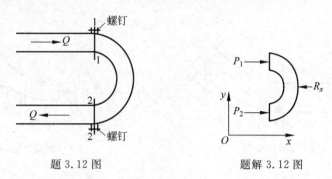

题 3.12 图　　　　　　题解 3.12 图

解:取 1—1,2—2 断面的水体为控制体,并分析受力,选取坐标系,如题解 3.12 图所示。由题给条件可知

$$v_1 = v_2 = v = \frac{4Q}{\pi d^2} = \frac{4\times0.157}{3.14\times0.2^2} = 5.0(\text{m/s})$$

列 x 向动量方程:

$$-R_x + P_1 + P_2 = \rho Q(-v_2 - v_1)$$

则有

$$R_x = P_1 + P_2 + 2\rho Qv = \frac{\pi d^2}{4}(p_1 + p_2) + 2\rho Qv$$

$$= \frac{3.14\times0.2^2}{4}(8\times10^4) + 2\times1000\times0.157\times5$$

$$= 4082(\text{N})$$

3.13 如图一放置在铅直平面内的弯管,直径 $d=100$ mm,1—1,2—2 断面间管长 $L=0.6$ m,与水平线的交角 $\theta=30°$,通过的流量 $Q=0.03$ m³/s,1—1 和 2—2 断面形心点的高差 $\Delta z=0.15$ m,1—1 断面形心点的相对压强为 $p_1=49$ kN/m²。忽略摩擦阻力的影响,求出弯管所受的力。

解:选择水平管轴线为基准面,列出 1—1,2—2 断面的能量方程为

$$\frac{p_1}{\rho g} + \frac{v_1^2}{2g} = \Delta z + \frac{p_2}{\rho g} + \frac{v_2^2}{2g}$$

可解出

$$p_2 = \rho g\left(\frac{p_1}{\rho g} + \frac{v_1^2}{2g} - \Delta z - \frac{v_2^2}{2g}\right)$$

由于

$$v = \frac{4Q}{\pi d^2} = \frac{4\times0.03}{3.14\times0.1^2} = 3.82(\text{m/s})$$

则

$$p_2 = 9.81\left(\frac{49}{9.81} - 0.15\right) = 47.53(\text{kN/m}^2)$$

取出 1—1、2—2 断面之间的水体为控制体,分析受力,选取坐标系,如题解 3.13 图
所示。

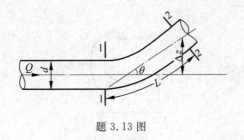
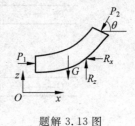

题 3.13 图　　　　　　　　　　　　　　　题解 3.13 图

列 x 方向动量方程:
$$P_1 - P_2\cos\theta - R_x = \rho Q(v_2\cos\theta - v_1)$$
$$R_x = P_1 - P_2\cos\theta - \rho Q(v_2\cos\theta - v_1)$$
$$= 49 \times \frac{3.14 \times 0.1^2}{4} - 47.53 \times \frac{3.14 \times 0.1^2}{4} \times 0.866 + 0.03 \times 3.82 \times 0.134$$
$$= 0.077(\text{kN})(\rightarrow)$$

求出该水体的重量
$$G = \rho g \frac{\pi \times d^2}{4} \times L = 9.81 \times \frac{3.14 \times 0.1^2}{4} \times 0.6 = 0.046(\text{kN})$$

列出 z 方向动量方程:
$$-P_2\sin\theta - G + R_z = \rho Q\, v_2\sin\theta$$
$$R_z = \rho Q v_2\sin\theta + G + P_2\sin\theta$$
$$= 0.03 \times 3.82 \times 0.5 + 0.046 + 47.53 \times \frac{3.14 \times 0.1^2}{4} \times 0.5$$
$$= 0.291(\text{kN})(\downarrow)$$

则
$$R = \sqrt{R_x^2 + R_z^2} = 0.301(\text{kN})$$

弯管所受总的力 $R' = -R$,方向角 $\theta = \arctan\dfrac{R_z}{R_x} = 75.18°$。

3.14　在水位恒定的水箱侧壁上安装一管嘴,从管嘴射出的水流喷射到水平放
置的曲板上,如图所示,已知管嘴直径 $d = 5.0$ cm,局部水头损失系数 $\zeta = 0.5$。当水
流对曲板的水平方向上的作用力 $R = 980$ N 时,试求水箱中的水头 H 为多少。(可
忽略水箱的行近流速)

解:取基准面,并列出能量方程

$$H = \frac{\alpha v_2^2}{2g} + \zeta \frac{v_2^2}{2g}$$

可解出

$$v_2 = \sqrt{\frac{2gH}{\alpha + \zeta}} = \sqrt{\frac{2 \times 9.81 H}{1.5}} = 3.61 \sqrt{H} (\text{m/s})$$

则

$$Q = \frac{\pi d^2}{4} v_2 = \frac{3.14 \times 0.05^2}{4} \times 3.61 \sqrt{H} = 0.0071 \sqrt{H} (\text{m}^3/\text{s})$$

取 2—2,3—3 断面之间的水体为控制体,并分析受力,选取坐标系,如题解 3.14 图所示。

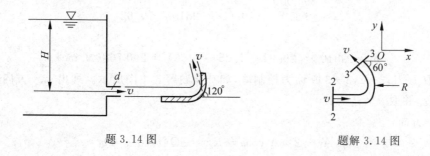

题 3.14 图   题解 3.14 图

列 x 方向动量方程:

$$-R = \beta \rho Q (-v_2 \cos 60° - v_2)$$

可得

$$R = \frac{3}{2} \beta \rho Q v_2, \quad 980 = \frac{3}{2} \times \frac{3.14 \times 0.05^2 \times 1000}{4} \times 3.61^2 H = 38.36 H$$

$$H = 25.55 (\text{m})$$

补充题及解答

3.1 如图所示水电站的引水分叉管路平面图,管路在分叉处用镇墩固定。已知:主管直径 $D = 3.0$ m,分叉管直径均为 $d = 2.0$ m,通过的主管总流量 $Q = 35$ m³/s,两分叉管流量 $Q_2 = Q_3 = 17.5$ m³/s,转角 $\alpha = 60°$,断面 1—1 处的相对压强 $p_1 = 294$ kN/m²。不计水头损失,试求:水流对镇墩的作用力。

解:

$$v_1 = \frac{4Q}{\pi D^2} = \frac{4 \times 35}{3.14 \times 9} = 4.95 (\text{m/s})$$

$$v_2 = v_3 = \frac{4Q}{\pi d^2} = \frac{4 \times 17.5}{3.14 \times 4} = 5.57 (\text{m/s})$$

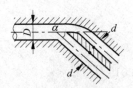

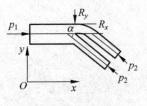

补充题 3.1 图　　　　　　　　　　　补充题解 3.1 图

列出 1—1,2—2 断面的能量方程$\dfrac{p_1}{\rho g}+\dfrac{\alpha_1 v_1^2}{2g}=\dfrac{p_2}{\rho g}+\dfrac{\alpha_2 v_2^2}{2g}$,并取 $\alpha_1=\alpha_2=1.0$,代入数据可解出

$$\frac{294\,000}{9810}+\frac{4.95^2}{19.62}=\frac{p_2}{9810}+\frac{5.57^2}{19.62}$$

即

$$p_2=9810\times(29.97+1.25-1.58)=290\,768(\mathrm{N/m^2})$$

取 1—1,2—2,3—3 断面为控制体,如补充题解 3.1 图所示。列出 x、y 方向的动量方程,并取 $\beta_1=\beta_2=1.0$。

x 方向:

$$p_1 A_1-2p_2 A_2\cos\alpha-R_x=\rho Q(v_2\cos\alpha-v_1)$$

代入数据可解出

$$R_x=294\,000\times\frac{3.14\times9}{4}-2\times290\,768\times3.14\times0.5-1000$$

$$\times35\times(5.57\times0.5-4.95)$$

$$=2077.11-913.01+75.78=1239.88(\mathrm{kN})(\rightarrow)$$

y 方向:

$$2p_2 A_2\sin\alpha-R_y=-\rho Q v_2\sin\alpha$$

代入数据可解出

$$R_y=2\times290\,768\times3.14\times0.87+1000\times35\times5.57\times0.87$$

$$=1588.64+169.61=1758.25(\mathrm{kN})(\uparrow)$$

3.2 如图所示为一直立水轮机的锥形尾水管。已知:通过尾水管的流量 $Q=5.5\ \mathrm{m^3/s}$,直径 $d=1.0\ \mathrm{m}$,出口直径 $D=2.0\ \mathrm{m}$,尾水管进口断面在下游水位以上 $H=3.0\ \mathrm{m}$ 处,管长 $l=4.0\ \mathrm{m}$,管中的水头损失为 $h_\mathrm{w}=0.25\dfrac{v_2^2}{2g}$,$v_2$ 为尾水管出口断面处流速,尾水管出口断面处中心点的压强水头为 1 m,尾水重 $G=71.83\ \mathrm{kN}$。试求:水流作用在尾水管上的轴向力。

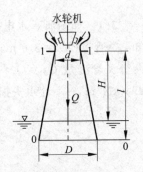

补充题 3.2 图

解:求出流速

$$v_1=\frac{4Q}{\pi d^2}=\frac{4\times5.5}{3.14\times1.0}=7.01(\mathrm{m/s})$$

$$v_2 = \frac{4Q}{\pi D^2} = \frac{4 \times 5.5}{3.14 \times 4.0} = 1.75 (\mathrm{m/s})$$

对进出口断面列出能量方程(基准面选在出口断面),并取动能校正系数 $\alpha_1 = \alpha_2 = 1.0$,则可得出

$$l + \frac{p_1}{\rho g} + \frac{v_1^2}{2g} = 0 + \frac{p_2}{\rho g} + \frac{v_2^2}{2g} + 0.25 \frac{v_2^2}{2g}$$

$$p_1 = \rho g \left(\frac{p_2}{\rho g} + 1.25 \frac{v_2^2}{2g} - \frac{v_1^2}{2g} - l \right)$$

$$= 9810 \times \left(1 + 1.25 \frac{3.06}{19.62} - \frac{49.14}{19.62} - 4 \right) = 9810 \times (1 + 0.2 - 2.5 - 4)$$

$$= -51.99 (\mathrm{kN/m^2})$$

沿流向列动量方程

$$-p_1 A_1 + p_2 A_2 - G + N = \rho Q(-v_2 + v_1)$$

$$N = \rho Q(-v_2 + v_1) + G + p_1 A_1 - p_2 A_2$$

$$= 28.93 + 71.83 - 41.07 - 30.8 = 28.89 (\mathrm{kN})$$

而水流作用于尾水管上的作用力为 $N' = -N$。

3.3 如图所示,有一高度 $a = 50$ mm,速度 $v = 18$ m/s 的单宽射流水股,冲击在边长 $l = 1.2$ m 的光滑平板 AB 上。射流沿平板表面分成两股。已知平板与水流方向的夹角 $\alpha = 30°$,平板 B 端为铰点。若忽略水流、空气和平板的摩擦力,即不计水头损失,且流动在同一水平面上,求:(1)流量分配 Q_1 和 Q_2;(2)设射流冲击点位于平板形心,若平板自重可以忽略,A 端应施加多大的垂直力 P,才能保持平板的平衡。

解:由能量方程可得

$$v_0 = v_1 = v_2$$

由连续性方程

$$A_0 = A_1 + A_2$$

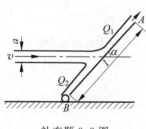

补充题 3.3 图

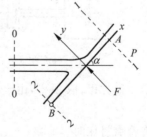

补充题解 3.3 图

取 0—0,1—1,2—2 断面间的水体为控制体,选择垂直于平板的直角坐标系,如补充题解 3.3 图所示。列 x 方向的动量方程:

$$0 = \rho v_1 A_1 \beta_1 v_1 + \rho v_2 A_2 \beta_2 (-v_2) - \rho v_0 A_0 \beta_0 v_0 \cos\alpha$$

令 $\beta_1 = \beta_2 = \beta_0 = 1.0$，由 $v_0 = v_1 = v_2$ 代入上式可解得

$$Q\cos 30° = Q_1 - Q_2 \tag{1}$$

由连续方程

$$Q = Q_1 + Q_2 \tag{2}$$

式(1)＋式(2)得

$$2Q_1 = Q(1 + \cos 30°)$$

则

$$Q_1 = \frac{Q(1 + \cos 30°)}{2} = 0.933Q$$

$$Q_2 = Q - Q_1 = Q - 0.933Q = 0.067Q$$

列 y 方向动量方程：

$$F = \rho Q v_0 \sin 30° = 1000 \times 0.05 \times 18 \times 18 \times 0.5 = 8100(\text{N})$$

水流对平板在 y 方向的冲击力

$$F' = -F = -8100(\text{N})$$

现将所有的力对 B 点求矩：$\sum M_B = 0$，$F \times 0.6 = P \times 1.2$，可解出 $P = 4050$ N。

3.4   如图所示，水由水箱 1 经圆滑无摩擦的孔口水平射出冲击到一平板上(不计水头损失)，使平板能封盖住另一水箱 2 的管嘴，孔口与管嘴中心重合，而且 $d_1 = 0.5 d_2$。当已知水箱 1 中水深为 h_1 时，求水箱 2 中水深 h_2 为多大时才能将管嘴封住。

解：列水箱 1 的 1—1，2—2 断面的能量方程。取 $\alpha_1 = \alpha_2 = 1.0$，得出 $h_1 = \frac{\alpha_2 v_2^2}{2g}$，可解出 $v_2 = \sqrt{2gh_1}$。

以 2—2，3—3 断面之间的水体为控制体如补充题解 3.4 图所示。

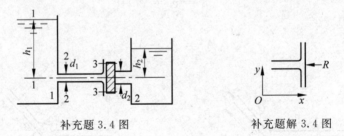

补充题 3.4 图   补充题解 3.4 图

列出动量方程，取 $\beta = 1$，由 $-R = -\beta \rho Q v$，则

$$R = \rho Q v$$

由于要将管嘴封住时

$$R = P_2, \qquad \rho g h_2 \frac{\pi d_2^2}{4} = \rho \frac{\pi d_1^2}{4} \times 2g h_1$$

化简后，得

$$h_2 \frac{d_2^2}{4} = h_1 \frac{d_1^2}{2}$$

由于 $d_1=0.5d_2$，代入可得 $h_2=0.5h_1$，即 $h_2=0.5h_1$ 时才能将管嘴封住。

3.5　如图所示为利用喷射水流在喉道上 1—1 断面造成负压而将容器 M 中的水抽出的装置。已知 H、b、h 值，当不计水头损失时，问喉道断面面积 A_1 与喷嘴出口断面面积 A_2 的比值应满足什么条件才能使抽水装置开始工作？（取动能校正系数 $\alpha=1.0$）

解：对水箱水面与出口断面列能量方程（以管嘴出口中心线为基准面）

$$H=\frac{v_2^2}{2g}$$

可解出

$$v_2=\sqrt{2gH}$$

再对喉道断面与出口断面列能量方程

$$(H-h)+\frac{p_1}{\rho g}+\frac{v_1^2}{2g}=\frac{v_2^2}{2g}=H$$

可解出

$$h=\frac{p_1}{\rho g}+\frac{v_1^2}{2g} \tag{1}$$

由连续方程得 $v_1=\dfrac{A_2}{A_1}v_2$，由等压面可得 $p_1=-\rho gb$，将上述表达式代入式(1)联立求解可得出 $\dfrac{A_2}{A_1}\geqslant\sqrt{\dfrac{h+b}{H}}$ 时抽水装置开始工作。

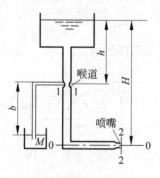

补充题 3.5 图

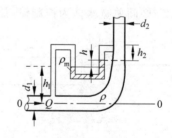

补充题 3.6 图

3.6　如图所示一管道，通过流量 $Q=0.1\ \text{m}^3/\text{s}$，其间装一水银压差计，水银的密度 $\rho_\text{m}=13\,600\ \text{kg/m}^3$，水的密度 $\rho=1000\ \text{kg/m}^3$。已知管径 $d_1=300\ \text{mm}$，$d_2=100\ \text{mm}$，不计水头损失，求 U 形水银压差计中的读数 h。

解：$v_1=\dfrac{4Q}{\pi d_1^2}=\dfrac{4\times0.1}{3.14\times0.3^2}=1.42(\text{m/s})$

$v_2=\dfrac{4Q}{\pi d_2^2}=\dfrac{4\times0.1}{3.14\times0.1^2}=12.74(\text{m/s})$

列压差计（与管道接入的两断面）的两断面的能量方程（基准面选在管的中心线上）：

$$0 + \frac{p_1}{\rho g} + \frac{v_1^2}{2g} = (h_1 + h + h_2) + \frac{v_2^2}{2g} + \frac{p_2}{\rho g}$$

经整理得

$$\frac{p_1 - p_2}{\rho g} = (h_1 + h + h_2) + \frac{v_2^2}{2g} - \frac{v_1^2}{2g} \tag{1}$$

由等压面原理

$$p_1 - \rho g h_1 = p_2 + \rho g h_2 + \rho_m g h$$

则可得出

$$\frac{p_1 - p_2}{\rho g} = h_1 + h_2 + \frac{\rho_m}{\rho} h \tag{2}$$

由(1)、(2)两式联立求解,则有

$$h\left(\frac{\rho_m}{\rho} - 1\right) = \frac{v_2^2}{2g} - \frac{v_1^2}{2g} = 8.28 - 0.1$$

解出 $h = \dfrac{8.18}{12.6} = 0.649(\mathrm{m})$。

3.7　有一跌水,如图所示,水舌下面两端与大气相通,液面为大气压。今测出通过的单宽流量 $q = 9.8\ \mathrm{m^2/s}$,下游水深 $h_t = 3.0\ \mathrm{m}$,不计摩擦阻力,试问水舌下尾水的深度 h 为若干 m?

解:在跌坎上游不远处产生临界水深,该断面近似认为是渐变流断面。

先求出临界水深,取 $\alpha = 1.0$,有

$$h_c = \sqrt[3]{\frac{\alpha q^2}{g}} = \sqrt[3]{\frac{1 \times 9.8^2}{9.81}} = 2.14(\mathrm{m})$$

取 1—1,2—2 间单宽水体为控制体,如补充题解 3.7 图所示。

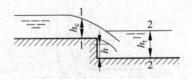

补充题 3.7 图

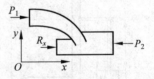

补充题解 3.7 图

令 $\beta_1 = \beta_2 = 1.0$,则沿 x 方向列动量方程

$$R_x + P_1 - P_2 = \rho q (v_2 - v_1)$$

代入具体数值可得

$$\frac{1}{2}\rho g h^2 + \frac{1}{2}\rho g h_c^2 - \frac{1}{2}\rho g h_t^2 = \rho q\left(\frac{q}{h_t} - \frac{q}{h_c}\right)$$

可解出

$$h = \sqrt{(h_t^2 - h_c^2) + \frac{2q^2}{g}\left(\frac{1}{h_t} - \frac{1}{h_c}\right)} = \sqrt{(9 - 2.14^2) + \frac{2 \times 9.8^2}{9.81}\left(\frac{1}{3} - \frac{1}{2.14}\right)}$$

$$= 1.296(\mathrm{m})$$

3.8 如图所示,一股从管嘴射出的水流,水平地喷到一块与射流方向相垂直的正方形平板上。平板为等厚度,边长 $l=30$ cm。平板上缘悬挂在铰轴上(摩擦力不计),当射流冲击到平板中心后,平板偏转一角度 $\theta=30°$,以后不再偏转。喷嘴出口断面的直径 $d_2=25$ mm,喷嘴收缩段起始断面的相对压强 $p_1=1.96\times10^4$ N/m²,该断面平均流速 $v_1=2.76$ m/s,喷嘴的局部水头损失系数 $\zeta=0.3$,对应喷嘴出口流速,试求平板的质量。

解:列 1—1,2—2 断面的能量方程,取 $\alpha_1=\alpha_2=1.0$,得

$$\frac{p_1}{\rho g}+\frac{v_1^2}{2g}=(1+\zeta)\frac{v_2^2}{2g}$$

代入已知数据得

$$\frac{1.96\times10^4}{9810}+\frac{2.76^2}{19.62}=1.3\frac{v_2^2}{19.62}$$

可解出 $v_2=6.0$ m/s。则流量 $Q=A_2v_2=\dfrac{3.14}{4}\times0.025^2\times6=2.94\times10^{-3}$(m³/s)。

取射流水体为控制体,如补充题解 3.8 图所示。列动量方程,取 $\beta_1=\beta_2=1.0$,有

$$-R'=-\rho Qv_2\cos30°$$

代入数据得

$$R'=1000\times2.94\times10^{-3}\times6\times0.866=15.28(\text{N})$$

射流对平板的作用力 $R=-R'$,对 O 点求矩得

$$\sum M_0=0,\quad R\times OA=mg\times OB$$

而式中

$$OA=\frac{0.15}{\cos30°}=0.173(\text{m})$$

$$OB=0.15\sin30°=0.075(\text{m})$$

这样代入上式后可得 $15.28\times0.173=m\times9.81\times0.075$,可解出平板的质量 $m=3.59$ kg。

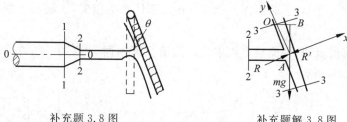

补充题 3.8 图　　　　补充题解 3.8 图

3.9 管道泄水针阀全开,位置如图所示。已知管道直径 $d_1=350$ mm,出口直径 $d_2=150$ mm,流速 $v_2=30$ m/s,测得针阀拉杆受力 $F=490$ N。若不计能量损失,试求连接管道出口段的螺栓所受到的水平作用力。

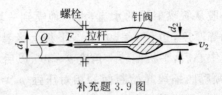

补充题 3.9 图

解：流量

$$Q = \frac{\pi}{4}d_2^2 v_2 = \frac{3.14}{4} \times 0.15^2 \times 30 = 0.53 (\text{m}^3/\text{s})$$

管内流速

$$v_1 = \frac{4Q}{\pi d_1^2} = \frac{4 \times 0.53}{3.14 \times 0.12} = 5.63 (\text{m/s})$$

列管道内与出口断面的能量方程，取 $\alpha_1 = \alpha_2 = 1.0$，可得

$$\frac{p_1}{\rho g} + \frac{v_1^2}{2g} = \frac{v_2^2}{2g}$$

可解出

$$p_1 = \frac{1}{2}\rho(v_2^2 - v_1^2) = \frac{1}{2} \times 1000(30^2 - 5.63^2) = 4.34 \times 10^5 (\text{N/m}^2)$$

列 1—1 断面与出口断面的动量方程，取 $\beta_1 = \beta_2 = 1.0$，可得

$$p_1 \frac{\pi}{4}d_1^2 - F + R = \rho Q(v_2 - v_1)$$

则可解出

$$R = \rho Q(v_2 - v_1) + F - p_1 \frac{\pi}{4}d_1^2$$

$$= 1000 \times 0.53(30 - 5.63) + 490 - 4.34 \times 10^5 \times 0.0942$$

$$= -27476 \text{ N} = -27.48 (\text{kN})(\leftarrow)$$

负号表示作用力向左，即拉力。

3.10 一过水涵洞宽 $b = 1.2$ m，与上下游矩形渠道的宽度相同，渠底是水平的，上游水深 $h_1 = 1.5$ m，下游水深 $h_2 = 0.9$ m。不计水头损失，求涵洞上混凝土砌件所受的水平推力。

解：因流量未知，列能量方程求之。选渐变流断面 1—1，2—2，并令动能校正系数 $\alpha_1 = \alpha_2 = 1.0$，则有

$$1.5 + \frac{v_1^2}{2g} = 0.9 + \frac{v_2^2}{2g} \tag{1}$$

再列出连续方程 $v_1 h_1 = v_2 h_2$，可解出 $v_2 = \frac{h_1}{h_2}v_1 = 1.67 v_1$，将其代入式(1)得

$$1.5 + \frac{v_1^2}{2g} = 0.9 + 2.79\frac{v_1^2}{2g}$$

补充题 3.10 图

可解出

$$v_1 = \sqrt{\frac{0.6 \times 19.62}{1.79}} = 2.56(\text{m/s})$$

则流量

$$Q = v_1 b h_1 = 2.56 \times 1.2 \times 1.5 = 4.61(\text{m}^3/\text{s})$$

则

$$v_2 = 1.67 v_1 = 1.67 \times 2.56 = 4.28(\text{m/s})$$

以 1—1,2—2 断面间的水体为控制体,如补充题解 3.10 图所示。列动量方程,取 $\beta_1 = \beta_2 = 1.0$,则有

$$P_1 - P_2 - R = \beta \rho Q (v_2 - v_1)$$

移项并整理得

$$R = P_1 - P_2 - \beta \rho Q (v_2 - v_1)$$

$$R = \frac{1}{2} \times 9810 \times 1.5^2 \times 1.2 - \frac{1}{2} \times 9810 \times 0.9^2 \times 1.2 - 4.61(4.28 - 2.56)$$

$$= 13.24 - 4.77 - 7.93 = 0.54(\text{kN})(\leftarrow)$$

水流对涵洞混凝土砌件的水平推力 $R' = -R$。

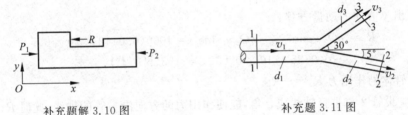

补充题解 3.10 图　　　　补充题 3.11 图

3.11　主管水流经过一非对称的分叉管,由两短支管射出,管径 $d_1 = 0.15$ m, $d_2 = 0.1$ m, $d_3 = 0.075$ m,管路布置如图所示。其出流速度 $v_2 = v_3 = 10$ m/s,主管和两支管在同一水平面内,忽略阻力,即不计水头损失:(1)求水体作用在管体上的 x 和 y 方向力的大小;(2)管径为 $d_2 = 0.1$ m 的支管应与 x 轴交成何角度才能使作用力的方向沿着主管轴线?

解:(1)首先求出流量和流速

$$Q_2 = v_2 \frac{\pi d_2^2}{4} = 10 \times \frac{3.14 \times 0.1^2}{4} = 0.0785(\text{m}^3/\text{s})$$

$$Q_3 = v_3 \frac{\pi d_3^2}{4} = 10 \times \frac{3.14 \times 0.075^2}{4} = 0.0442(\text{m}^3/\text{s})$$

$$Q_1 = Q_2 + Q_3 = 0.0785 + 0.0442 = 0.1227(\text{m}^3/\text{s})$$

$$v_1 = \frac{4Q_1}{\pi d_1^2} = \frac{4 \times 0.1227}{3.14 \times 0.15^2} = 6.947(\text{m/s})$$

由 1—1 断面和 2—2 断面列能量方程,并令 $\alpha_1 = \alpha_2 = 1.0$,可得

$$\frac{p_1}{\rho g} + \frac{v_1^2}{2g} = \frac{p_2}{\rho g} + \frac{v_2^2}{2g}$$

解得

$$p_1 = \rho g\left(\frac{v_2^2}{2g} - \frac{v_1^2}{2g}\right) = 9810\left(\frac{10^2}{19.62} - \frac{6.947^2}{19.62}\right) = 25\,898.4(\text{N/m}^2)$$

总压力

$$P_1 = p_1 \times \frac{1}{4}\pi d_1^2 = 25\,898.4 \times \frac{1}{4} \times 3.14 \times 0.15^2$$

$$= 457.43(\text{N})$$

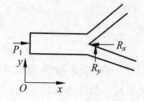

以 1—1,2—2,3—3 断面之间的水体为控制体,如补充题解 3.11 图所示。

补充题解 3.11 图

列出 x 方向的动量方程,取动量校正系数 $\beta_1 = \beta_2 = \beta_3 = 1.0$,则有

$$P_1 - R_x = \rho Q_2 v_2 \cos 5° + \rho Q_3 v_3 \cos 30° - \rho Q_1 v_1$$

$$R_x = P_1 - \rho(Q_2 v_2 \cos 5° + Q_3 v_3 \cos 30° - Q_1 v_1)$$

$$= 457.43 - 1000(0.0785 \times 10 \times 0.996 + 0.0442 \times 10 \times 0.866 - 0.1227 \times 6.947)$$

$$= 144.43(\text{N})(\rightarrow)$$

液体对管体的作用力 $R_x' = -R_x$。

列出 y 方向的动量方程:

$$R_y = \rho Q_3 v_3 \sin 30° - \rho Q_2 v_2 \sin 5° = 1000(0.0442 \times 10 \times 0.5$$

$$- 0.0785 \times 10 \times 0.087) = 153(\text{N})(\uparrow)$$

液体对管体的作用力 $R_y' = -R_y$。

(2) 设管 2 与主管轴线成 α 角,能使作用力的方向沿主管的轴线,此时 $R_y = 0$,由 y 方向的动量方程:

$$0 = \rho Q_3 v_3 \sin 30° - \rho Q_2 v_2 \sin \alpha$$

这样

$$\alpha = \arcsin\left(\frac{Q_3 v_3 \sin 30°}{Q_2 v_2}\right) = 16.35°$$

3.12 已知溢流坝上游的水深 $h_1 = 5.0$ m,每米坝宽的泄流流量 $q = 2.0$ m²/s,不计水头损失,求溢流坝下游的水深 h_2 及每米坝宽所受的水平推力。

解:列出 1—1,2—2 断面的能量方程,令 $\alpha_1 = \alpha_2 = 1.0$。由于 1—1 断面流速

$$v_1 = \frac{q}{h_1} = \frac{2.0}{5.0} = 0.4(\text{m/s})$$

则

$$5.0 + \frac{0.4^2}{19.62} = h_2 + \frac{4.0}{19.62 h_2^2}$$

由于是高次方程,经试算可得 $h_2 = 0.205$ m,则 $v_2 = \dfrac{q}{h_2} = 9.76(\text{m/s})$。以 1—1,2—2 断面之间的水体为控制体,如补充题解 3.12 图。

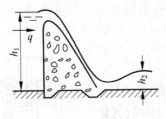

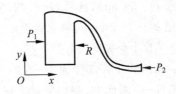

补充题 3.12 图   补充题解 3.12 图

列动量方程,令 $\beta_1=\beta_2=1.0$,可得

$$P_1 - P_2 - R = \beta\rho q(v_2 - v_1)$$

则

$$\begin{aligned}
R &= P_1 - P_2 - \beta\rho q(v_2 - v_1)\\
&= \frac{1}{2}\times 9810\times 25 - \frac{1}{2}\times 9810\times 0.042 - 1000\times 2(9.76-0.4)\\
&= 103.7(\text{kN})
\end{aligned}$$

水流对坝的推力 $R'=-R$。

3.13 水流沿垂直变管径管道向下流动,已知上管直径 $D=0.2$ m,流速 $v=3.0$ m/s,两压力表之间的长度 $l=3.0$ m。为使上下两个压力表的读数相同,水头损失不计,问下管直径应为多大?

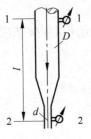

补充题 3.13 图

解:取两个压力表处为 1—1,2—2 断面,并以 2—2 断面为基准面列能量方程,并取 $\alpha_1=\alpha_2=1.0$,可得

$$3.0 + \frac{p_1}{\rho g} + \frac{v_1^2}{2g} = \frac{p_2}{\rho g} + \frac{v_2^2}{2g}$$

因为 $p_1=p_2$,这样有

$$3.0 + 0.46 = \frac{v_2^2}{2g}$$

可解出

$$v_2 = \sqrt{19.62\times 3.46} = 8.24(\text{m/s})$$

流量

$$Q = v_1\frac{\pi D^2}{4} = 3.0\times\frac{3.14\times 0.2^2}{4} = 0.094(\text{m}^3/\text{s})$$

由于

$$v_2 = \frac{4Q}{\pi d^2} = \frac{4\times 0.094}{3.14\times d^2} = 8.24$$

可解出

$$d = \sqrt{\frac{4\times 0.094}{3.14\times 8.24}} = 0.12(\text{m})$$

3.14 在输水管道上安装一个收缩段用以推动控制机构的活塞 A 上升。已知活塞直径 $D=50$ mm，自重 $G=5$ N，输水管直径 $d_1=20$ mm，喉部直径 $d_2=10$ mm，问输水管道中过水流量多大时，可将活塞托起？（不计水头损失）

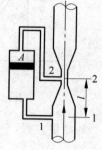

解：设两测压管部位为 1—1，2—2 断面，其间距离为 l，基准面选在 1—1 断面上，列出能量方程，并取 $\alpha_1=\alpha_2=1$，可得

$$\frac{p_1}{\rho g}+\frac{v_1^2}{2g}=l+\frac{p_2}{\rho g}+\frac{v_2^2}{2g}$$

经整理可得出

$$p_1-p_2=\rho g l+\frac{1}{2}\rho v_2^2-\frac{1}{2}\rho v_1^2$$

补充题 3.14 图

列两断面的连续性方程

$$v_2=\frac{d_1^2}{d_2^2}v_1=4v_1$$

代入能量方程可得

$$p_1-p_2=\rho g l+\frac{1}{2}\rho(16-1)v_1^2=\rho g l+7500v_1^2$$

设测压管安装部位到活塞距离为 z_1、z_2，则有

$$\left(p_1-\rho g z_1\right)\frac{\pi}{4}D^2=\left(p_2-\rho g z_2\right)\frac{\pi}{4}D^2+G$$

化简后得

$$p_1-p_2=\rho g(z_1-z_2)+\frac{4G}{\pi D^2}=\rho g l+\frac{4G}{\pi D^2}$$

代入能量方程

$$7500v_1^2=\frac{4G}{\pi D^2}=\frac{4\times 5}{3.14\times 0.0025}=2547.77$$

可解得 $v_1=0.583$ m/s，则流量

$$Q=\frac{\pi d_1^2}{4}v_1=\frac{3.14\times 0.02^2}{4}\times 0.583=1.83\times 10^{-4}\,(\text{m}^3/\text{s})$$

当 $Q\geqslant 1.83\times 10^{-4}$ m³/s 时可将活塞托起。

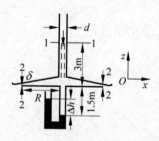

补充题 3.15 图

3.15 水从一铅直管道下端泄出，管道直径 $d=50$ mm，射流冲击在一水平放置的半径 $R=150$ mm 的圆盘上，若水层离开盘边的厚度 $\delta=1.0$ mm，求流量及水银测压计中的读数。（水头损失不计）

解：（1）计算流量

以圆板为基准面，列出 1—1，2—2 断面的能量方程，取 $\alpha_1=\alpha_2=1.0$，可得

$$3.0 + \frac{v_1^2}{2g} = \frac{0.001}{2} + \frac{v_2^2}{2g}$$

$$2.9995 = \frac{v_2^2}{2g} - \frac{v_1^2}{2g}$$

列出连续性方程

$$v_1 \times \frac{1}{4} \times 3.14 \times 0.05^2 = v_2 \times 2 \times 3.14 \times 0.15 \times 0.001$$

可得

$$0.00196 v_1 = 0.000942 v_2$$

则可解出 $v_2 = 2.08 v_1$，将其代入能量方程

$$2.9995 = 4.33 \frac{v_1^2}{2g} - \frac{v_1^2}{2g} = 3.33 \frac{v_1^2}{2g}$$

可解出

$$v_1 = 4.2 \text{m/s}$$

则流量

$$Q = v_1 A_1 = 4.2 \times \frac{\pi d_1^2}{4} = 4.2 \times \frac{3.14}{4} \times 0.0025 = 8.24 \times 10^{-3} (\text{m}^3/\text{s})$$

（2）计算水银测压计的读数 Δh

用动量方程计算射流对板的冲击力 R，取 z 坐标向上为正。取 $\beta = 1.0$，则得

$$R = \beta \rho Q v_1 = 1000 \times 8.24 \times 10^{-3} \times 4.2 = 34.61 (\text{N})$$

水流对板的冲击力 $R' = -R$。

假定圆板上中心点至四周的压强为线性变化，故压强分布呈圆锥形。其压力体体积 $V = \frac{1}{3} \pi R^2 p_0$，由于 $V = R'$ 即 $V = \frac{1}{3} \pi R^2 p_0 = 34.61$，可解出

$$p_0 = \frac{3 \times 34.61}{3.14 \times 0.15^2} = 1469.64 \ \text{N/m}^2$$

根据等压面原理

$$p_0 + 1.5 \rho g = \rho_m g \Delta h$$

则

$$\Delta h = \frac{p_0 + 1.5 \rho g}{\rho_m g} = \frac{1469.64 + 14\ 715}{133\ 416} = 0.121 (\text{m})$$

3.16 如图为一压力容器，水从容器内稳定地流出，已知箱上压力表的读数 $p = 1.014 \times 10^5 \ \text{N/m}^2$，水深 $h = 3.0$ m，管嘴的直径 $d_1 = 100$ mm，喷嘴直径 $d_2 = 50$ mm。若不计水头损失，试求喷嘴上螺栓群所受到的拉力。

解：列出水面 1—1 与管嘴出口断面 2—2 的能量方程，基准面选管嘴轴线上。令 $\alpha_1 = \alpha_2 = 1.0$，可得

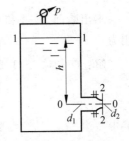

补充题 3.16 图

$$h + \frac{p}{\rho g} = \frac{v_2^2}{2g}$$

则可得出

$$v_2 = \sqrt{2g\left(\frac{p}{\rho g} + h\right)} = \sqrt{19.62 \times 13.33} = 16.17(\text{m/s})$$

$$v_1 = \left(\frac{d_2}{d_1}\right)^2 v_2 = \frac{v_2}{4} = 4.04(\text{m/s})$$

列喷嘴收缩前断面与 2—2 断面的能量方程

$$\frac{p_1}{\rho g} + \frac{v_1^2}{2g} = \frac{v_2^2}{2g}$$

可解得

$$p_1 = \frac{\rho}{2}(v_2^2 - v_1^2) = \frac{1000}{2}(16.17^2 - 4.04^2) = 122.57(\text{kN/m}^2)$$

流量

$$Q = v_1 \frac{\pi}{4} d_1^2 = 4.04 \times \frac{3.14}{4} \times 0.1^2 = 0.032(\text{m}^3/\text{s})$$

列出整个喷嘴为控制体的动量方程,令 $\beta_1 = \beta_2 = 1.0$,则有

$$P_1 - R = \beta \rho Q(v_2 - v_1)$$

移项并整理可得

$$R = P_1 - \beta \rho Q(v_2 - v_1) = p_1 A_1 - \rho Q(v_2 - v_1)$$

$$= 122.57 \times \frac{3.14}{4} \times 0.1^2 - 1000 \times 0.032 \times 12.13$$

$$= 0.962 - 388.16 = -387.2(\text{N})$$

而水流对喷嘴螺栓群的拉力

$$R' = -R = 387.2(\text{N})$$

3.17　有一恒定水位的较大水箱,水流经铅直等直径圆管流入大气,如图所示。已知 $H = 4.0$ m,$d = 0.2$ m,断面 1—1,2—2 间的能量损失 $h_{w1-2} = 0.6\frac{v^2}{2g}$,断面 2—2 与断面 3—3 间的高差 $h = 2.0$m,能量损失 $h_{w2-3} = 0.2\frac{v^2}{2g}$,$v$ 为管中断面平均流速。

求出断面 2—2 和断面 3—3 间管壁所受的水流总作用力。

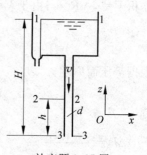

补充题 3.17 图

解:首先对 1—1,3—3 断面列出能量方程。令 $\alpha_1 = \alpha_2 = \alpha_3 = 1.0$,则有

$$H = \frac{v^2}{2g} + (0.6 + 0.2)\frac{v^2}{2g} = 1.8\frac{v^2}{2g}$$

解得

$$v = \sqrt{\frac{2 \times 9.81 \times 4}{1.8}} = 6.6(\text{m/s})$$

再对过水断面 2—2,3—3 列能量方程

$$h + \frac{p_2}{\rho g} + \frac{v^2}{2g} = \frac{v^2}{2g} + 0.2\frac{v^2}{2g}$$

可解出

$$p_2 = \rho g\left(0.2\frac{v^2}{2g} - h\right) = 9810\left(0.2 \times \frac{6.6^2}{19.62} - 2\right) = -15.26(\text{kN/m}^2)$$

取 2—2,3—3 断面间的水体为控制体,列 z 方向的动量方程,令 $\beta_3 = \beta_2 = 1.0$,则有

$$-p_2A_2 + p_3A_3 - G + R' = \rho Q(-v_3 + v_2)$$

由于 $p_3 \approx 0, v_2 = v_3$,所以

$$R' = G + p_2A_2 = \rho g\frac{\pi d^2}{4}h + \frac{\pi d^2}{4} \times p_2$$

$$= 9.81 \times \frac{3.14 \times 0.2^2}{4} \times 2 - \frac{3.14 \times 0.2^2}{4} \times 15.26$$

$$= 0.616 - 0.479 = 0.137(\text{kN})$$

则管壁所受的水流总作用力 $R = -R'$。

3.18 射流以速度 v 射在一块以速度 u 运动的平板上,如图所示,问:(1)欲使射流对平板的作用力为零,平板的最小速度 $u_{\min}$ 为多少?(2)欲使射流对移动平板的作用力为射流对固定平板的作用力的 2 倍,则平板的速度又为多少?(不计摩阻力及水头损失)

解:(1)射流对平板的相对速度为 $v-u$

列 x 方向的动量方程:

$$-R' = -\beta\rho Q(v-u)$$

即

$$R' = \beta\rho Q(v-u)$$

而射流对平板的作用力 $R = -R'$。

补充题 3.18 图

由上式可知,当 $u=v$ 时,$R=0$,即 $u_{\min}=v$。

(2)对固定平板:$u=0$,则由上式得

$$R = \beta\rho Qv$$

对移动平板:当 $u=-v$ 时,则

$$R = \beta\rho Q(v-u)$$

依据条件:

$$2\beta\rho Av^2 = \beta\rho A(v-u)^2$$

其中 A 为射流的过水断面面积。则该式简化为

$$2v^2 = (v-u)^2$$

可解得 $u = -0.414v$。

3.19 射流以某一速度向上射入一半球曲面板内,并均匀地沿曲面四周射出,如图所示。已知射流直径 $d=3.0$ cm,曲面板重量 $G=100$ N,若不计摩阻力及水头损

失,求将曲面板顶托于空中所需的射流速度 v。

解:取控制体如图,列 z 方向的动量方程

$$-G = \beta\rho Q(-v - v)$$

整理后得

$$G = 2\beta\rho A v^2$$

可解出

$$v = \sqrt{\frac{G}{2\beta\rho A}}$$

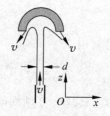

补充题 3.19 图

已知:

$$G = 100 \text{ N}, \quad \beta = 1.0$$

$$A = \frac{\pi d^2}{4} = \frac{3.14 \times 0.03^2}{4} = 0.000\,707 (\text{m}^2)$$

将以上已知值代入速度的表达式中可得

$$v = \sqrt{\frac{G}{2\beta\rho A}} = \sqrt{\frac{100}{2 \times 1.0 \times 1000 \times 0.000\,707}} = \sqrt{70.72} = 8.41 (\text{m/s})$$

3.20　一泄洪管道直径 $d = 4.0$ m,长度 $l = 2.0$ km。作用水头为 $H = 25$ m,沿程阻力系数 $\lambda = 0.025$,局部水头损失不计。管道出口用锥形阀控制流量,锥形阀顶角 $2\alpha = 60°$,如图所示,当锥形阀全开时,求水流对锥形阀的作用力。

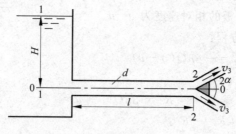

补充题 3.20 图

解:(1) 计算管中流量

以管中心为基准面,列 1—1,2—2 断面的能量方程,取 $\alpha_1 = \alpha_2 = 1.0$,则有

$$H = \frac{v^2}{2g} + h_f = \left(1 + \lambda\frac{l}{d}\right)\frac{v^2}{2g}$$

$$v = \frac{1}{\sqrt{1 + \lambda\dfrac{l}{d}}} \sqrt{2gH} = \frac{1}{\sqrt{1 + 0.025\dfrac{2000}{4.0}}} \sqrt{2 \times 9.81 \times 25} = 6.04 (\text{m/s})$$

则流量

$$Q = \frac{\pi d^2}{4}v = \frac{3.14 \times 16}{4} \times 6.04 = 75.86 (\text{m}^3/\text{s})$$

根据能量方程,水流射到锥形阀后的速度 $v_3 = v$。

（2）计算水流对锥形阀的作用力

取 2—2,3—3 断面间的水体为控制体，如补充题解 3.20 图所示。

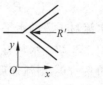

列出 x 方向的动量方程，并取 $\beta_1=\beta_2=1.0$，则有

$$-R' = \rho Q(v_3\cos\alpha - v)$$

补充题解 3.20 图

因为 $v_3=v$，代入方程可得

$$R' = \rho Qv(1-\cos\alpha) = 1.0 \times 75.86 \times 6.04 \times 0.134 = 61.4(\text{kN})$$

水流对锥形阀的作用力 $R=61.4$ kN($\rightarrow$)。

3.21 某矩形断面平底弯曲渠段，其平面图如图所示。渠段底宽由断面 1 的 $b_1=2.0$ m 渐变为断面 2 的 $b_2=3.0$ m，当通过渠道流量 $Q=4.2$ m³/s 时，两断面的水深分别为 $h_1=1.5$ m，$h_2=1.2$ m，两断面的平均流速 v_1 及 v_2 与 x 轴的夹角分别为 $\theta_1=30°$，$\theta_2=60°$。不计摩阻力，求水流对渠段的水平冲力。

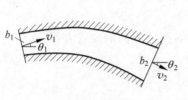

补充题 3.21 图

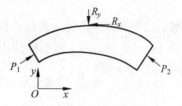

补充题解 3.21 图

解：取控制体为 1—1,2—2 断面之间的水体列动量方程。

计算流速：

$$v_1 = \frac{Q}{A_1} = \frac{4.2}{1.5\times 2} = 1.4 \text{ m/s}, \quad v_2 = \frac{Q}{A_2} = \frac{4.2}{1.2\times 3.0} = 1.17 \text{ m/s}$$

计算动水总压力：

$$P_1 = \frac{1}{2}\rho g h_1^2 b_1 = \frac{1}{2}\times 9810 \times 1.5^2 \times 2 = 22\,073(\text{N})$$

$$P_2 = \frac{1}{2}\rho g h_2^2 b_2 = \frac{1}{2}\times 9810 \times 1.2^2 \times 3 = 211\,90(\text{N})$$

列出 x、y 方向的动量方程。令 $\beta_1=\beta_2=1.0$，得出

$$P_1\cos 30° - P_2\cos 60° - R_x = \rho Q(v_2\cos 60° - v_1\cos 30°)$$

$$\begin{aligned}
R_x &= P_1\cos 30° - P_2\cos 60° - \rho Q(v_2\cos 60° - v_1\cos 30°)\\
&= 22\,073 \times 0.866 - 21\,190 \times 0.5 - 1000 \times 4.2(1.17\times 0.5 - 1.4\times 0.866)\\
&= 19\,115 - 10\,595 + 2635 = 11\,155(\text{N})
\end{aligned}$$

$$P_1\sin 30° + P_2\sin 60° - R_y = \rho Q(-v_2\sin 60° - v_1\sin 30°)$$

$$\begin{aligned}
R_y &= P_1\sin 30° + P_2\sin 60° + \rho Q(v_2\sin 60° + v_1\sin 30°)\\
&= 22\,073 \times 0.5 + 21\,190 \times 0.866 + 1000 \times 4.2(1.17\times 0.866 + 1.4\times 0.5)\\
&= 11\,037 + 18\,351 + 7196 = 36\,584(\text{N})
\end{aligned}$$

$$R = \sqrt{R_x^2 + R_y^2} = \sqrt{11\,155^2 + 36\,584^2} = 38.25(\text{kN})$$

水流对渠段的水平冲击力 $R' = -R$。

3.22   水从直径 $d = 25$ mm 的喷嘴中射出，撞击在一平板上，射流与平板垂线夹角 $\theta = 30°$，射流速度 $v_1 = 5.0$ m/s。不计摩擦阻力即水头损失，试计算：（1）平板静止时，水流作用在平板上的垂直力为多少？（2）当平板以 $u = 2.0$ m/s 的速度与水流方向同向运动时，水流作用在平板上的垂直力为多少？

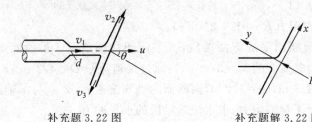

补充题 3.22 图   补充题解 3.22 图

解：（1）平板静止时水流的作用力

取 1—1，2—2，3—3 断面间的水体为控制体，列 y 方向的动量方程：

$$R_y = \rho Q_1 v_1 \cos 30° = \rho \frac{\pi d_1^2}{4} v_1^2 \cos 30°$$

$$= 1000 \times \frac{3.14 \times 0.025^2}{4} \times 25 \times 0.866$$

$$= 10.62(\text{N})$$

平板静止时水流对平板的垂直作用力 $R_y' = -10.62$ N。

（2）平板运动时水流的作用力

当平板运动时，水流单位时间冲击到平板上的质量是 $\rho A(v_1 - u)$。列 y 方向的动量方程：

$$R_y = \rho Q_1 (v_1 - u) \cos 30° = \frac{\rho \pi d^2}{4}(v_1 - u)^2 \cos 30°$$

$$= \frac{1000 \times 3.14 \times 0.025^2}{4} \times 9 \times 0.866 = 3.82(\text{N})$$

当平板运动时，作用力 $R_y' = -R_y$。

3.23   某水平放置的分叉管路，总流量 $Q = 40$ m³/s，管径 $d_1 = 2.0$ m，1—1 断面处的压强 $p_1 = 70.3$ N/cm²，分叉后两根管道通过的流量 $Q_2 = Q_3 = 20$ m³/s，管径 $d_2 = d_3 = 1.5$ m，布置如图所示。不计水头损失，求镇墩受力的大小及方向。

解：列 1—1，2—2 断面的能量方程，令 $\alpha_1 = \alpha_2 = 1.0$，则有

$$\frac{p_1}{\rho g} + \frac{\alpha_1 v_1^2}{2g} = \frac{p_2}{\rho g} + \frac{\alpha_2 v_2^2}{2g}$$

式中：

$$p_1 = 70.3 \times 10^4 \text{ N/m}^2$$

$$v_1 = \frac{4Q}{\pi d_1^2} = \frac{4 \times 40}{3.14 \times 4} = 12.74(\text{m/s})$$

$$v_2 = v_3 = \frac{4Q_2}{\pi d_2^2} = \frac{4 \times 20}{3.14 \times 1.5^2} = 11.32(\text{m/s})$$

将上述各量代入能量方程可得

$$p_2 = \rho\left(\frac{p_1}{\rho} + \frac{v_1^2}{2} - \frac{v_2^2}{2}\right) = 1000\left(\frac{70.3 \times 10^4}{1000} + \frac{12.74^2}{2} - \frac{11.32^2}{2}\right) = 720.05(\text{kN/m}^2)$$

同理有:

$$p_3 = p_2 = 720.05 \ \text{kN/m}^2$$

取 1—1,2—2,3—3 断面间的水体为控制体,如补充题解 3.23 图所示。

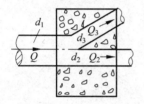 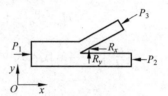

补充题 3.23 图　　　　　　补充题解 3.23 图

列 x 方向的动量方程:

$$P_1 - P_2 - P_3\cos45° - R_x = \rho Q_2 v_2 + \rho Q_3 v_3 \cos45° - \rho Q_1 v_1$$

$$R_x = P_1 - P_2(1 + \cos45°) - \rho Q_2 v_2(1 + \cos45°) + \rho Q_1 v_1$$

$$= 703 \times 3.14 - 1.766 \times 720.050 \times 1.707 - 1 \times 20 \times 11.32 \times 1.707 + 1 \times 40 \times 12.74$$

$$= 2207.42 - 2170.64 - 386.47 + 509.6 = 159.91(\text{kN})$$

列出 y 方向的动量方程:

$$-P_3\sin45° + R_y = \rho Q_2 v_3 \sin45°$$

$$R_y = \rho Q_3 v_3 \sin45 + P_3 \sin45° = 1 \times 20 \times 11.32 \times 0.707 + 1.766 \times 720.05 \times 0.707$$

$$= 160.07 + 899.03 = 1059.1(\text{kN})$$

合力

$$R = \sqrt{R_x^2 + R_y^2} = \sqrt{159.91^2 + 1059.1^2} = 1071.1 \ \text{kN}$$

方向角

$$\alpha = \arctan\frac{R_y}{R_x} = \arctan\frac{1059.1}{159.91} = 81.41°$$

镇墩受到的水流冲击力 $R' = -R$。

3.24 有一从水箱引水的管道,如图所示。等直径管段 ABC 的直径 $d_1 = 20 \ \text{cm}$,收缩段 CD 末端直径 $d_2 = 10 \ \text{cm}$,图中高差 $h = 5.0 \ \text{m}$,$H = 25 \ \text{m}$,管段 AB、BC、CD 的水头损失分别为 $h_{wAB} = 2\dfrac{v^2}{2g}$,$h_{wBC} = 0.8\dfrac{v^2}{2g}$,$h_{wCD} = 0.2\dfrac{v^2}{2g}$($v$ 为管段 ABC 中流速),求通过管道的流量及断面 3—3 中心的动水压强 p_3。

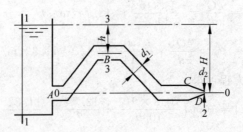

补充题 3.24 图

解：以 0—0 为基准面列 1—1,2—2 断面能量方程：

$$H = \frac{\alpha_2 v_2^2}{2g} + h_{wAB} + h_{wBC} + h_{wCD}$$

令 $\alpha_2 = 1.0, v_2 = \left(\dfrac{d_1}{d_2}\right)^2 v = 4v$，代入式中得

$$25 = (16 + 2 + 0.8 + 0.2)\frac{v^2}{2g} = 19\frac{v^2}{2g}$$

则

$$\frac{v^2}{2g} = \frac{25}{19} = 1.32(\text{m})$$

可解出

$$v = \sqrt{1.32 \times 2 \times 9.81} = 5.09(\text{m/s})$$

流量

$$Q = v\frac{\pi d^2}{4} = 5.09 \times \frac{3.14 \times 0.2^2}{4} = 0.16(\text{m}^3/\text{s})$$

列 3—3,2—2 断面能量方程,取 $\alpha_2 = \alpha_3 = 1.0$,则得

$$(H - h) + \frac{p_3}{\rho g} + \frac{v^2}{2g} = \frac{v_2^2}{2g} + 1.0\frac{v^2}{2g}$$

代入数据

$$20 + \frac{p_3}{\rho g} = (16 + 1 - 1)\frac{v^2}{2g} = 16\frac{v^2}{2g}$$

可解出

$$p_3 = \rho g(16 \times 1.32 - 20) = 9810 \times 1.12 = 10.98(\text{kN/m}^2)$$

3.25　水从甲水箱侧壁上的圆柱管嘴射出,管嘴进口的局部阻力系数 $\zeta = 0.5$。该射流沿水平方向冲击在平板上。平板的另一侧封住乙水箱的管嘴出口,若甲、乙两水箱的水位保持不变,并且两管嘴的直径均为 d,乙水箱的 h、h_2 均为已知,试求使平板两侧水流作用力相互平衡时的 h_1 值。

解：以管嘴中心线为基准面,列出 1—1,2—2 断面的能量方程,取 $\alpha_1 = \alpha_2 = 1.0$,

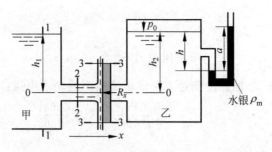

补充题 3.25 图

则得

$$h_1 = \frac{v_2^2}{2g} + 0.5\frac{v_2^2}{2g}$$

可解出流速 $v_2 = 3.62\sqrt{h_1}$。通过管嘴的流量为

$$Q = v_2 A_2 = 3.62\sqrt{h_1}\frac{\pi d^2}{4} = 2.84 d^2\sqrt{h_1}$$

取 2—2，3—3 断面之间的水体为控制体，列出 x 方向的动量方程，取 $\beta_2 = \beta_3 = 1.0$，则有

$$-R_x = -\rho Q v_2$$

代入已知数据，并整理得 $R_x = 10\,280.8 h_1 d^2$。而射流对板的力为 $R_x' = -R_x$。

乙水箱对平板的作用力为

$$P_x = \left[\rho_m ga + \rho g(h_2 - h)\right] \times \frac{\pi d^2}{4}$$

由于 $R_x' = P_x$，则得

$$R_x' = 10\,280.8 h_1 d^2 = \left[\rho_m ga + \rho g(h_2 - h)\right] \times \frac{\pi d^2}{4}$$

$$h_1 = 0.749 \times \left[13.6a + (h_2 - h)\right]$$

3.26 一水平放置的水管从水箱引水，如图所示。已知水箱作用水头 $H = 4.5$ m，管径 $d = 20$ cm，由 1—1 断面至 2—2 断面的能量损失 $h_{w1} = 0.6\frac{v^2}{2g}$，2—2 断面至 3—3 断面的能量损失 $h_{w2} = 0.4\frac{v^2}{2g}$，$v$ 为管的断面平均流速。试求 2—2，3—3 断面间的管壁所受的水平总作用力。

解：以管轴线的水平面为基准面，列出 1—1，3—3 断面的能量方程，取 $\alpha_1 = \alpha_3 = 1.0$，则有

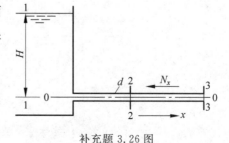

补充题 3.26 图

$$H = \frac{v^2}{2g} + (0.6 + 0.4)\frac{v^2}{2g}$$

代入已知数据可得 $4.5 = 2\frac{v^2}{2g}$，可解出流速 $v = 6.64$ m/s。

再列出 1—1，2—2 断面的能量方程求出 2 断面的动水压强：

$$4.5 = \frac{p_2}{\rho g} + \frac{6.64^2}{19.62} + 0.6 \times \frac{6.64^2}{19.62}$$

可解出

$$p_2 = 9810 \times 0.9 = 8829(\text{N/m}^2)$$

取 2—2，3—3 断面间水体为控制体，假设管壁对水流的作用力为 N_x，取 $\beta_2 = \beta_3 = 1.0$。列出 x 方向的动量方程：

$$P_x - N_x = 0$$

则

$$N_x = P_x = p_2 A_2 = 8829 \times \frac{3.14 \times 0.2^2}{4} = 277.23(\text{N})$$

管壁所受的水平总作用力为 277.23 N，方向与 N_x 方向相反。

第4章
Chapter

层流和紊流、液流阻力和水头损失

内容提要

本章重点讨论有关水头损失 h_w 的分类、水头损失的有关规律和水头损失的计算,介绍层流和紊流的有关概念和最基本的研究成果。

4.1 水头损失的分类

水头损失分为沿程水头损失 h_f 和局部水头损失 h_j 两大类。

应用恒定总流能量方程时,在选定的两个均匀流或渐变流断面之间的水头损失可写为

$$h_w = \sum h_f + \sum h_j \tag{4.1}$$

4.2 液体运动的两种流态——层流和紊流

液体质点以平行而不相混杂的方式流动,这种流动称为层流。

液体质点的轨迹极为紊乱,水质点相互混杂和碰撞,这种流动称为紊流,又称湍流。

1. 沿程损失 h_f 和平均流速 v 的关系

对于圆管中的液体流动,h_f 与 v^m 的关系如下。

层流:$h_f \sim v^1$,说明 h_f 与 v 的 1 次方成比例。

紊流:$h_f \sim v^{1.75 \sim 2.0}$,说明 h_f 与 v 的 1.75~2.0 次方成比例。

2. 流态的判别——雷诺(Reynolds)数

下临界雷诺数可以表示为

$$Re_c = \frac{v_c d}{\nu} \tag{4.2}$$

经过在圆管中的反复试验,下临界雷诺数 Re_c 比较固定,其值约为

$$Re_c = 2300 \tag{4.3}$$

圆管水流的雷诺数为

$$Re = \frac{vd}{\nu} \tag{4.4}$$

这样,可以用水流的雷诺数 Re 与临界雷诺数 Re_c 进行比较判别流态。当水流雷诺数小于临界雷诺数时,为层流;反之为紊流。

雷诺数的物理意义可理解为水流的惯性力和黏滞力之比。对于小雷诺数,意味着黏滞力的作用大,黏滞力对液流质点运动起抑制作用,当雷诺数 Re 小到一定程度,呈层流状态;反之,呈紊流状态。

非圆管中流动的液流也有层流和紊流,也有相应的雷诺数和临界雷诺数。如明渠水流的雷诺数,其特征长度可用水力半径 R 来表征。即

$$Re = \frac{vR}{\nu} \tag{4.5}$$

以上式定义雷诺数的水流,其临界雷诺数约为 500。故明渠水流的临界雷诺数约为 500。

水力半径定义为过水断面面积 A 与湿周 χ 的比值,即

$$R = \frac{A}{\chi} \tag{4.6}$$

4.3   均匀流基本方程

对圆管中的均匀流,不同半径处的平均切应力可用下式表示,称为均匀流基本方程:

$$\tau = \rho g R' J \tag{4.7}$$

式中,ρ 为密度;R' 为任意大小流束的水力半径;J 为水力坡度;τ 为作用于流束表面切应力的平均值。

将流束半径扩大到圆管半径 r_0,可得下式:

$$\tau_0 = \rho g R J \tag{4.8}$$

式中,R 为管流的水力半径;τ_0 为管壁处的平均切应力。上式亦称为均匀流基本方程。

均匀流基本方程对管流和明渠水流均适用,对层流和紊流也均适用。

紊流研究中,一个与壁面切应力 τ_0 有关的重要参数称为摩阻流速,其表达式为

$$u_* = \sqrt{\frac{\tau_0}{\rho}} \tag{4.9}$$

式中，ρ 为液体密度。u_* 具有流速的量纲。

均匀流时，上式可表示为下面的形式：

$$u_* = \sqrt{\frac{\tau_0}{\rho}} = \sqrt{\frac{\rho g R J}{\rho}} = \sqrt{g R J} \tag{4.10}$$

利用均匀流基本方程可以推导出切应力沿横断面的分布形式，即

$$\tau = \frac{\tau_0}{r_0} r \tag{4.11}$$

上式表明切应力沿径向 r 呈线性分布，这一分布规律对层流和紊流都适用。

4.4 层 流 运 动

1. 圆管均匀层流

（1）流速分布

圆管层流的流速分布是以管轴为中心的旋转抛物面，称为抛物线形的流速分布，即

$$u = \frac{gJ}{4\nu}(r_0^2 - r^2) \tag{4.12}$$

（2）流量 Q

圆管层流的流量可表示为

$$Q = \frac{\pi gJ}{128\nu} d^4 \tag{4.13}$$

（3）断面平均流速 v

断面平均流速可表示为

$$v = \frac{gJ}{8\nu} r_0^2 = \frac{1}{2} u_{\max} \tag{4.14}$$

（4）沿程损失 h_f 及沿程水头损失系数 λ

沿程水头损失可表示为

$$h_f = \frac{64}{\dfrac{vd}{\nu}} \frac{l}{d} \frac{v^2}{2g} = \frac{64}{Re} \frac{l}{d} \frac{v^2}{2g} \tag{4.15}$$

令

$$\lambda = \frac{64}{Re} \tag{4.16}$$

可得到沿程水头损失的一般公式

$$h_{\mathrm{f}} = \lambda \, \frac{l}{d} \, \frac{v^2}{2g} \tag{4.17}$$

上式中的 λ 称为沿程水头损失系数(简称沿程损失系数),又称沿程阻力系数。

(5) 动能校正系数和动量校正系数

圆管均匀层流的动能校正系数为

$$\alpha = \frac{\int_A u^3 \mathrm{d}A}{v^3 A} = \frac{\int_0^{r_0} \left[\dfrac{gJ}{4\nu}(r_0^2 - r^2) \right]^3 2\pi r \mathrm{d}r}{\left(\dfrac{gJ}{8\nu} r_0^2 \right)^3 \pi r_0^2} = 2 \tag{4.18}$$

圆管均匀层流的动量校正系数

$$\beta = \frac{\int_A u^2 \mathrm{d}A}{v^2 A} = \frac{\int_0^{r_0} \left[\dfrac{gJ}{4\nu}(r_0^2 - r^2) \right]^2 2\pi r \mathrm{d}r}{\left(\dfrac{gJ}{8\nu} r_0^2 \right)^2 \pi r_0^2} = \frac{4}{3} \tag{4.19}$$

可见层流的动能校正系数和动量校正系数都比 1 大得多。由 α 及 β 表达式的数学性质可知,这一结果表明层流流速在断面上的分布很不均匀。

2. 二元明渠均匀层流

(1) 流速分布

二元明渠均匀层流的断面流速按抛物线规律分布,表示为

$$u = \frac{gJ}{\nu} \left(Hy - \frac{y^2}{2} \right) \tag{4.20}$$

由此可知,层流的速度分布都为抛物线形。

(2) 流量和断面平均流速

二元明渠均匀层流的单宽流量为

$$q = \int \mathrm{d}q = \int_0^H u \mathrm{d}y = \int_0^H \frac{gJ}{\nu} \left(Hy - \frac{y^2}{2} \right) \mathrm{d}y = \frac{gJ}{3\nu} H^3 \tag{4.21}$$

断面平均流速为

$$v = \frac{q}{H} = \frac{gJH^3}{3\nu} \frac{1}{H} = \frac{gJ}{3\nu} H^2 = \frac{2}{3} u_{\max} \tag{4.22}$$

(3) 沿程损失 h_{f} 及沿程水头损失系数 λ

二元明渠均匀层流的沿程水头损失可表示为

$$h_{\mathrm{f}} = \frac{24}{\dfrac{vR}{\nu}} \frac{l}{4R} \frac{v^2}{2g} = \frac{24}{Re} \frac{l}{4R} \frac{v^2}{2g} \tag{4.23}$$

令

$$\lambda = \frac{24}{Re} \tag{4.24}$$

则沿程水头损失的公式可写为

$$h_\mathrm{f} = \lambda \, \frac{l}{4R} \, \frac{v^2}{2g} \tag{4.25}$$

4.5 沿程水头损失的一般公式

从分析层流运动导出计算 h_f 的一般公式为

$$h_\mathrm{f} = \lambda \, \frac{l}{d} \, \frac{v^2}{2g} \tag{4.26}$$

和

$$h_\mathrm{f} = \lambda \, \frac{l}{4R} \, \frac{v^2}{2g} \tag{4.27}$$

上式称为达西-魏斯巴赫(Darcy-Weisbach)公式,对层流和紊流均适用。应用时要根据边界条件和流态,选用合适的沿程水头损失系数 λ。

4.6 紊 流 概 述

1. 紊流的脉动现象和时均概念

由于紊流的运动要素随时间作不规则的变化,因此描述紊流的运动要素非常困难。随着对紊流性质的研究,人们发现对一部分紊流其运动要素的统计值是稳定的,因此可以用统计的方法描述紊流。

统计的方法是将测点处紊流运动要素的瞬时值解释为时均值与脉动值的叠加。如液流中某一点沿流向的流速 u 可表示为

$$u = \bar{u} + u' \tag{4.28}$$

式中,u 为瞬时流速;$\bar{u}$ 为时均流速;u' 为脉动流速。

时均流速由下式定义:

$$\bar{u} = \frac{1}{T} \int_0^T u \mathrm{d}t \tag{4.29}$$

式中,T 为计算时均值所取的时段。

应用统计的方法,紊流中的运动要素可用其时均值表示。

紊动程度的强弱可用脉动值的均方根值表示:

$$\sigma = \sqrt{\overline{u'^2}} \tag{4.30}$$

称其为脉动强度,将脉动强度无量纲化,称为相对脉动强度。相对脉动强度表示为

$\dfrac{\sqrt{\overline{u'^2}}}{\bar{u}}$ 或 $\dfrac{\sqrt{\overline{u'^2}}}{u_*}$ 等。其中 $\bar{u}$ 和 u_* 分别为时均流速和摩阻流速。

　　紊流运动要素的瞬时值随时间不断变化,就恒定流的定义而言,紊流总是属于非恒定流。然而,应用统计的方法描述紊流,我们可以讨论和分析运动要素时均值的性质。如果时均值不随时间变化,则称为(时均)恒定流;反之,如时均值随时间变化,则称为(时均)非恒定流。其他有关流线、流管、均匀流、非均匀流等定义,在时均意义上对紊流同样适用。

2. 紊流切应力

　　由于紊流的液体质点互相混掺,紊流切应力 τ_t 除了黏性切应力 τ_ν 以外,还有由质点混掺(或者脉动)引起的附加切应力——雷诺应力 τ_{Re}。因此,紊流的切应力应表示为

$$\tau_t = \tau_\nu + \tau_{Re} \tag{4.31}$$

黏性切应力 τ_ν 表示为

$$\tau_\nu = \mu \frac{\mathrm{d}u}{\mathrm{d}y} \tag{4.32}$$

雷诺应力 τ_{Re} 表示为

$$\tau_{Re} = -\overline{\rho u'_x u'_y} \tag{4.33}$$

由混合长理论,雷诺应力 τ_{Re} 可表示为

$$\tau_{Re} = \rho l^2 \left(\frac{\mathrm{d}u}{\mathrm{d}y}\right)^2 \tag{4.34}$$

式中,l 称为混合长。

　　因此,紊流切应力 τ_t 可表示为

$$\tau_t = \tau_\nu + \tau_{Re} = \mu \frac{\mathrm{d}u}{\mathrm{d}y} + \rho l^2 \left(\frac{\mathrm{d}u}{\mathrm{d}y}\right)^2 \tag{4.35}$$

3. 紊流的黏性底层

　　研究表明,并不是在紊流的所有区域,黏性切应力和紊流附加切应力都起着作用。实际上,在紊流的某些区域,黏性切应力起主要作用,紊流附加切应力的作用几乎为零;而在另外一些区域,紊流附加切应力起主要作用,黏性切应力的作用几乎为零。因此,可以把紊流的区域划分为黏性底层、过渡层和紊流核心区,称为紊流的结构。

　　紊流中,壁面附近黏性切应力起主导作用的流体薄层称为黏性底层(又称黏滞底层),其厚度以 δ_0 表示。在黏性底层里,流速近似地按直线变化。

　　在黏性底层以外,是紊流的过渡层,以 δ_1 表示,其数量级也以 mm 计。紊流的过渡层以外,是紊流的核心区。有时过渡层不单独划分,只分为黏性底层和紊流核心区。

　　在紊流核心区,黏性切应力极小,可以认为:紊流核心区的紊流切应力等于紊流

附加切应力。

4. 紊流的水力光滑面、水力过渡粗糙面和水力粗糙面

当液流为紊流时,根据黏性底层厚度 δ_0 与绝对粗糙度 Δ 的相对关系,可将壁面分为以下三类。

（1）水力光滑面

当 $\Delta < \delta_0$ 时,这种壁面称为紊流水力光滑壁面,简称为光滑面,相应的圆管简称为光滑管。

（2）水力过渡粗糙壁面

当 $\delta_0 < \Delta < (\delta_0 + \delta_1)$ 时,这种壁面称为紊流水力过渡粗糙壁面,简称为过渡粗糙面。

（3）水力粗糙壁面

当 $\Delta > (\delta_0 + \delta_1)$ 时,这种壁面称为紊流水力粗糙面,简称为粗糙面,相应的圆管简称为粗糙管。

4.7 紊流的流速分布

1. 对数流速分布

无量纲的对数流速分布公式为

$$\frac{u}{u_*} = \frac{1}{\kappa} \ln \frac{u_* y}{\nu} + C_1 \tag{4.36}$$

或

$$\frac{u}{u_*} = \frac{2.3}{\kappa} \lg \frac{u_* y}{\nu} + C_1 \tag{4.37}$$

式中无量纲流速 $\dfrac{u}{u_*}$ 可记为 u^+, $\dfrac{u_* y}{\nu}$ 可记为 y^+,具有雷诺数的形式。上式中的系数 κ 和 C_1 需由试验确定。

得到公认的光滑壁面无量纲的对数流速公式为

$$\frac{u}{u_*} = 5.75 \lg \frac{u_* y}{\nu} + 5.5 \tag{4.38}$$

得到公认的紊流粗糙管无量纲的对数流速公式为

$$\frac{u}{u_*} = 5.75 \lg \frac{y}{\Delta} + 8.5 \tag{4.39}$$

式中 Δ 为壁面绝对粗糙度。

2. 指数流速分布

除了对数形式的流速分布公式以外,还有直接由实验数据拟合的指数形式的流

速分布公式,较为简单和常用。

　　根据尼古拉兹对光滑壁面圆管试验资料($4 \times 10^3 \leqslant Re \leqslant 3.2 \times 10^6$)的分析,圆管紊流的流速分布可用以下指数形式表示,即

$$\frac{u}{u_{\max}} = \left(\frac{y}{r_0}\right)^{\frac{1}{n}} \tag{4.40}$$

式中 n 与雷诺数有关,见表 4.1。

表 4.1　n 与 Re 的关系

Re	4.0×10^3	2.3×10^4	1.1×10^5	1.1×10^6	2.0×10^6	3.2×10^6
n	6.0	6.6	7.0	8.8	10	10

3. 黏性底层的厚度

　　黏性底层厚度的物理意义是指壁面附近流速为线性分布的液体薄层的厚度。通常,黏性底层厚度可由黏性底层流速分布图与紊流核心区流速分布图的交会点确定。黏性底层的厚度有如下两种确定方法。

　　(1) 黏性底层的理论厚度(名义厚度)

　　该方法不考虑过渡层,根据以下范围:

　　黏滞底层

$$\frac{u_* y}{\nu} \leqslant 11.6 \tag{4.41}$$

　　紊流核心区

$$\frac{u_* y}{\nu} > 11.6 \tag{4.42}$$

则黏性底层的理论厚度为

$$\delta_0 = \frac{11.6\nu}{u_*} \tag{4.43}$$

　　(2) 黏性底层和过渡层的实际厚度

　　该方法考虑过渡层,根据以下范围:

　　黏性底层

$$\frac{u_* y}{\nu} \leqslant 5$$

　　过渡层

$$5 < \frac{u_* y}{\nu} \leqslant 70$$

　　紊流核心区

$$\frac{u_* y}{\nu} > 70$$

黏性底层 δ_0 和过渡层 δ_1 的厚度则为

$$\delta_0 = \frac{5\nu}{u_*} \tag{4.44}$$

$$\delta_0 + \delta_1 = \frac{70\nu}{u_*} \tag{4.45}$$

根据以上对黏性底层厚度的分析结果，还可以对紊流的壁面分类给出定量的判别依据：

光滑面 $\Delta < \delta_0$，则 $\dfrac{u_*\Delta}{\nu} < 5$；

过渡粗糙面 $\delta_0 \leqslant \Delta \leqslant (\delta_0 + \delta_1)$，则 $5 \leqslant \dfrac{u_*\Delta}{\nu} \leqslant 70$；

粗糙面 $\Delta > (\delta_0 + \delta_1)$，则 $\dfrac{u_*\Delta}{\nu} > 70$。

上式中 Δ 为壁面的绝对粗糙度，$\dfrac{u_*\Delta}{\nu}$ 称为粗糙雷诺数。说明壁面分类也可以用"雷诺数"来判别。

4.8　沿程水头损失系数 λ 的试验研究

1. 人工粗糙管沿程水头损失系数 λ 的试验研究——尼古拉兹试验

1933 年尼古拉兹通过 6 组相对粗糙度 $\dfrac{\Delta}{d}$ 为 $\dfrac{1}{30}$，$\dfrac{1}{61.2}$，$\dfrac{1}{120}$，$\dfrac{1}{252}$，$\dfrac{1}{504}$ 及 $\dfrac{1}{1014}$ 的系统试验，揭示了人工粗糙管道中沿程水头损失系数的规律。

尼古拉兹试验得到的从层流到紊流的沿程水头损失系数的规律如下：

层流区　　　　　　　　　　$\lambda = \lambda(Re)$

紊流光滑区　　　　　　　　$\lambda = \lambda(Re)$

紊流过渡粗糙区　　　　　　$\lambda = \lambda\left(\dfrac{\Delta}{d}, Re\right)$

紊流粗糙区　　　　　　　　$\lambda = \lambda\left(\dfrac{\Delta}{d}\right)$

2. 实用管道沿程水头损失系数 λ 的试验研究

尼古拉兹对人工粗糙管的试验揭示了沿程水头损失系数 λ 与雷诺数和相对粗糙度的关系，并据此提出紊流分区的概念。许多学者包括尼古拉兹在实用管道（钢管、铁管、混凝土管、木管、玻璃管等）也分别进行了大量的试验研究，得到了实用管道沿程水头损失系数 λ 的有关规律，证明了紊流分区理论的科学性，建立了一些 λ 与雷诺数和相对粗糙度的关系式。

（1）紊流光滑区

普朗特根据光滑管流速分布公式导出光滑区 λ 公式的形式，并由尼古拉兹等人的试验资料校正其系数，得

$$\frac{1}{\sqrt{\lambda}} = 2\lg(Re\sqrt{\lambda}) - 0.8 \tag{4.46}$$

布拉休斯（H. Blasius）根据自己和前人的试验资料拟合出如下的 λ 公式：

$$\lambda = \frac{0.3164}{Re^{\frac{1}{4}}} \tag{4.47}$$

（2）紊流粗糙区

卡门提出粗糙区 λ 的公式为

$$\frac{1}{\sqrt{\lambda}} = -2\lg\frac{\Delta}{3.7d} \tag{4.48}$$

（3）紊流过渡粗糙区

柯列布鲁克（Colebrook）-怀特（White）提出的公式为

$$\frac{1}{\sqrt{\lambda}} = -2\lg\left(\frac{2.51}{Re\sqrt{\lambda}} + \frac{\Delta}{3.7d}\right) \tag{4.49}$$

1944 年穆迪（L. P. Moody）根据实用管道研究成果和得到公认的经验公式，经过计算和整理，提出了类似人工粗糙管试验成果的研究成果，称为穆迪图。这一成果反映出实用管道与人工粗糙管道具有相似的规律。

根据以上介绍的成果，圆管中沿程水头损失与流速的关系可小结如下。

（1）层流

$$h_f \sim v^1$$

（2）紊流

① 光滑区

$$h_f \sim v^{1.75}$$

② 过渡粗糙区

$$h_f \sim v^{1.75 \sim 2.0}$$

③ 粗糙区

$$h_f \sim v^{2.0}$$

故粗糙区又称为紊流阻力平方区。

4.9 谢才公式

1768 年法国土木工程师谢才（A. de Chezy）提出了最初的谢才公式

$$v = C\sqrt{Ri} \tag{4.50}$$

经大量的研究和多年应用后,现在得到广泛应用的谢才公式形式为

$$v = C\sqrt{RJ} \tag{4.51}$$

或

$$Q = vA = CA\sqrt{RJ} \tag{4.52}$$

式中,水力半径 R 的单位以 m 计;J 为水力坡度;C 称为谢才系数,其单位为 $\text{m}^{0.5}/\text{s}$。

对均匀流,将谢才公式改写后得沿程损失的计算式为

$$h_f = \frac{v^2}{C^2 R} l \tag{4.53}$$

上式与达西-魏斯巴赫公式 $h_f = \lambda \dfrac{l}{4R} \dfrac{v^2}{2g}$ 相对照,可得谢才系数 C 与沿程水头损失系数 λ 的关系为

$$C = \sqrt{\frac{8g}{\lambda}} \tag{4.54}$$

常用的谢才系数 C 的经验公式为曼宁(R. Manning)公式

$$C = \frac{1}{n} R^{\frac{1}{6}} \tag{4.55}$$

式中,R 为水力半径,以 m 为单位;n 称为曼宁粗糙度或曼宁粗糙度系数。大量的研究表明,曼宁粗糙度不仅与壁面粗糙程度有关,还与水力要素密切相关。

4.10 局部水头损失

水流为急变流时产生局部水头损失。局部损失的计算公式为

$$h_j = \zeta \frac{v^2}{2g} \tag{4.56}$$

式中 ζ 为局部阻力系数。由于流体问题的复杂性,公式中的系数均需通过试验确定。在进行局部水头损失计算时,可查阅有关水力计算手册和资料。

习题及解答

4.1 圆管直径 $d = 15$ mm,其中流速为 15 cm/s,水温为 12℃。试判别水流是层流还是紊流。

解:$T = 12$℃,查表可得运动黏性系数 $\nu = 1.24 \times 10^{-6}$ m²/s,则

$$Re = \frac{vd}{\nu} = \frac{0.15 \times 0.015}{1.24 \times 10^{-6}} = 1814.5 < 2300$$

水流为层流。

4.2 习题 4.1 流速增大为 $0.5\ \text{m/s}$，其他条件不变，试判别水流是层流还是紊流。

解：$Re = \dfrac{vd}{\nu} = \dfrac{0.5 \times 0.015}{1.24 \times 10^{-6}} = 6048.4 > 2300$

水流为紊流。

4.3 做雷诺试验时，为了提高沿程水头损失 h_{f} 的量测精度，改用如图所示的油水压差计量测断面 1、2 之间的 h_{f}。油水交界面的高差为 $\Delta h'$。设水的密度为 ρ，油的密度为 ρ_{o}。

（1）试证：$h_{\text{f}} = \dfrac{p_1 - p_2}{\rho g} = \left(\dfrac{\rho - \rho_{\text{o}}}{\rho}\right)\Delta h'$。

（2）若 $\rho_{\text{o}} = 0.86\rho$，问 $\Delta h'$ 是用普通测压管量测的 Δh 的多少倍？

解：（1）取管轴中心为基准面，并选取渐变流断面 1—1，2—2。

由等压面可得

$$p_1 - p_2 = (\rho g - \rho_{\text{o}} g)\Delta h'$$

列 1—2 断面能量方程：

$$0 + \frac{p_1}{\rho g} + \frac{v_1^2}{2g} = 0 + \frac{p_2}{\rho g} + \frac{v_2^2}{2g} + h_{\text{f}}$$

因为 $v_1 = v_2$，所以

$$h_{\text{f}} = \frac{p_1 - p_2}{\rho g} = \frac{(\rho g - \rho_{\text{o}} g)\Delta h'}{\rho g} = \left(\frac{\rho - \rho_{\text{o}}}{\rho}\right)\Delta h'$$

（2）$\rho_{\text{o}} = 0.86\rho$，用普通测压管时 $h_{\text{f}} = \Delta h$，所以

$$\Delta h = \left(\frac{\rho - \rho_{\text{o}}}{\rho}\right)\Delta h'$$

$$\Delta h = \frac{\rho(1 - 0.86)}{\rho} = 0.14\Delta h'$$

则

$$\Delta h' = 7.14\Delta h$$

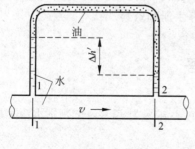

题 4.3 图

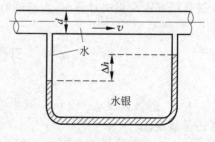

题 4.4 图

4.4 有一水平管道，取管段长度 $l = 10\ \text{m}$，直径 $d = 8\ \text{cm}$，在管段两端接一水银压差计，如图所示。当水流通过管道时，测得压差计中水银面高差 $\Delta h = 10.5\ \text{cm}$。求

水流作用于管壁的切应力 τ_0。

解：由均匀流基本方程

$$\tau_0 = \rho g R J$$

式中：

$$R = \frac{A}{\chi} = \frac{d}{4} = 0.02\,(\text{m})\,;\quad p_1 - p_2 = (\rho_{\text{m}} - \rho)g\Delta h\,;$$

$$J = \frac{h_{\text{f}}}{l} = \frac{p_1 - p_2}{\rho g l} = \frac{\Delta h}{l}\left(\frac{\rho_{\text{m}} - \rho}{\rho}\right) = 0.132$$

将以上各量代入均匀流基本方程可得

$$\tau_0 = \rho g R J = 9810 \times 0.02 \times 0.132 = 25.96\,(\text{N/m}^2)$$

4.5 有一矩形断面渠道，宽度 $b=2$ m，渠中均匀流水深 $h_0=1.5$ m。测得 100 m 渠段长度的沿程水头损失 $h_{\text{f}}=25$ cm。求水流作用于渠道壁面的平均切应力 τ_0。

解：由均匀流基本方程

$$\tau_0 = \rho g R J$$

式中：

$$\text{湿周}\quad \chi = b + 2h_0 = 2 + 2 \times 1.5 = 5\,(\text{m})$$

$$\text{水力半径}\quad R = \frac{A}{\chi} = \frac{3}{5} = 0.6\,(\text{m})$$

$$\text{水力坡度}\quad J = \frac{h_{\text{f}}}{l} = \frac{0.25}{100} = 0.0025$$

则

$$\tau_0 = \rho g R J = 9810 \times 0.6 \times 0.0025 = 14.72\,(\text{N/m}^2)$$

4.6 某管道的长度 $l=20$ m，直径 $d=1.5$ cm，通过流量 $Q=0.02$ L/s，水温 $T=20\text{℃}$。求管道的沿程水头损失系数 λ 和沿程水头损失 h_{f}。

解：求出断面平均流速

$$v = \frac{Q}{A} = \frac{4 \times 20}{3.14 \times 1.5^2} = 11.32\,(\text{cm/s})$$

由水温 $T=20\text{℃}$，可查得运动黏性 $\nu = 1.007 \times 10^{-2}$ cm²/s，则雷诺数

$$Re = \frac{vd}{\nu} = \frac{11.32 \times 1.5}{1.007 \times 10^{-2}} = 1686 < 2300$$

为层流。层流时沿程水头损失系数

$$\lambda = \frac{64}{Re} = \frac{64}{1686} = 0.038$$

沿程水头损失

$$h_{\text{f}} = \lambda\frac{l}{d}\frac{v^2}{2g} = 0.038\frac{20}{0.015}\frac{0.113^2}{19.62} = 3.31 \times 10^{-2}\,(\text{m})$$

4.7 动力黏度为 μ 的液体，在宽为 b 的矩形断面明渠中作层流运动，水深为 h，速度分布为

$$u = u_0 \left[1 - \left(\frac{y}{h} \right)^2 \right]$$

式中 u_0 为表面流速。（u_0、μ、b、h 均为常数）

求：(1)断面平均流速 v；(2)渠底切应力 τ_0。

解：(1)求断面平均流速

由流量公式

$$Q = \int \mathrm{d}Q = \int u \mathrm{d}A = \int_0^h u_0 \left[1 - \left(\frac{y}{h} \right)^2 \right] b \mathrm{d}y$$

$$= u_0 bh - \frac{u_0 b}{h^2} \frac{y^3}{3} \Big|_0^h = u_0 bh - \frac{u_0 bh}{3} = \frac{2}{3} u_0 bh$$

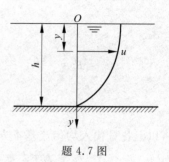

题 4.7 图

则断面平均流速

$$v = \frac{Q}{A} = \frac{2}{3} u_0 bh / bh = \frac{2}{3} u_0$$

(2)求渠底切应力

$$\tau_0 \big|_{y=h} = \mu \frac{\mathrm{d}u}{\mathrm{d}y} \Big|_{y=h} = \mu u_0 2 \frac{y}{h^2} \Big|_{y=h} = 2 \frac{\mu u_0}{h}$$

4.8 试根据穆迪图（教材图 4.18），求下述各给定 $\frac{k_s}{d}$ 和 Re 值的管道的沿程损失系数 λ，指出其属于哪一区的紊流，并用教材图 4.18 分析该区的 λ 与相对粗糙度 $\frac{k_s}{d}$ 及雷诺数 Re 是否有关。

(1) $\frac{k_s}{d} = 0.01, Re = 1.5 \times 10^6$；(2) $\frac{k_s}{d} = 0.0001, Re = 1.5 \times 10^6$；

(3) $\frac{k_s}{d} = 0.00001, Re = 10^5$；(4) $\frac{k_s}{d} = 0.000005, Re = 10^5$。

解：(1) $\lambda = 0.038$，紊流粗糙区 $\lambda \sim f \left(\frac{k_s}{d} \right)$；

(2) $\lambda = 0.0132$，紊流过渡粗糙区 $\lambda \sim f \left(Re, \frac{k_s}{d} \right)$；

(3) $\lambda = 0.018$，紊流光滑区 $\lambda \sim f(Re)$；

(4) $\lambda = 0.018$，紊流光滑区 $\lambda \sim f(Re)$。

4.9 温度 6℃的水（运动黏度 $\nu = 0.01473\ \mathrm{cm^2/s}$），在长 $l = 2\ \mathrm{m}$ 的圆管中流过，$Q = 24\ \mathrm{L/s}, d = 20\ \mathrm{cm}, k_s = 0.2\ \mathrm{mm}$。试用穆迪图求沿程损失系数 λ 及沿程水头损失。

解：求出断面平均流速

$$v = \frac{Q}{A} = \frac{4 \times 24\,000}{3.14 \times 20^2} = 76.43 (\mathrm{cm/s})$$

则雷诺数为

$$Re = \frac{vd}{\nu} = \frac{76.43 \times 20}{0.01473} = 1.04 \times 10^5$$

由 $\frac{k_s}{d} = 0.001, Re = 1.04 \times 10^5$, 查得沿程阻力系数 $\lambda = 0.022$, 沿程水头损失

$$h_f = \lambda \frac{l}{d} \frac{v^2}{2g} = 0.022 \times \frac{2}{0.2} \times \frac{0.764^2}{19.62} = 6.55 \times 10^{-3} (\text{m})$$

4.10 有一断面形状为梯形的渠道,如图所示。已知底宽 $b = 3.0$ m,水深 $h_0 = 2.0$ m,边坡系数 $m = 2.0$,粗糙度 $n = 0.015$,水流为均匀流,且为阻力平方区紊流,水力坡度 $J = 0.001$。试计算通过的流量 Q。

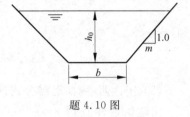

题 4.10 图

解: 由谢才公式

$$Q = AC\sqrt{RJ}$$

式中各量计算如下:

$$A = (b + mh_0)h_0 = (3.0 + 2 \times 2.0) \times 2.0 = 14.0 (\text{m}^2)$$

湿周 $\chi = b + 2h_0\sqrt{1+m^2} = 3.0 + 2 \times 2.0\sqrt{1+4.0} = 11.94 (\text{m})$

水力半径 $R = \dfrac{A}{\chi} = \dfrac{14}{11.94} = 1.17 (\text{m})$

因为是阻力平方区紊流,则

$$C = \frac{1}{n}R^{\frac{1}{6}} = \frac{1}{0.015} \times 1.17^{\frac{1}{6}} = 68.47 (\text{m}^{0.5}/\text{s})$$

代入公式得

$$Q = AC\sqrt{RJ} = 14 \times 68.47 \times \sqrt{1.17 \times 0.001} = 32.79 (\text{m}^3/\text{s})$$

4.11 断面形状和尺寸不变的顺直渠道,其中水流为均匀流,且为阻力平方区紊流。当过水断面面积 $A = 24$ m^2,湿周 $\chi = 12$ m,流速 $v = 2.84$ m/s 时,测得水力坡度 $J = 0.002$。求此土渠的粗糙度 n。

解: 水力半径

$$R = \frac{A}{\chi} = \frac{24}{12} = 2.0 (\text{m})$$

由谢才公式

$$v = C\sqrt{RJ} = \frac{1}{n}R^{\frac{1}{6}}\sqrt{RJ} = \frac{1}{n}R^{\frac{2}{3}}J^{\frac{1}{2}}$$

则粗糙度

$$n = R^{\frac{2}{3}}J^{\frac{1}{2}}/v = 2^{\frac{2}{3}} \times 0.002^{\frac{1}{2}}/2.84 = 0.025$$

4.12 有一混凝土护面的圆形断面隧洞(无抹灰面层,用钢模板,施工质量良好),长度 $l = 300$ m,直径 $d = 5$ m。水温 $t = 20℃$。当通过流量 $Q = 200$ m^3/s 时,分别用沿程水头损失系数 λ 及谢才系数 C 计算隧洞的沿程水头损失 h_f。

解：（1）用谢才公式计算

由题给条件，查出粗糙度 $n=0.013$。平均流速

$$v = \frac{Q}{A} = \frac{4 \times 200}{3.14 \times 25} = 10.19(\text{m/s})$$

谢才系数

$$C = \frac{1}{n}\left(\frac{d}{4}\right)^{\frac{1}{6}} = \frac{1}{0.013} \times 1.25^{\frac{1}{6}} = 79.84(\text{m}^{0.5}/\text{s})$$

则

$$h_{\text{f}} = \frac{v^2}{C^2 R}l = \frac{10.19^2}{79.84^2 \times 1.25} \times 300 = 3.91(\text{m})$$

（2）用达西-魏斯巴赫公式计算

由题给条件查得 $k_{\text{s}} = 0.0007$ m；水温 $t = 20℃$，查出运动黏性 $\nu = 1.007 \times 10^{-6}$ m²/s。则有

$$Re = \frac{vd}{\nu} = \frac{10.19 \times 5}{1.007 \times 10^{-6}} = 5.06 \times 10^7, \quad \frac{k_{\text{s}}}{d} = 0.000\ 14$$

由雷诺数和当量粗糙度查莫迪图可得 $\lambda = 0.0127$，则

$$h_{\text{f}} = \lambda \frac{l}{d} \frac{v^2}{2g} = 0.0127 \times \frac{300}{5} \times \frac{10.19^2}{19.62} = 4.03(\text{m})$$

4.13   某管道由直径为 $d_1 = 45$ cm 及 $d_2 = 15$ cm 的两根管段组成，如图所示。若已知大直径管中的流速 $v_1 = 0.6$ m/s，求突然收缩处的局部水头损失 h_{j}。

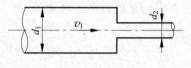

题 4.13 图

解：由连续性方程

$$v_1 A_1 = v_2 A_2$$

$$v_2 = \frac{A_1}{A_2}v_1 = \left(\frac{d_1}{d_2}\right)^2 v_1 = 9 \times 0.6 = 5.4(\text{m/s})$$

由 $\frac{A_2}{A_1} = 0.11$，则管道突然收缩局部阻力系数

$$\zeta = 0.5\left(1 - \frac{A_2}{A_1}\right) = 0.445$$

故

$$h_{\text{j}} = \zeta \frac{v_2^2}{2g} = 0.445 \times 1.49 = 0.661(\text{m})$$

4.14   水从一水箱经过水管流入另一水箱，管道为尖锐边缘入口，该水管包括两段：$d_1 = 10$ cm，$l_1 = 150$ m，$\lambda_1 = 0.030$；$d_2 = 20$ cm，$l_2 = 250$ m，$\lambda_2 = 0.025$，进口局部水头损失系数 $\zeta_1 = 0.5$，出口局部水头损失系数 $\zeta_2 = 1.0$。上、下游水面高差 $H = 5$ m。水箱尺寸很大，可设箱内水面不变。试求流量 Q。

解：两管连接处为管道突然扩大，其局部阻力系数为 ζ，可得

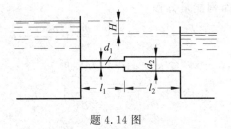

题 4.14 图

$$\zeta = \left(1 - \frac{A_1}{A_2}\right)^2 = \left(1 - \frac{d_1^2}{d_2^2}\right)^2 = 0.563$$

$$v_1 = \frac{A_2}{A_1} v_2 = \left(\frac{d_2}{d_1}\right)^2 v_2 = 4 v_2$$

以管轴中心为基准面,选取渐变流断面 1—1,2—2,列 1—2 断面能量方程:

$$H = \zeta_1 \frac{v_1^2}{2g} + \lambda_1 \frac{l_1}{d_1} \frac{v_1^2}{2g} + \zeta \frac{v_1^2}{2g} + \zeta_2 \frac{v_2^2}{2g} + \lambda_2 \frac{l_2}{d_2} \frac{v_2^2}{2g}$$

$$= \frac{v_2^2}{2g}\left(16\zeta_1 + 16 \frac{\lambda_1 l_1}{d_1} + 16\zeta + \zeta_2 + \frac{\lambda_2 l_2^2}{d_2}\right)$$

$$= \frac{v_2^2}{19.62}\left(16 \times 0.5 + 16 \frac{0.03 \times 150}{0.1} + 16 \times 0.563 + 1.0 + \frac{0.025 \times 250^2}{0.2}\right)$$

经运算并整理得 $5 = 39.21 v_2^2$,可解出 $v_2 = 0.357$ m/s,则流量为 $Q = v_2 A_2 = 0.0112$ m³/s。

补充题及解答

4.1 为测定圆管的沿程阻力系数 λ 值,可采用如图所示的装置。若已知 AB 段的管长 $l = 2.1$ m,管径 $d = 0.9$ cm,今测得 A、B 两测压管的液面高差 $\Delta h = 21.0$ cm,经时间 $t = 54$ s 流入量水箱的水体积 $V = 0.0035$ m³,试计算该圆管的沿程阻力系数 λ 的值。

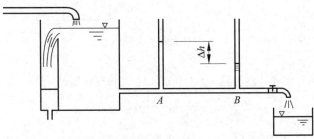

补充题 4.1 图

解：对 A、B 两断面列能量方程

$$z_1 + \frac{p_1}{\rho g} + \frac{\alpha_1 v_1^2}{2g} = z_2 + \frac{p_2}{\rho g} + \frac{\alpha_2 v_2^2}{2g} + h_w$$

因为是均匀流，$h_w = h_f$，$v_1 = v_2$，令 $\alpha_1 = \alpha_2 = 1$，方程可写为

$$\left(z_1 + \frac{p_1}{\rho g}\right) - \left(z_2 + \frac{p_2}{\rho g}\right) = h_f$$

即

$$\Delta h = h_f$$

$$Q = \frac{V}{t} = \frac{0.0035}{54} = 6.481 \times 10^{-5} \, (\mathrm{m^3/s})$$

$$v = \frac{Q}{A} = \frac{Q}{\frac{\pi d^2}{4}} = \frac{6.481 \times 10^{-5} \times 4}{3.14 \times (0.9 \times 10^{-2})^2} = 1.019 \, (\mathrm{m/s})$$

由

$$h_f = \lambda \frac{l}{d} \frac{v^2}{2g}$$

则

$$\lambda = h_f \frac{d}{l} \frac{2g}{v^2} = 21 \times 10^{-2} \times \frac{0.9 \times 10^{-2} \times 2 \times 9.81}{2.1 \times 1.019^2} = 0.017$$

4.2 为测定 90°弯管的局部阻力系数 ζ 值，可采用如图所示的装置。若已知圆管直径 $d = 5$ cm，今测得弯管上、下游安装的测压管液面高差 $\Delta h = 3.5$ cm，经时间 $t = 70$ s 流入量水箱的水量为 $V = 0.192$ m³。设水温为 20℃。试求管中水流的雷诺数和弯管的局部阻力系数 ζ 的值。

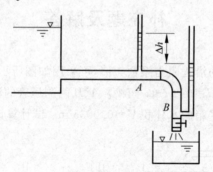

补充题 4.2 图

解：由水温为 20℃，查表得 $\nu = 1.007 \times 10^{-6}$ m²/s，则有

$$Q = \frac{V}{t} = \frac{0.192}{70} = 0.002\,743 \, (\mathrm{m^3/s})$$

$$v = \frac{Q}{A} = \frac{Q}{\frac{\pi d^2}{4}} = \frac{0.002\,743 \times 4}{3.14 \times (5 \times 10^{-2})^2} = 1.398 \, (\mathrm{m/s})$$

$$Re = \frac{vd}{\nu} = \frac{1.398 \times 5 \times 10^{-2}}{1.007 \times 10^{-6}} = 6.941 \times 10^4$$

对 A、B 断面列能量方程

$$z_1 + \frac{p_1}{\rho g} + \frac{\alpha_1 v_1^2}{2g} = z_2 + \frac{p_2}{\rho g} + \frac{\alpha_2 v_2^2}{2g} + h_w$$

A、B 断面间为急变流，故 $h_w = h_j$。由于 $v_1 = v_2$，取 $\alpha_1 = \alpha_2 = 1$，则能量方程简化为

$$\left(z_1 + \frac{p_1}{\rho g}\right) - \left(z_2 + \frac{p_2}{\rho g}\right) = h_j$$

即

$$\Delta h = h_j = \zeta \frac{v^2}{2g}$$

$$\zeta = \frac{\Delta h}{\frac{v^2}{2g}} = \frac{3.5 \times 10^{-2} \times 2 \times 9.81}{1.398^2} = 0.3514$$

4.3 利用圆管中层流的 $\lambda = \frac{64}{Re}$，紊流水力光滑区的 $\lambda = \frac{0.3164}{Re^{0.25}}$，紊流粗糙区的 $\lambda = 0.11\left(\frac{\Delta}{d}\right)^{0.25}$ 这三个公式，论证圆管水流的沿程水头损失与流速的关系，在层流中为 $h_f \propto v$，紊流水力光滑区中为 $h_f \propto v^{1.75}$，紊流粗糙区中为 $h_f \propto v^{2.0}$。

证明： 层流中

$$\lambda = \frac{64}{Re} = \frac{64}{\frac{vd}{\nu}}$$

则

$$h_f = \lambda \frac{l}{d} \frac{v^2}{2g} = \frac{64}{\frac{vd}{\nu}} \frac{l}{d} \frac{v^2}{2g} = 64 \frac{l}{\frac{d^2}{\nu}} \frac{v}{2g}$$

所以

$$h_f \propto v$$

紊流水力光滑区中

$$\lambda = \frac{0.3164}{Re^{0.25}} = \frac{0.3164}{\left(\frac{vd}{\nu}\right)^{0.25}} = \frac{0.3164}{\left(\frac{d}{\nu}\right)^{0.25} v^{0.25}}$$

则

$$h_f = \lambda \frac{l}{d} \frac{v^2}{2g} = \frac{0.3164}{\left(\frac{d}{\nu}\right)^{0.25}} \frac{l}{d} \frac{v^{1.75}}{2g}$$

所以

$$h_f \propto v^{1.75}$$

紊流粗糙区中

$$\lambda = 0.11 \left(\frac{\Delta}{d}\right)^{0.25}, 与 Re 无关$$

则

$$h_f = \lambda \frac{l}{d} \frac{v^2}{2g} = 0.11 \left(\frac{\Delta}{d}\right)^{0.25} \frac{l}{d} \frac{v^2}{2g}$$

所以

$$h_f \propto v^{2.0}$$

4.4 一水管直径 $d=10$ cm,长度 $l=10$ m,当水温为 20℃,通过流量 $Q=0.01$ m³/s 时的沿程水头损失 $h_f=0.3$ m。试利用穆迪图求水管的当量粗糙度 k_s 值。

解:由水温为 20℃,查表得 $\nu=1.007\times10^{-6}$ m²/s,则

$$v = \frac{Q}{A} = \frac{Q}{\frac{\pi d^2}{4}} = \frac{0.01 \times 4}{3.14 \times (10 \times 10^{-2})^2} = 1.274(\text{m/s})$$

$$Re = \frac{vd}{\nu} = \frac{1.274 \times 10 \times 10^{-2}}{1.007 \times 10^{-6}} = 1.265 \times 10^5$$

由

$$h_f = \lambda \frac{l}{d} \frac{v^2}{2g}$$

则

$$\lambda = h_f \frac{d}{l} \frac{2g}{v^2} = 0.3 \times \frac{10 \times 10^{-2}}{10} \times \frac{2 \times 9.81}{1.274^2} = 0.036\,26$$

由 $Re=1.265\times10^5$, $\lambda=0.036\,26$,查穆迪图得 k_s/d 约为 0.008,则

$$k_s = 0.008d = 0.008 \times 10 \times 10^{-2} = 0.8 \times 10^{-3}(\text{m})$$

第5章 Chapter

液体三元流动基本原理

内容提要

本章主要介绍不可压缩液体三元流动的基本理论与公式,作为分析和解决流场问题的基础。

5.1 流线与迹线微分方程

1. 流线微分方程

流线是在流场中瞬时画出的曲线,且曲线上各质点的速度矢量与曲线在各点相切。

流线微分方程为

$$\frac{\mathrm{d}x}{u_x(x,y,z,t)} = \frac{\mathrm{d}y}{u_y(x,y,z,t)} = \frac{\mathrm{d}z}{u_z(x,y,z,t)} \tag{5.1}$$

由于流线是针对于某一瞬时而言的,因此式中时间 t 为流线方程的参数,积分时可将 t 看做常量。

2. 迹线微分方程

迹线是一个液体质点在一段时间内的运动轨迹,是对于某一特定的液体质点而言的。

迹线微分方程为

$$\frac{\mathrm{d}x}{u_x(x,y,z,t)} = \frac{\mathrm{d}y}{u_y(x,y,z,t)} = \frac{\mathrm{d}z}{u_z(x,y,z,t)} = \mathrm{d}t \tag{5.2}$$

迹线是某特定质点的运动路线,因此在迹线方程中,时间 t 为自变量。对于恒定流动,迹线与流线是重合的。

5.2　液体三元流动的连续性方程

直角坐标系下微分形式的连续性方程为

$$\frac{\partial \rho}{\partial t} + \frac{\partial (\rho u_x)}{\partial x} + \frac{\partial (\rho u_y)}{\partial y} + \frac{\partial (\rho u_z)}{\partial z} = 0 \tag{5.3}$$

对于恒定流，$\frac{\partial \rho}{\partial t} = 0$，则

$$\frac{\partial (\rho u_x)}{\partial x} + \frac{\partial (\rho u_y)}{\partial y} + \frac{\partial (\rho u_z)}{\partial z} = 0$$

若液体为不可压缩液体，则

$$\frac{\partial u_x}{\partial x} + \frac{\partial u_y}{\partial y} + \frac{\partial u_z}{\partial z} = 0 \tag{5.4}$$

在柱坐标系中，不可压缩液体连续性微分方程为

$$\frac{1}{r}\frac{\partial (ru_r)}{\partial r} + \frac{1}{r}\frac{\partial u_\theta}{\partial \theta} + \frac{\partial u_z}{\partial z} = 0 \tag{5.5}$$

5.3　液体微团运动的基本形式

刚体运动的基本形式有平移和转动两种形式，液体由于具有流动性，容易发生变形，因此液体微团运动较刚体复杂，不仅与刚体一样具有平移和转动，还有变形运动。

1. 平移

平移是指液体微团在运动过程中任一线段的长度和方位均不变的运动。
平移速度：u_x, u_y, u_z。

2. 线变形率

线变形是指微团在运动过程中，仅存在各线段的伸长或缩短。
线变形率为

$$\varepsilon_{xx} = \frac{\partial u_x}{\partial x}, \quad \varepsilon_{yy} = \frac{\partial u_y}{\partial y}, \quad \varepsilon_{zz} = \frac{\partial u_z}{\partial z} \tag{5.6}$$

3. 角变形率

角变形是微团在经过一段时间后，各线段产生了相向偏转造成的。
角变形率为

$$\left.\begin{array}{l} \epsilon_{xy} = \epsilon_{yx} = \dfrac{1}{2}\left(\dfrac{\partial u_x}{\partial y} + \dfrac{\partial u_y}{\partial x}\right) \\[3mm] \epsilon_{yz} = \epsilon_{zy} = \dfrac{1}{2}\left(\dfrac{\partial u_z}{\partial y} + \dfrac{\partial u_y}{\partial z}\right) \\[3mm] \epsilon_{xz} = \epsilon_{zx} = \dfrac{1}{2}\left(\dfrac{\partial u_x}{\partial z} + \dfrac{\partial u_z}{\partial x}\right) \end{array}\right\} \tag{5.7}$$

4. 旋转角速度

旋转运动是微团在经过一段时间后,各线段产生了同向偏转造成的。

旋转角速度为

$$\left.\begin{array}{l} \omega_x = \dfrac{1}{2}\left(\dfrac{\partial u_z}{\partial y} - \dfrac{\partial u_y}{\partial z}\right) \\[3mm] \omega_y = \dfrac{1}{2}\left(\dfrac{\partial u_x}{\partial z} - \dfrac{\partial u_z}{\partial x}\right) \\[3mm] \omega_z = \dfrac{1}{2}\left(\dfrac{\partial u_y}{\partial x} - \dfrac{\partial u_x}{\partial y}\right) \end{array}\right\} \tag{5.8}$$

5.4　液体恒定平面势流

在某些情况下,如果液体的黏性作用很小,甚至可以忽略,就可以把实际液体流动按势流处理,如从静止开始的波浪运动、溢洪道下泄的水流等。

1. 流函数及其特性

流函数存在的条件是:不可压缩液体平面运动。此时可引出一个描绘流场的标量函数,称做流函数,用 ψ 表示。

流函数的全微分形式为

$$\mathrm{d}\psi = -u_y\mathrm{d}x + u_x\mathrm{d}y \tag{5.9}$$

流函数与流速分量 u_x、u_y 之间的关系为

$$u_x = \frac{\partial \psi}{\partial y}, \quad u_y = -\frac{\partial \psi}{\partial x} \tag{5.10}$$

流函数 ψ 的主要物理性质:

(1) 流函数的等值线就是流线。

(2) 两条流线间所通过的单宽流量等于两个流函数值之差,即

$$q = \int \mathrm{d}q = \int_1^2 \mathrm{d}\psi = \psi_2 - \psi_1$$

(3) 对于平面不可压缩液体的无旋流动,流函数是调和函数,即 ψ 满足拉普拉斯方程

$$\frac{\partial^2 \psi}{\partial x^2} + \frac{\partial^2 \psi}{\partial y^2} = 0$$

2. 流速势函数及其特性

势函数存在的条件是：无旋运动。无旋运动是指旋转角速度为零的流动,即

$$\left. \begin{aligned} \omega_x &= \frac{1}{2}\left(\frac{\partial u_z}{\partial y} - \frac{\partial u_y}{\partial z}\right) = 0 \\ \omega_y &= \frac{1}{2}\left(\frac{\partial u_x}{\partial z} - \frac{\partial u_z}{\partial x}\right) = 0 \\ \omega_z &= \frac{1}{2}\left(\frac{\partial u_y}{\partial x} - \frac{\partial u_x}{\partial y}\right) = 0 \end{aligned} \right\} \tag{5.11}$$

也可写成

$$\left. \begin{aligned} \frac{\partial u_z}{\partial y} &= \frac{\partial u_y}{\partial z} \\ \frac{\partial u_x}{\partial z} &= \frac{\partial u_z}{\partial x} \\ \frac{\partial u_y}{\partial x} &= \frac{\partial u_x}{\partial y} \end{aligned} \right\} \tag{5.12}$$

势函数的全微分形式为

$$\mathrm{d}\varphi = u_x \mathrm{d}x + u_y \mathrm{d}y + u_z \mathrm{d}z \tag{5.13}$$

势函数 φ 与流速分量的关系为

$$u_x = \frac{\partial \varphi}{\partial x}, \quad u_y = \frac{\partial \varphi}{\partial y}, \quad u_z = \frac{\partial \varphi}{\partial z} \tag{5.14}$$

流速势函数 φ 的主要物理性质：

(1) 等势线与流线正交,等势面即为过水断面。

(2) 流速势函数 φ 满足拉普拉斯方程,是调和函数,即

$$\frac{\partial^2 \varphi}{\partial x^2} + \frac{\partial^2 \varphi}{\partial y^2} + \frac{\partial^2 \varphi}{\partial z^2} = 0 \tag{5.15}$$

3. 流函数与势函数为共轭调和函数

对于不可压缩液体平面势流,同时存在势函数与流函数且满足

$$\left. \begin{aligned} u_x &= \frac{\partial \varphi}{\partial x} = \frac{\partial \psi}{\partial y} \\ u_y &= \frac{\partial \varphi}{\partial y} = -\frac{\partial \psi}{\partial x} \end{aligned} \right\} \tag{5.16}$$

φ 和 ψ 的这一关系,在数学上称为柯西(Cauchy)-黎曼(Riemann)条件,满足这一条件的函数称为共轭函数。所以在不可压缩平面势流中流函数与势函数为共轭调和函数。根据上式,如果知道其中的一个共轭函数,就可以推求另一个共轭函数。

4. 流网及其性质

$\varphi(x,y)=C_1$ 代表一族等势线。同理，$\psi(x,y)=C_2$ 亦表示一族流线，等势线簇与流线簇交织成的正交网格称为流网。流网具有如下性质：

（1）流网是正交网格。由于流线与等势线互相垂直，具有相互正交的性质，所以，流网为正交网格。

（2）流网中每一网格的边长之比，等于流速势函数 φ 和流函数 ψ 增值之比。

（3）对于曲边正方形网格，任意两条流线间的单宽流量为常量，即

$$\Delta q = \Delta \psi = 常量 \tag{5.17}$$

5.5　液体运动微分方程

动量守恒是液体运动时所应遵循的一个普遍定律，在研究液流内部应力特征的基础上，建立符合液体运动特性的动量方程即为运动微分方程。

1. 液体中一点处的应力状态

在运动的黏性液体中的质点同时承受动水压强和切应力作用，每一点的应力状态由 9 个应力分量确定，这 9 个应力分量组成如下的应力张量：

$$\begin{bmatrix} \sigma_{xx} & \tau_{xy} & \tau_{xz} \\ \tau_{yx} & \sigma_{yy} & \tau_{yz} \\ \tau_{zx} & \tau_{zy} & \sigma_{zz} \end{bmatrix} \tag{5.18}$$

2. 本构方程-应力与变形率的关系

牛顿内摩擦定律给出了最简单液体运动所满足的应力与变形率之间的关系。对于一般形式的本构方程，Stokes 在三个线性假设的基础上推导出了不可压缩液体的应力张量和应变率张量之间的关系。

法向应力与变形率之间的关系为

$$\left.\begin{aligned} \sigma_{xx} &= -p + 2\mu \frac{\partial u_x}{\partial x} \\ \sigma_{yy} &= -p + 2\mu \frac{\partial u_y}{\partial y} \\ \sigma_{zz} &= -p + 2\mu \frac{\partial u_z}{\partial z} \end{aligned}\right\} \tag{5.19}$$

切应力与变形率之间的关系为

$$\left.\begin{array}{l} \tau_{xy} = \tau_{yx} = \mu\left(\dfrac{\partial u_y}{\partial x} + \dfrac{\partial u_x}{\partial y}\right) \\[2mm] \tau_{yz} = \tau_{zy} = \mu\left(\dfrac{\partial u_z}{\partial y} + \dfrac{\partial u_y}{\partial z}\right) \\[2mm] \tau_{zx} = \tau_{xz} = \mu\left(\dfrac{\partial u_x}{\partial z} + \dfrac{\partial u_z}{\partial x}\right) \end{array}\right\} \tag{5.20}$$

运动液体一点处的动水压强可表示为

$$p = -\frac{\sigma_{xx} + \sigma_{yy} + \sigma_{zz}}{3} \tag{5.21}$$

它的大小是三个坐标方向上法向应力的平均值,因此是一个具有平均意义的压应力。

3. 运动微分方程——纳维-斯托克斯方程

$$\left.\begin{array}{l} f_x - \dfrac{1}{\rho}\dfrac{\partial p}{\partial x} + v\left(\dfrac{\partial^2 u_x}{\partial x^2} + \dfrac{\partial^2 u_x}{\partial y^2} + \dfrac{\partial^2 u_x}{\partial z^2}\right) = \dfrac{\mathrm{d}u_x}{\mathrm{d}t} \\[3mm] f_y - \dfrac{1}{\rho}\dfrac{\partial p}{\partial y} + v\left(\dfrac{\partial^2 u_y}{\partial x^2} + \dfrac{\partial^2 u_y}{\partial y^2} + \dfrac{\partial^2 u_y}{\partial z^2}\right) = \dfrac{\mathrm{d}u_y}{\mathrm{d}t} \\[3mm] f_z - \dfrac{1}{\rho}\dfrac{\partial p}{\partial z} + v\left(\dfrac{\partial^2 u_z}{\partial x^2} + \dfrac{\partial^2 u_z}{\partial y^2} + \dfrac{\partial^2 u_z}{\partial z^2}\right) = \dfrac{\mathrm{d}u_z}{\mathrm{d}t} \end{array}\right\} \tag{5.22}$$

习题及解答

5.1   已知用欧拉法表示的流速场为 $u_x = 2x + t$,$u_y = -2y + t$,试绘出 $t = 0$ 时的流动图形。

解:根据流线方程$\dfrac{\mathrm{d}x}{u_x} = \dfrac{\mathrm{d}y}{u_y}$ 可得

$$\frac{\mathrm{d}x}{2x + t} = \frac{\mathrm{d}y}{-2y + t}$$

积分得

$$\frac{1}{2}\ln(2x + t) = -\frac{1}{2}\ln(-2y + t) + C$$

整理得

$$(2x + t)(-2y + t) = C$$

当 $t = 0$ 时,$xy = C$。

由此可见,当 $t = 0$ 时,此平面流动的流线图形为以 x、y 两轴为渐近线的等边双曲线,如题解 5.1 图所示。

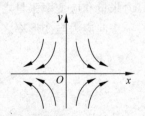

题解 5.1 图

5.2   求速度场为 $u_x = x + t$,$u_y = -y + t$ 的流线方程,并绘出 $t = 0$ 时通过 $x = -1$,$y = 1$ 点的流线。

解：由 $u_z=0$ 可知液流为 xOy 平面内的二元流动。

根据流线方程 $\dfrac{\mathrm{d}x}{u_x}=\dfrac{\mathrm{d}y}{u_y}$ 可得

$$\frac{\mathrm{d}x}{x+t}=\frac{\mathrm{d}y}{-y+t}$$

积分得

$$\ln(x+t)=-\ln(y-t)+C$$

整理得

$$(x+t)(y-t)=C$$

即

$$xy+t(y-x)-t^2=C$$

该式为流速场的流线方程。

当 $t=0$ 时，通过 $x=-1,y=1$ 的流线方程，积分常数 $C=$
-1，其相应的流线方程为 $xy=-1$，其流线图如题解 5.2 图所示。

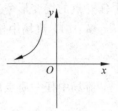

题解 5.2 图

5.3 对于二维不可压缩流体，判别流动是否能发生：

(1) $\begin{cases} u_x=A\sin(xy) \\ u_y=-A\sin(xy) \end{cases}$ （A 为常数）；

(2) $\begin{cases} u_x=-A(x/y) \\ u_y=A\ln(xy) \end{cases}$ （A 为常数）

解：判别流动是否能发生只要判别该流场是否满足二元不可压缩液体连续方程
即可。

(1) $\dfrac{\partial u_x}{\partial x}+\dfrac{\partial u_y}{\partial y}=A\cos(xy)(y-x)\neq0$，流动不能发生。

(2) $\dfrac{\partial u_x}{\partial x}+\dfrac{\partial u_y}{\partial y}=-\dfrac{A}{y}+\dfrac{A}{y}=0$，故流动能够发生。

5.4 已知下列速度场 $u_x=-\dfrac{ky}{x^2+y^2}$，$u_y=\dfrac{kx}{x^2+y^2}$，$u_z=0$，式中 k 为非零常数，
试求流线方程并判别流动是否有旋，是否变形。

解：其流线方程为

$$-\frac{\mathrm{d}x}{y}=\frac{\mathrm{d}y}{x}$$

分离变量并积分得

$$x^2+y^2=C_1,\quad z=C_2$$

由于是平面运动只需判别

$$\omega_z=\frac{1}{2}\left(\frac{\partial u_y}{\partial x}-\frac{\partial u_x}{\partial y}\right)=0$$

故为无旋运动。

线变形：

$$\varepsilon_{xx} = \frac{\partial u_x}{\partial x} = \frac{2kxy}{(x^2+y^2)^2}, \quad \varepsilon_{yy} = \frac{\partial u_y}{\partial y} = -\frac{2kxy}{(x^2+y^2)^2}, \quad \varepsilon_{zz} = 0$$

角变形：

$$\varepsilon_{xy} = \varepsilon_{yx} = -\frac{k(x^2-y^2)}{(x^2+y^2)^2}, \quad \varepsilon_{xz} = \varepsilon_{zx} = 0, \quad \varepsilon_{zy} = \varepsilon_{yz} = 0$$

5.5 已知流速为 $u_x = yz + t, u_y = xz + t, u_z = xy$，式中 t 为时间。求：(1)流场中任一点的线变形率及角变形率；(2)判定该流动是否为有旋运动。

解：(1) 流场中任一质点的线变形率

$$\varepsilon_{xx} = \frac{\partial u_x}{\partial x} = 0, \quad \varepsilon_{yy} = \frac{\partial u_y}{\partial y} = 0, \quad \varepsilon_{zz} = \frac{\partial u_z}{\partial z} = 0$$

流场中任一质点的角变形率

$$\varepsilon_{yz} = \varepsilon_{zy} = \frac{1}{2}\left(\frac{\partial u_y}{\partial z} + \frac{\partial u_z}{\partial y}\right) = \frac{1}{2}(x+x) = x$$

$$\varepsilon_{xz} = \varepsilon_{zx} = \frac{1}{2}\left(\frac{\partial u_x}{\partial z} + \frac{\partial u_z}{\partial x}\right) = \frac{1}{2}(y+y) = y$$

$$\varepsilon_{yx} = \varepsilon_{xy} = \frac{1}{2}\left(\frac{\partial u_y}{\partial x} + \frac{\partial u_x}{\partial y}\right) = \frac{1}{2}(z+z) = z$$

(2) $$\omega_x = \frac{1}{2}\left(\frac{\partial u_z}{\partial y} - \frac{\partial u_y}{\partial z}\right) = x - x = 0$$

$$\omega_y = \frac{1}{2}\left(\frac{\partial u_x}{\partial z} - \frac{\partial u_z}{\partial x}\right) = y - y = 0$$

$$\omega_z = \frac{1}{2}\left(\frac{\partial u_y}{\partial x} - \frac{\partial u_x}{\partial y}\right) = z - z = 0$$

所以流动为无旋运动。

5.6 当圆管中断面上流速分布为 $u_x = u_m\left(1 - \frac{r^2}{r_0^2}\right)$ 时，求旋转角速度和角变形率，并问该流动是否为有旋流动？

解：求旋转角速度

因为圆管断面上流速可分解成三个分量：

$$u_x = u_m\left(1 - \frac{r^2}{r_0^2}\right) = u_m - \frac{u_m}{r_0^2}(y^2 + z^2), \quad u_y = u_z = 0$$

所以

$$\omega_x = \frac{1}{2}\left(\frac{\partial u_z}{\partial y} - \frac{\partial u_y}{\partial z}\right) = 0$$

$$\omega_y = \frac{1}{2}\left(\frac{\partial u_x}{\partial z} - \frac{\partial u_z}{\partial x}\right) = -\frac{u_m}{r_0^2}z$$

$$\omega_z = \frac{1}{2}\left(\frac{\partial u_y}{\partial x} - \frac{\partial u_x}{\partial y}\right) = \frac{u_m}{r_0^2}y$$

故该流动为有旋运动。

求角变形率

$$\varepsilon_{yz} = \frac{1}{2}\left(\frac{\partial u_y}{\partial z} + \frac{\partial u_z}{\partial y}\right) = 0$$

$$\varepsilon_{zx} = \frac{1}{2}\left(\frac{\partial u_x}{\partial z} + \frac{\partial u_z}{\partial x}\right) = -\frac{u_m}{r_0^2}z$$

$$\varepsilon_{xy} = \frac{1}{2}\left(\frac{\partial u_y}{\partial x} + \frac{\partial u_x}{\partial y}\right) = -\frac{u_m}{r_0^2}y$$

5.7 已知平面不可压缩流动速度场为 $u_x = x^2 - y^2 + x$，$u_y = -(2xy + y)$，试判别该流场是否满足流速势函数 φ 和流函数 ψ 的存在条件，并求出 φ 和 ψ 的表达式。

解：因为

$$\omega_x = \frac{1}{2}\left(\frac{\partial u_z}{\partial y} - \frac{\partial u_y}{\partial z}\right) = 0$$

$$\omega_y = \frac{1}{2}\left(\frac{\partial u_x}{\partial z} - \frac{\partial u_z}{\partial x}\right) = 0$$

$$\omega_z = \frac{1}{2}\left(\frac{\partial u_y}{\partial x} - \frac{\partial u_x}{\partial y}\right) = 0$$

液体质点作无旋运动，因此该流场满足流速势函数存在条件。

求流速势函数 φ：由流速与势函数的关系可知

$$u_x = \frac{\partial \varphi}{\partial x} = x^2 - y^2 + x$$

对方程两边积分可得

$$\varphi = \frac{1}{3}x^3 - y^2x + \frac{1}{2}x^2 + C(y)$$

$$u_y = \frac{\partial \varphi}{\partial y} = -2xy - y = -2xy + C'(y)$$

所以

$$C(y) = -\frac{1}{2}y^2$$

这样流函数为

$$\varphi = \frac{1}{3}x^3 - y^2x + \frac{1}{2}x^2 - \frac{1}{2}y^2 + C$$

由于是平面运动，故存在流函数。

由流速与流函数的关系可知

$$u_x = \frac{\partial \psi}{\partial y} = x^2 - y^2 + x$$

对方程两边积分可得

$$\psi = x^2y - \frac{1}{3}y^3 + xy + C(x)$$

$$u_y = -\frac{\partial \psi}{\partial x} = -2xy - y = -2xy - y - C'(x),$$

所以

$$C(x) = C$$

这样流函数为

$$\psi = x^2 y - \frac{1}{3}y^3 + xy + C$$

5.8　已知流函数 $\psi = 2x^2 - 2y^2$,求流速势函数。

解: 根据柯西-黎曼条件得

$$u_x = \frac{\partial \varphi}{\partial x} = \frac{\partial \psi}{\partial y} = -4y, \quad u_y = \frac{\partial \varphi}{\partial y} = -\frac{\partial \psi}{\partial x} = -4x$$

所以流速势函数

$$\varphi = \int u_x \mathrm{d}x + u_y \mathrm{d}y = -4\int y\mathrm{d}x + x\mathrm{d}y = -4\int \mathrm{d}xy = -4xy + C$$

5.9　已知势函数 $\varphi = -\dfrac{k}{r}\cos\theta, k$ 为常数,试求流函数。

解: 根据极坐标下的柯西-黎曼条件得

$$u_r = \frac{\partial \varphi}{\partial r} = \frac{1}{r}\frac{\partial \psi}{\partial \theta} = \frac{k\cos\theta}{r^2}$$

对方程两边积分可得

$$\psi = \frac{k}{r}\sin\theta + C(r)$$

$$u_\theta = \frac{1}{r}\frac{\partial \varphi}{\partial \theta} = -\frac{\partial \psi}{\partial r}$$

将 φ, ψ 代入得

$$\frac{k}{r^2}\sin\theta = \frac{k}{r^2}\sin\theta + C'(r)$$

则 $C'(r) = 0$,说明 $C(r) = C$,最后可得流函数

$$\psi = \frac{k}{r}\sin\theta + C$$

5.10　试应用 N-S 方程证明实际液体渐变流在同一过水断面上的动水压强是按静水压强的规律分布的。

证明: 在均匀流过水断面上,由于流动的表面与大气接触,其他部分受固体边界约束,并且流线是平行的直线,选择坐标系与流线平行。

不可压缩黏性流体的运动方程(N-S 方程)为

$$f_x - \frac{1}{\rho}\frac{\partial p}{\partial x} + \nu \nabla^2 u_x = \frac{\partial u_x}{\partial t} + u_x\frac{\partial u_x}{\partial x} + u_y\frac{\partial u_x}{\partial y} + u_{z_l}\frac{\partial u_x}{\partial z_l}$$

$$f_y - \frac{1}{\rho}\frac{\partial p}{\partial y} + \nu \nabla^2 u_y = \frac{\partial u_y}{\partial t} + u_x\frac{\partial u_y}{\partial x} + u_y\frac{\partial u_y}{\partial y} + u_{z_l}\frac{\partial u_y}{\partial z_l}$$

$$f_{z_l} - \frac{1}{\rho}\frac{\partial p}{\partial z} + \nu\,\nabla^2 u_{z_l} = \frac{\partial u_{z_l}}{\partial t} + u_x\frac{\partial u_{z_l}}{\partial x} + u_y\frac{\partial u_{z_l}}{\partial y} + u_{z_l}\frac{\partial u_{z_l}}{\partial z_l}$$

由于流动是恒定的,流线为平行直线,应用连续方程式

$$\frac{\partial u_x}{\partial x} + \frac{\partial u_y}{\partial y} + \frac{\partial u_z}{\partial z} = 0$$

可将运动方程简化为

$$f_x - \frac{1}{\rho}\frac{\partial p}{\partial x} + \nu\left(\frac{\partial^2 u_x}{\partial z_l^2} + \frac{\partial^2 u_x}{\partial y^2}\right) = 0, \quad f_y - \frac{1}{\rho}\frac{\partial p}{\partial y} = 0, \quad f_{z_l} - \frac{1}{\rho}\frac{\partial p}{\partial z_l} = 0$$

从上式可看出在过水断面(yOz_l)平面上,运动方程和静止的平衡方程一样,由于质量力 $f_y = 0$,$f_{z_l} = -g\cos\theta$,在过流断面($x = \text{const}$)上各质点的动水压强分布应遵循下列条件:

$$\frac{1}{\rho}\frac{\partial p}{\partial y} = 0, \quad g\cos\theta + \frac{1}{\rho}\frac{\partial p}{\partial z_l} = 0$$

以上两式说明动水压强在 y 方向是个常数,在 z_l 方向动水压强的分布为

$$\frac{p}{\rho g} + z_l\cos\theta = C$$

因为 $z_l\cos\theta = z$(铅直向上的坐标),故得

$$z + \frac{p}{\rho g} = C$$

渐变流动近似于均匀流动,上述结论也可近似用于渐变流动。

5.11 如图所示,平板闸门宽为 $b = 1.0$ m,闸孔高度 $a = 0.3$ m,上游水深 $H = 1.0$ m,闸孔出流流线完全平行处水深 $h = 0.187$ m,流动为有势流动,流网如图所示,比例尺为 $1:20$,求过闸流量和闸门上的压强分布图形,并据此求闸门上的水平总压力。(提示:(1)上游流速与闸门出流流速相比很小,其流速水头在能量方程的计算中可忽略不计;(2)闸门出流的能量损失系数可查有关表格获得。)

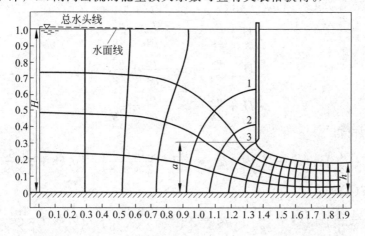

题 5.11 图

解：(1) 当流动为有势流动时，液流中各点机械能守恒，取上游断面与闸孔下游断面建立能量方程。

以过水断面上水面处一点为代表点，闸底为基准面，写出能量方程

$$H + \frac{u_0^2}{2g} = h + \frac{u^2}{2g}$$

式中：

$$u_0 = \frac{Q}{bn_0} = \frac{Q}{4bn_0} = \frac{Q}{4 \times 1.0 \times 0.26} = \frac{Q}{1.04}(\text{m/s}), \quad H = 1.0 \text{ m}$$

$$u = \frac{Q}{bn} = \frac{Q}{4bn} = \frac{Q}{4 \times 1.0 \times 0.047} = \frac{Q}{0.188}(\text{m/s}), \quad h = 0.187 \text{ m}$$

代入式中可解得

$$Q = 0.628 \text{ m}^3/\text{s}, \quad u_0 = \frac{Q}{1.04} = \frac{0.628}{1.04} = 0.6(\text{m/s})$$

(2) 在闸门上取 1、2、3 点，如图所示。

由图量得

$$z_1 = 0.65 \text{ m}, \quad \Delta n_1 = 1.3 \text{ m}$$
$$z_2 = 0.41 \text{ m}, \quad \Delta n_2 = 0.65 \text{ m}$$
$$z_3 = 0.3 \text{ m}, \quad \Delta n_3 = 0.3 \text{ m}$$

由连续性方程可得

$$u_1 = u_0 \frac{\Delta n_0}{\Delta n_1} = 0.6 \times \frac{1.2}{1.3} = 0.55(\text{m/s})$$

$$u_2 = u_0 \frac{\Delta n_0}{\Delta n_2} = 0.6 \times \frac{1.2}{0.65} = 1.11(\text{m/s})$$

$$u_3 = u_0 \frac{\Delta n_0}{\Delta n_3} = 0.6 \times \frac{1.2}{0.3} = 2.4(\text{m/s})$$

由能量方程 $H + \dfrac{u_0^2}{2g} = z_i + \dfrac{p_i}{\rho g} + \dfrac{u_i^2}{2g}$ 可得

$$H + \frac{u_0^2}{2g} = z_1 + \frac{p_1}{\rho g} + \frac{u_1^2}{2g}$$

$$H + \frac{u_0^2}{2g} = z_2 + \frac{p_2}{\rho g} + \frac{u_2^2}{2g}$$

$$H + \frac{u_0^2}{2g} = z_3 + \frac{p_3}{\rho g} + \frac{u_3^2}{2g}$$

解上述方程可得

$$p_1 = \left[\left(H + \frac{u_0^2}{2g} \right) - \left(z_1 + \frac{u_1^2}{2g} \right) \right] \times \rho g = \left[\left(1 + \frac{0.6^2}{2 \times 9.8} \right) - \left(0.58 + \frac{0.55^2}{2 \times 9.8} \right) \right] \times 9.8$$
$$= 4.145(\text{kN/m}^2)$$

$$p_2 = \left[\left(H + \frac{u_0^2}{2g} \right) - \left(z_2 + \frac{u_2^2}{2g} \right) \right] \times \rho g = \left[\left(1 + \frac{0.6^2}{2 \times 9.8} \right) - \left(0.38 + \frac{1.11^2}{2 \times 9.8} \right) \right] \times 9.8$$
$$= 5.635(\text{kN/m}^2)$$

$$p_3 = \left[\left(H + \frac{u_0^2}{2g}\right) - \left(z_3 + \frac{u_3^2}{2g}\right)\right] \times \rho g = \left[\left(1 + \frac{0.6^2}{2 \times 9.8}\right) - \left(0.27 + \frac{2.4^2}{2 \times 9.8}\right)\right] \times 9.8$$

$$= 4.454 (\text{kN/m})^2$$

闸门总压力

$$P = \left[(0 + p_1) \times (H - z_1) \times \frac{1}{2} + (p_1 + p_2) \times (z_1 - z_2) \times \frac{1}{2}\right.$$

$$\left. + (p_2 + p_3) \times (z_2 - z_3) \times \frac{1}{2}\right] \cdot b \cdot \rho g$$

$$= \left[(0 + 4.145) \times (1 - 0.65) \times \frac{1}{2} + (4.145 + 5.635) \times (0.65 - 0.41) \times \frac{1}{2}\right.$$

$$\left. + (5.635 + 4.454) \times (0.41 - 0.3) \times \frac{1}{2}\right] \times 1.0 \times 1 \times 9.8 = 24 (\text{kN})$$

补充题及解答

5.1 已知流场的速度为 $u_x = -2kx, u_y = 2ky, u_z = -4kz$，式中 k 为常数，试求通过 $(1,0,1)$ 点的流线方程。

解：由流线方程 $\dfrac{\mathrm{d}x}{u_x} = \dfrac{\mathrm{d}y}{u_y} = \dfrac{\mathrm{d}z}{u_z}$，则有

$$\frac{\mathrm{d}x}{u_x} = \frac{\mathrm{d}y}{u_y}, \quad \frac{\mathrm{d}x}{u_x} = \frac{\mathrm{d}z}{u_z}$$

将 u_x、u_y、u_z 代入得

$$\frac{\mathrm{d}x}{-2kx} = \frac{\mathrm{d}y}{2ky}, \quad \frac{\mathrm{d}x}{-2kx} = \frac{\mathrm{d}z}{-4kz}$$

写成微分形式：

$$\left. \begin{array}{c} -\mathrm{dln}x = \mathrm{dln}y \\[2mm] \mathrm{dln}x = \dfrac{1}{2}\mathrm{dln}z \end{array} \right\}$$

积分后得

$$\left. \begin{array}{c} xy = C_1 \\[2mm] \dfrac{x^2}{z} = C_2 \end{array} \right\}$$

过点 $(1,0,1)$ 时 $C_1 = 0, C_2 = 1$，则流线方程为

$$\left. \begin{array}{c} xy = 0 \\[2mm] \dfrac{x^2}{z} = 1 \end{array} \right\}$$

5.2 已知平面不可压缩液体的流速分布为 $u_x = 1 + y, u_y = at$，式中 a 为常数，试求：

(1)$t=0$ 时,位于点$(0,0)$液体质点的迹线方程;(2)$t=1$ s 时过点$(0,0)$的流线方程。

解:(1) 二维迹线方程为$\dfrac{\mathrm{d}x}{u_x}=\dfrac{\mathrm{d}y}{u_y}=\mathrm{d}t$,则有

$$\left.\begin{array}{l}\dfrac{\mathrm{d}x}{u_x}=\mathrm{d}t\\[3mm]\dfrac{\mathrm{d}y}{u_y}=\mathrm{d}t\end{array}\right\}$$

将 u_x、u_y 代入得

$$\left.\begin{array}{l}\dfrac{\mathrm{d}x}{1+y}=\mathrm{d}t\\[3mm]\dfrac{\mathrm{d}y}{at}=\mathrm{d}t\end{array}\right\}$$

积分并整理后得

$$\left.\begin{array}{l}\dfrac{x}{1+y}=t+C_1\\[3mm]\dfrac{y}{a}=\dfrac{t^2}{2}+C_2\end{array}\right\}$$

利用 $t=0,(x,y)=(0,0)$可得 $C_1=0,C_2=0$,则迹线方程为

$$\left.\begin{array}{l}\dfrac{x}{1+y}=t\\[3mm]\dfrac{y}{a}=\dfrac{t^2}{2}\end{array}\right\}\quad 或\quad x^2=\dfrac{2y}{a}(1+y)^2$$

(2) 二维流线方程为$\dfrac{\mathrm{d}x}{u_x}=\dfrac{\mathrm{d}y}{u_y}$,将 u_x、u_y 代入并移项得

$$at\,\mathrm{d}x=(1+y)\mathrm{d}y$$

积分得

$$at x=y+\dfrac{1}{2}y^2+C$$

由 $t=1$ s,$(x,y)=(0,0)$可知 $C=0$,则流线方程为
$$y^2+2y-2axt=0$$

5.3 已知流场的速度为$u_x=\dfrac{x}{1+t}$,$u_y=y$,$u_z=0$,试求 $t=t_0$ 时过点(x_0,y_0,z_0)的流线方程。

解:将 u_x、u_y、u_z 代入流线方程

$$\left.\begin{array}{l}\dfrac{\mathrm{d}x}{\dfrac{x}{1+t}}=\dfrac{\mathrm{d}y}{y}\\[5mm]\dfrac{\mathrm{d}z}{0}=\dfrac{\mathrm{d}y}{y}\end{array}\right\}$$

经整理可得

$$(1+t)\frac{\mathrm{d}x}{x} = \frac{\mathrm{d}y}{y} \Bigg\}$$
$$z = C_2$$

对第 1 式积分得 $\dfrac{x^{(1+t)}}{y} = C_1$，利用定解条件可得

$$C_1 = \frac{x_0^{(1+t_0)}}{y_0}, \quad C_2 = z_0$$

则流线方程为

$$y = y_0 x_0^{-(1+t_0)} x^{(1+t)} \Bigg\}$$
$$z = z_0$$

5.4 已知三维不可压缩液体流动的两个速度分量为 $u_x = 8x, u_y = -4y$，试确定 z 方向速度分量 u_z。（假设 $z=0$ 时，$u_z = 0$）

解：将 u_x、u_y 代入不可压缩连续方程可得

$$\frac{\partial(8x)}{\partial x} + \frac{\partial(-4y)}{\partial y} + \frac{\partial u_z}{\partial z} = 0$$

则有 $\dfrac{\partial u_z}{\partial z} = -4$。积分后得 $u_z = -4z + C$，利用定解条件 $z = 0$ 时，$u_z = 0$，则 $C = 0$，即

$$u_z = -4z$$

5.5 在明渠均匀流中流速分布为 $u_x = \dfrac{u_0}{h}\left(2y - \dfrac{y^2}{h}\right), u_y = u_z = 0$，式中 h、u_0 为常数，试问：(1)流动是否为有旋运动？(2)如果流动为有旋运动，是否与均匀流定义相矛盾？

解：(1) $\omega_x = \dfrac{1}{2}\left(\dfrac{\partial u_z}{\partial y} - \dfrac{\partial u_y}{\partial z}\right) = 0$, $\quad \omega_y = \dfrac{1}{2}\left(\dfrac{\partial u_x}{\partial z} - \dfrac{\partial u_z}{\partial x}\right) = 0$

$$\omega_z = \frac{1}{2}\left(\frac{\partial u_y}{\partial x} - \frac{\partial u_x}{\partial y}\right) = \frac{u_0}{h}\left(\frac{y}{h} - 1\right) \neq 0$$

有旋运动。

(2) 不矛盾。

有旋运动是指液体微团绕自身轴发生转动，但整个宏观流动可以是平行直线运动。

5.6 设不可压缩流动的速度场为 $u_x = x^2 + 2x - 4y, u_y = -2xy - 2y$，试判断该流动是否能发生。若流动能发生，试确定驻点的位置。

解：$\dfrac{\partial u_x}{\partial x} + \dfrac{\partial u_y}{\partial y} = \dfrac{\partial}{\partial x}(x^2 + 2x - 4y) + \dfrac{\partial}{\partial y}(-2xy - 2y) = 2x + 2 - 2x - 2 = 0$

满足二维不可压缩连续性方程，流动可以发生。

驻点处 $u_x = u_y = 0$，则由

$$u_y = -2xy - 2y = 0$$

可知 $x = -1$，代入

$$u_x = x^2 + 2x - 4y = 0$$

中得 $y = -\dfrac{1}{4}$，则驻点位置坐标为 $\left(-1, -\dfrac{1}{4}\right)$。

5.7　已知流体运动速度场为 $u_x = -f(r)y, u_y = f(r)x, u_z = 0$，式中 $r = \sqrt{x^2 + y^2}$，试确定：(1)流线形状；(2)无旋流动时的 $f(r)$。

解：(1) 由流线方程 $\dfrac{\mathrm{d}x}{u_x} = \dfrac{\mathrm{d}y}{u_y}, \dfrac{\mathrm{d}x}{u_x} = \dfrac{\mathrm{d}z}{u_z}$，代入 u_x、u_y 后并积分可得出

$$\left.\begin{array}{r} x^2 + y^2 = C_1 \\ z = C_2 \end{array}\right\}$$

则流线形状为 $z = C_2$ 平面上的圆。

(2) 无旋流动时 $\omega_z = \dfrac{1}{2}\left(\dfrac{\partial u_y}{\partial x} - \dfrac{\partial u_x}{\partial y}\right) = 0$，即

$$\frac{\partial}{\partial x}[f(r)x] - \frac{\partial}{\partial y}[-f(r)y] = 0, \quad 2f(r) + x\frac{\partial f}{\partial r}\frac{\partial r}{\partial x} + y\frac{\partial f}{\partial r}\frac{\partial r}{\partial y} = 0$$

$$2f(r) + \frac{1}{r}\frac{\partial f}{\partial r} = 0, \quad f(r) = \frac{C}{r^2}$$

5.8　平面不可压缩流动 x 方向的流速分量为 $u_x = 3a(x^2 - y^2)$，已知在点 $(0,0)$ 处 $u_x = u_y = 0$，试确定通过 $A(0,0)$，$B(1,1)$ 两点连线的单宽流量。

解：由平面不可压缩连续性方程

$$\frac{\partial}{\partial x}[3a(x^2 - y^2)] + \frac{\partial u_y}{\partial y} = 0$$

积分得

$$u_y = -6axy + C$$

由定解条件得 $C = 0$，则

$$u_y = -6axy$$

流函数为

$$\psi = \int \mathrm{d}\psi = \int(-u_y\mathrm{d}x + u_x\mathrm{d}y) = \int 6ayx\,\mathrm{d}x + 3a(x^2 - y^2)\mathrm{d}y$$

$$= \int[3a\mathrm{d}(x^2 y) - a\mathrm{d}(y^3)] = 3ax^2 y - ay^3 + C$$

则单宽流量

$$q_{AB} = \psi_B - \psi_A = 2a(\mathrm{m}^2/\mathrm{s})$$

5.9　已知某平面不可压缩流动的速度势函数 $\varphi = 0.04x^3 + axy^2$，试确定常数 a 为多少。

解：根据柯西-黎曼条件得

$$u_x = \frac{\partial \varphi}{\partial x} = 0.12x^2 + ay^2, \quad u_y = \frac{\partial \varphi}{\partial y} = 2axy$$

代入连续性方程可得出

$$\frac{\partial}{\partial x}(0.12x^2 + ay^2) + \frac{\partial}{\partial y}(2axy) = 0$$

可得出 $0.24x + 2ax = 0$，则 $a = -0.12$。

5.10 已知某流场的流函数 $\psi = 2xy + y$，试求势函数 φ。

解：由柯西-黎曼条件得

$$u_x = \frac{\partial \psi}{\partial y} = 2x + 1, \quad u_y = -\frac{\partial \psi}{\partial x} = -2y$$

则

$$\omega_z = \frac{1}{2}\left(\frac{\partial u_y}{\partial x} - \frac{\partial u_x}{\partial y}\right) = 0$$

流动无旋,存在势函数。可求出势函数

$$\varphi = \int u_x \mathrm{d}x + u_y \mathrm{d}y = \int (2x+1)\mathrm{d}x - 2y\mathrm{d}y = x^2 + x - y^2 + C$$

5.11 有一平面流场为 $u_x = U\cos\theta$，$u_y = U\sin\theta$，其中：U、θ 均为常数。

(1)证明该平面流动是连续的无旋流动；(2)求该流动的流函数 ψ 及流速势函数；(3)求出流线方程及等势线方程。

解：(1) $\dfrac{\partial u_x}{\partial x} + \dfrac{\partial u_y}{\partial y} = 0 + 0 = 0$

流动连续。

$$\omega_z = \frac{1}{2}\left(\frac{\partial u_y}{\partial x} - \frac{\partial u_x}{\partial y}\right) = 0$$

为无旋流动,即为有势流动。

(2) 势函数

$$\mathrm{d}\varphi = u_x \mathrm{d}x + u_y \mathrm{d}y = U\cos\theta \mathrm{d}x + U\sin\theta \mathrm{d}y$$

积分得

$$\varphi = U\cos\theta x + U\sin\theta y + C_1$$

流函数

$$\mathrm{d}\psi = u_x \mathrm{d}y - u_y \mathrm{d}x = U\cos\theta \mathrm{d}y - U\sin\theta \mathrm{d}x$$

积分得

$$\psi = U\cos\theta y - U\sin\theta x + C_2$$

(3) 流线方程

$$\mathrm{d}\psi = 0, \quad \psi = C(常数), \quad 即 \quad U\cos\theta y - U\sin\theta x = C$$

等势线方程：

$$\mathrm{d}\varphi = 0, \quad \varphi = D(常数), \quad 即 \quad U\cos\theta x + U\sin\theta y = D$$

亦可写为

$$y = -\frac{x}{\tan\theta} + D'$$

5.12 已知平面流动的流速势函数 $\varphi = x^3 - 3xy^2$。

(1) 试求流速分量 u_x、u_y 的表达式；

(2) 证明该流动存在流函数，并求出流函数方程；

(3) 若在 $A(0,0)$ 处 $\psi_A = 0$，求通过 $A(0,0)$ 和 $B(2,1)$ 两流线间的单宽流量 Δq_{AB}。

解：(1) 流速分量 u_x、u_y 表达式为

$$u_x = \frac{\partial \varphi}{\partial x} = 3x^2 - 3y^2, \quad u_y = \frac{\partial \varphi}{\partial y} = -6xy$$

(2) 由于是平面运动，并且满足连续性方程，即

$$\frac{\partial u_x}{\partial x} + \frac{\partial u_y}{\partial y} = 6x - 6x = 0$$

故存在流函数。

流函数微分方程为

$$\mathrm{d}\psi = u_x \mathrm{d}y - u_y \mathrm{d}x = (3x^2 - 3y^2)\mathrm{d}y + 6xy\mathrm{d}x$$
$$= \mathrm{d}(3x^2 y - y^3)$$

积分得

$$\psi = 3x^2 y - y^3 + C$$

(3) 已知在 $A(0,0)$ 处 $\psi_A = 0$，$x = 0$，$y = 0$，$C = 0$，求通过 B 点的流函数：

$$x = 2, y = 1 \text{ 时}, \quad \psi_B = 3 \times 2^2 \times 1 - 1 = 11(\mathrm{m}^2/\mathrm{s})$$

则通过 AB 两点之间的单宽流量为

$$\Delta q_{AB} = \psi_B - \psi_A = 11 - 0 = 11(\mathrm{m}^2/\mathrm{s})$$

5.13 已知流场的流函数 $\psi = \dfrac{x^3}{3} - xy^2$。(1)证明此流动为无旋流；(2)求出相应的流速势函数。

解：(1) 由于

$$u_x = \frac{\partial \psi}{\partial y} = -2xy, \quad u_y = -\frac{\partial \psi}{\partial x} = -x^2 + y^2$$

则 $\omega_z = \dfrac{1}{2}\left(\dfrac{\partial u_y}{\partial x} - \dfrac{\partial u_x}{\partial y}\right) = \dfrac{1}{2}(-2x + 2x) = 0$ 是无旋流。

(2) $\mathrm{d}\varphi = u_x \mathrm{d}x + u_y \mathrm{d}y = -2xy\mathrm{d}x + (-x^2 + y^2)\mathrm{d}y = -\mathrm{d}(x^2 y) + y^2 \mathrm{d}y$

对方程两边积分可得

$$\varphi = -x^2 y + \frac{1}{3}y^3 + C$$

5.14 求证用 $\psi_1 = xy + 3x + 2y$ 所表示的流场和用 $\varphi_2 = \dfrac{1}{2}(x^2 - y^2) + 2x - 3y$ 所表示的流场实际上是相同的。

证明：计算第一个流场的流速势函数：

$$u_{x1} = \frac{\partial \psi_1}{\partial y} = x + 2, \quad u_{y1} = -\frac{\partial \psi_1}{\partial x} = -(y + 3)$$

由于 $u_{x1} = \dfrac{\partial \varphi_1}{\partial x} = x + 2$，则有

$$\varphi_1 = \frac{1}{2}x^2 + 2x + f(y)$$

再利用

$$u_{y1} = \frac{\partial \varphi_1}{\partial y} = f'(y) = -(y+3)$$

则有

$$f(y) = -\frac{1}{2}y^2 - 3y$$

代入上式中可得

$$\varphi_1 = \frac{1}{2}(x^2 - y^2) + 2x - 3y = \varphi_2$$

计算第二个流场的流函数：

$$u_{x2} = \frac{\partial \varphi_2}{\partial x} = x + 2, \quad u_{y2} = \frac{\partial \varphi_2}{\partial y} = -y - 3$$

由于 $u_{x2} = \dfrac{\partial \psi_2}{\partial y} = x + 2$，则有

$$\psi_2 = xy + 2y + f(x)$$

再利用

$$u_{y2} = -\frac{\partial \psi_2}{\partial x} = -y - f'(x) = -y - 3$$

经化简并积分则有 $f(x) = 3x$，最后可得出

$$\psi_2 = xy + 2y + 3x = \psi_1$$

由以上计算可知 $\psi_1 = \psi_2$，$\varphi_1 = \varphi_2$，故两个流场实际上是完全相同的。

第6章

Chapter

有 压 管 流

内容提要

本章应用液体运动的基本规律来分析有压管流的水力学问题,管流主要解决两个问题:其一,流量 Q 与水头 H、管径 d 和管道特性(l、λ、ζ)之间的关系;其二,压强沿管线的分布,即绘制测压管水头线。最后讨论有压管道非恒定流的水击现象及简单的水力计算。

6.1 短管的水力计算

1. 自由出流

$$Q = \mu_c A \sqrt{2gH_0} \qquad\qquad (6.1)$$

式中

$$\mu_c = \frac{1}{\sqrt{\alpha + \sum \lambda \dfrac{l}{d} + \sum \zeta}} \qquad\qquad (6.2)$$

其中,μ_c 为管道的流量系数;$H_0 = H + \dfrac{\alpha_0 v_0^2}{2g}$ 为总水头;$\dfrac{\alpha_0 v_0^2}{2g}$ 为行近流速水头,当 $v_0 < 0.5 \text{ m/s}$,或者由于水池较大、水箱进水时可以忽略 $\dfrac{\alpha_0 v_0^2}{2g}$,即令 $H_0 = H$。

2. 淹没出流

相对于管道断面面积来说,上下游水池过水断面面积一般都很大,$\dfrac{\alpha_{01} v_{01}^2}{2g} \approx \dfrac{\alpha_{02} v_{02}^2}{2g}$,于是

$$Q = \mu_c A \sqrt{2gH} \qquad\qquad (6.3)$$

式中

$$\mu_{\mathrm{c}} = \frac{1}{\sqrt{\sum \lambda \dfrac{l}{d} + \sum \zeta}} \tag{6.4}$$

μ_{c} 为管道的流量系数,实际上自由出流与淹没出流的流量系数值近似相等; H 为上下游水面高差。

6.2　长管的水力计算

1. 简单管道的水力计算

在长管中,忽略流速水头和局部水头损失,则

$$H = h_{\mathrm{f}} = \lambda \frac{l}{d} \frac{v^2}{2g} \tag{6.5}$$

$$H = \frac{Q^2}{C^2 A^2 R} l = \frac{Q^2}{K^2} l \tag{6.6}$$

$$H = \frac{8\lambda}{\pi^2 g d^5} Q^2 l = a Q^2 l \tag{6.7}$$

式中,K 定义为流量模数或特征流量; a 为比阻。

2. 串联管道的水力计算

由不同管径管道依次首尾相接组成的管道称为串联管道。其水力计算式为

$$H = \sum_{i=1}^{n} h_{\mathrm{f}_i} = \sum_{i=1}^{n} \frac{Q_i^2}{K_i^2} l_i \tag{6.8}$$

$$H = \sum_{i=1}^{n} a_i Q_i^2 l_i \tag{6.9}$$

$$Q_{i+1} = Q_i - q_i \tag{6.10}$$

式中,q_i 为管段末端分出的流量。

3. 并联管道的水力计算

由两条或两条以上的管段在同一节点处分出,又在另一节点处汇合的管道系统称为并联管道。其水力计算式为

$$H = \frac{Q_1^2}{K_1^2} l_1 = \frac{Q_2^2}{K_2^2} l_2 = \cdots = \frac{Q_n^2}{K_n^2} l_n \tag{6.11}$$

$$H = a_1 Q_1^2 l_1 = a_2 Q_2^2 l_2 = \cdots = a_n Q_n^2 l_n \tag{6.12}$$

$$Q = Q_1 + Q_2 + \cdots + Q_n \tag{6.13}$$

4. 沿程均匀泄流管道的水力计算

沿程连续均匀泄出流量的管道称沿程泄流管道。设管段连续泄出的流量为 Q_P，管道末端泄出的流量为 Q_T，管道长度为 l，水头为 H，且有

$$H = \frac{l}{K^2}\left(Q_T^2 + Q_T Q_P + \frac{1}{3}Q_P^2\right)$$

如果 $Q_T = 0$，则

$$H = \frac{1}{3}\frac{1}{K^2}Q_P^2 \tag{6.14}$$

即当流量全部沿程均匀泄出时，其水头损失只等于全部流量集中在管末端泄出时水头损失的 1/3。

6.3 有压管路中的水击

1. 直接水击与间接水击

直接水击：阀门关闭时间 T_s 小于水击波的一个相长，即 $T_s < \dfrac{2l}{c}$。

间接水击：关阀时间 $T_s > \dfrac{2l}{c}$。

2. 直接水击压强的计算

$$\Delta p = \rho c(v_0 - v) \tag{6.15}$$

当阀门突然完全关闭时，水击压强

$$\Delta p = \rho c v_0 \tag{6.16}$$

式中，v_0 为水击发生前管中平均流速。

3. 间接水击压强的计算

当阀门完全关闭的情况下，间接水击压强一般可近似由下式确定：

$$\Delta p = \rho v_0 \frac{2l}{T_s} \tag{6.17}$$

式中，v_0 为水击发生前管中平均流速；T_s 为阀门关闭时间。

习题及解答

6.1 有一水泵将水抽至水塔,如图所示。已知水泵的扬程 $h_p = 76.45$ m,抽水机的流量为 $Q = 100$ L/s,吸水管长 $l_1 = 30$ m,压水管长 $l_2 = 500$ m,管径 $d = 30$ cm,管的沿程水头损失系数 $\lambda = 0.03$,水泵允许真空值为 6.0 m 水柱高,局部水头损失系数分别为:$\zeta_{进口} = 6.0$,$\zeta_{弯头} = 0.8$,$\zeta_{出口} = 1.0$。求:(1)水泵的提水高度 z;(2)水泵的最大安装高度 h_s。

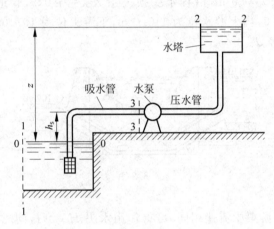

题 6.1 图

解:(1) 对 1—1,2—2 断面列能量方程(选水面为基准面),得

$$0 + 0 + 0 + h_p = z + 0 + 0 + h_w$$

即

$$z = h_p - h_w$$

其中,流速

$$v = \frac{Q}{A} = \frac{4 \times 0.1}{3.14 \times 0.3^2} = 1.42 \, (\text{m/s})$$

而由式 $h_w = h_f + h_j$ 可得

$$h_w = h_f + h_j = \lambda \frac{l}{d} \frac{v^2}{2g} + \zeta_{进口} \frac{v^2}{2g} + 2\zeta_{弯头} \frac{v^2}{2g} + \zeta_{出口} \frac{v^2}{2g}$$

$$= \left(\lambda \frac{l_1 + l_2}{d} + \zeta_{进口} + 2\zeta_{弯头} + \zeta_{出口} \right) \frac{v^2}{2g}$$

$$= \left(0.03 \times \frac{530}{0.3} + 6.0 + 2 \times 0.8 + 1.0 \right) \times \frac{1.42^2}{19.62} = 6.33 \, (\text{m})$$

所以

$$z = h_p - h_w = 76.45 - 6.33 = 70.12 \, (\text{m})$$

（2）对渐变流断面 1—1,3—3 列能量方程,得

$$0 + 0 + 0 = h_s + \frac{p_3}{\rho g} + \frac{\alpha v^2}{2g} + h_{w1-3}$$

可得

$$h_s = -\frac{p_3}{\rho g} - \frac{\alpha v^2}{2g} - h_{w1-3} = h_{允真} - \left(\alpha + \lambda \frac{l_1}{d} + \zeta_{进口} + \zeta_{弯头}\right)\frac{v^2}{2g}$$

$$= 6.0 - \left(1.0 + 0.03 \frac{30}{0.3} + 6.0 + 0.8\right)\frac{1.42^2}{19.62} = 4.89(\text{m})$$

6.2　某渠道与河道相交,用钢筋混凝土的倒虹吸管穿过河道与下游渠道相连接,如图所示。管长 $l = 50$ m,沿程水头损失系数 $\lambda = 0.025$,管道折角 $\zeta_{折角} = 0.2$,$\zeta_{进口} = 0.5$,$\zeta_{出口} = 1.0$,当上游水位为 110.0 m,下游水位为 107.0 m,通过流量 $Q = 3.0$ m³/s 时,求管径 d。

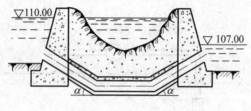

题 6.2 图

解：由于上、下游渠中流速相同,可得作用水头 $H_0 = H$,同时是淹没出流,$H = h_w$。管道断面平均流速

$$v = \frac{Q}{A} = \frac{4Q}{\pi d^2}$$

总水头损失

$$h_w = h_f + h_j = \left(\lambda \frac{l}{d} + \zeta_{进口} + 2\zeta_{折角} + \zeta_{出口}\right)\frac{\left(\frac{4Q}{\pi d^2}\right)^2}{2g} = H$$

代入各项数据有

$$3 = \left(0.025 \times \frac{50}{d} + 0.5 + 2 \times 0.2 + 1.0\right)\frac{\left(\frac{4 \times 3}{3.14 d^2}\right)^2}{2 \times 9.81}$$

整理得

$$3d^5 - 1.416d - 0.931 = 0$$

可用牛顿迭代法求此方程的解。令

$$f(d) = 3d^5 - 1.416d - 0.931 = 0$$

则其导数

$$f'(d) = 15d^4 - 1.416$$

迭代式为

$$d_{n+1} = d_n - \frac{f(d_n)}{f'(d_n)}$$

选取 $d_1 = 1$ m,通过迭代计算得到 $d_2 = 0.9518$ m。依次迭代计算可分别得出 $d_3 = 0.9456$ m,$d_4 = 0.9456$ m,因此,$d = 0.9456$ m。选取比计算值略大的标准直径 $d = 1.0$ m 作为设计值。

6.3 一长 $l = 50$ m,直径 $d = 0.1$ m 的水平直管从水箱引水,如图所示,$H = 4$ m,进口局部水头损失系数 $\zeta_{进口} = 0.5$,阀门局部水头系数 $\zeta_{阀门} = 2.5$,在相距为 10 m 的 1—1 断面及 2—2 断面间有一水银压差计,液面差 $\Delta h = 4.0$ cm,试求通过水管的流量 Q。

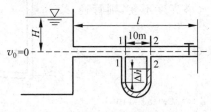

题 6.3 图

解:以管轴水平面为基准面,列 1—1,2—2 断面的能量方程,得

$$0 + \frac{p_1}{\rho g} + \frac{\alpha_1 v_1^2}{2g} = 0 + \frac{p_2}{\rho g} + \frac{\alpha_2 v_2^2}{2g} + h_f$$

由于 $v_1 = v_2$,所以得出

$$h_f = \frac{p_1 - p_2}{\rho g}$$

而利用等压面可得出水银压差计的压差为

$$h_f = \frac{p_1 - p_2}{\rho g} = 12.6\Delta h = 12.6 \times 0.04 = 0.5 \text{(m)}$$

1—1,2—2 断面间的水力坡度

$$J = \frac{h_{f1-2}}{l} = \frac{0.5}{10} = 0.05$$

则整个管道的沿程水头损失为

$$h_f = 0.05l = 0.05 \times 50 = 2.5 \text{(m)}$$

再列出水箱断面与管道出口断面的能量方程

$$H = \frac{\alpha v^2}{2g} + (\zeta_{进口} + \zeta_{阀门}) \frac{v^2}{2g} + h_f$$

代入相应数据可得

$$4 = (1 + 0.5 + 2.5) \frac{v^2}{2 \times 9.81} + 2.5$$

可解出流速

$$v = \sqrt{\frac{29.43}{4}} = 2.71 \text{(m/s)}$$

则通过水管的流量为

$$Q = Av = \frac{3.14 \times 0.1^2}{4} \times 2.71 = 0.021(\text{m}^3/\text{s})$$

6.4　如图所示为用水塔供应 C 处用水。管道为正常管道，$n = 0.0125$，管径 $d = 20$ cm，管长 $l = 1000$ m。水塔水面标高 $\nabla_T = 17$ m，地面标高 $\nabla_C = 12$ m，B 处地面标高 $\nabla_B = 10$ m。问：(1) C 处流量 Q 为若干？(2) 当 $Q = 50$ L/s，d 不变，水塔离地面的高度 H 为若干？(3) 当 $Q = 50$ L/s，水塔高度不变，则管径 d 为若干？

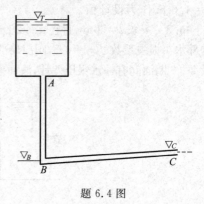

题 6.4 图

解：(1) 求 C 处流量 Q

求出过水断面面积

$$A = \frac{\pi}{4}d^2 = \frac{3.14}{4}0.2^2 = 0.0314(\text{m}^2)$$

水力半径

$$R = \frac{A}{\chi} = \frac{0.0314}{0.628} = 0.05(\text{m})$$

谢才系数

$$C = \frac{1}{n}R^{\frac{1}{6}} = \frac{1}{0.0125}0.05^{\frac{1}{6}} = 48.56(\text{m}^{0.5}/\text{s})$$

流量模数

$$K = AC\sqrt{R} = 0.0314 \times 48.56\sqrt{0.05} = 0.34(\text{m}^3/\text{s})$$

则流量为

$$Q = K\sqrt{\frac{H}{l}} = 0.34\sqrt{\frac{5}{1000}} = 0.024(\text{m}^3/\text{s})$$

(2) 求水塔离地面的高度 H

$$H = \frac{Q^2}{K^2}l = \frac{0.05^2}{0.34^2} \times 1000 = 21.63(\text{m})$$

(3) 求管径 d

由于

$$K = \sqrt{\frac{Q^2}{H}l} = \sqrt{\frac{0.05^2}{5} \times 1000} = 0.71(\text{m}^3/\text{s})$$

则 $K = AC\sqrt{R}$，代入数据可得下列表达式：

$$\frac{\pi}{4}d^2 \frac{1}{n}\left(\frac{d}{4}\right)^{\frac{1}{6}}\left(\frac{d}{4}\right)^{\frac{1}{2}} = 0.71$$

经迭代计算可解出 $d = 0.262$ m。

6.5　定性绘出图中各管道的总水头线和测压管水头线。

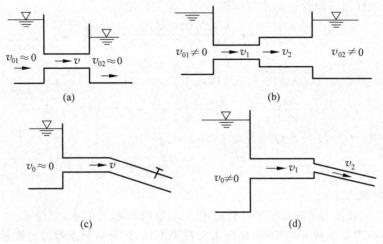

题 6.5 图

解：答案如题解 6.5 图所示。

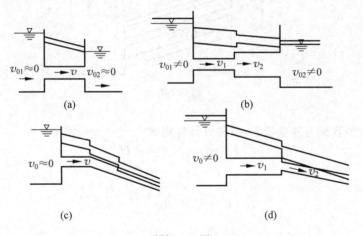

题解 6.5 图

6.6 有一串联管道如图所示，$H_1 = 20$ m，$H_2 = 10$ m，$l_1 = l_2 = l_3 = 150$ m，$d_1 = 0.2$ m，$d_2 = 0.3$ m，$d_3 = 0.1$ m。沿程水头损失系数分别为 $\lambda_1 = 0.016$，$\lambda_2 = 0.014$，$\lambda_3 = 0.02$，求总流量 Q。

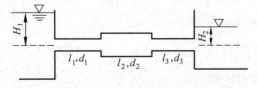

题 6.6 图

解：先计算三段管道的水管摩阻 $S = \alpha l$，α 为比阻。

$$S_1 = \frac{8\lambda_1 l_1}{\pi^2 d_1^5 g} = \frac{8 \times 0.016 \times 150}{3.14^2 \times 0.2^5 \times 9.81} = 619.35$$

$$S_2 = \frac{8\lambda_2 l_2}{\pi^2 d_2^5 g} = \frac{8 \times 0.014 \times 150}{3.14^2 \times 0.3^5 \times 9.81} = 71.49$$

$$S_3 = \frac{8\lambda_3 l_3}{\pi^2 d_3^5 g} = \frac{8 \times 0.02 \times 150}{3.14^2 \times 0.1^5 \times 9.81} = 24\,819.03$$

由串联公式 $H_1 - H_2 = S_1 Q^2 + S_2 Q^2 + S_3 Q^2$，可得

$$Q^2 = \frac{H_1 - H_2}{S_1 + S_2 + S_3} = \frac{10}{25\,509.87} = 3.92 \times 10^{-4}$$

则流量 $Q = 0.019$ m³/s。

6.7 用长度为 l 的三根平行管路由 A 水池向 B 水池引水，管径 $d_2 = 2d_1$，$d_3 = 3d_1$，管路的粗糙系数 n 均相等，局部水头损失不计，试分析三条管路的流量比。

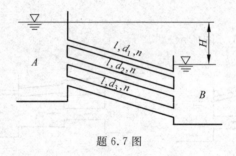

题 6.7 图

解：三根管路为并联管路，按长管计算则有
$$h_{f1} = h_{f2} = h_{f3} = H$$

即有

$$\lambda_1 \frac{l}{d_1} \frac{v_1^2}{2g} = \lambda_2 \frac{l}{d_2} \frac{v_2^2}{2g} = \lambda_3 \frac{l}{d_3} \frac{v_3^2}{2g} \tag{1}$$

由于

$$\lambda = \frac{8g}{C^2} = \frac{8gn^2}{R^{\frac{1}{3}}} = \frac{8gn^2}{\left(\dfrac{d}{4}\right)^{\frac{1}{3}}}$$

故有

$$\lambda = \frac{8gn^2}{\left(\dfrac{d_1}{4}\right)^{\frac{1}{3}}}, \quad \lambda = \frac{8gn^2}{\left(\dfrac{2d_1}{4}\right)^{\frac{1}{3}}}, \quad \lambda = \frac{8gn^2}{\left(\dfrac{3d_1}{4}\right)^{\frac{1}{3}}}$$

因为各管的粗糙度 n 均相等，则得

$$\lambda_2 = \frac{\left(\dfrac{d_1}{4}\right)^{\frac{1}{3}} \lambda_1}{\left(\dfrac{2d_1}{4}\right)^{\frac{1}{3}}} = (2)^{-\frac{1}{3}} \lambda_1, \quad \lambda_3 = \frac{\left(\dfrac{d_1}{4}\right)^{\frac{1}{3}} \lambda_1}{\left(\dfrac{3d_1}{4}\right)^{\frac{1}{3}}} = (3)^{-\frac{1}{3}} \lambda_1$$

将这两式代入式(1),得

$$\lambda_1 \frac{l}{d_1} \frac{v_1^2}{2g} = 2^{-\frac{1}{3}} \lambda_1 \frac{l}{2d_1} \frac{v_2^2}{2g} = 3^{-\frac{1}{3}} \lambda_1 \frac{l}{3d_1} \frac{v_3^2}{2g}$$

可化简为

$$v_1^2 = \frac{1}{2^{\frac{4}{3}}} v_2^2 = \frac{1}{3^{\frac{4}{3}}} v_3^2 \tag{2}$$

又因为

$$v_1 = \frac{4Q_1}{\pi d_1^2}, \quad v_2 = \frac{4Q_2}{4\pi d_1^2} = \frac{Q_2}{\pi d_1^2}, \quad v_3 = \frac{4Q_1}{9\pi d_1^2}$$

并将这三式代入关系式(2)有

$$\frac{16Q_1^2}{\pi^2 d_1^4} = \frac{Q_2^2}{2^{\frac{4}{3}} \pi^2 d_1^4} = \frac{16Q_3^2}{3^{\frac{4}{3}} \times 3^4 \pi^2 d_1^4}$$

化简后可得

$$Q_1^2 = \frac{1}{2^{\frac{16}{3}}} Q_2^2 = \frac{1}{3^{\frac{16}{3}}} Q_3^2$$

所以三条管路的流量比为

$$Q_1 = 0.157Q_2 = 0.0534Q_3$$

6.8 有一并联管道,如图所示,其中 $d_1 = 30$ cm,$l_1 = 1200$ m,$d_2 = 40$ cm,$l_2 = 1600$ m,$d_3 = 25$ cm,$l_3 = 1200$ m,各管的粗糙度 $n = 0.0125$。如管道的总流量 $Q = 0.2$ m³/s,试求各管道所通过的流量 Q_i 和 AB 间的水头损失 h_f。

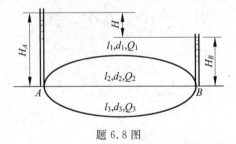

题 6.8 图

解:

$$K_1 = C_1 A_1 \sqrt{R_1} = \frac{1}{n} R_1^{\frac{1}{6}} \frac{1}{4} \pi d_1^2 \sqrt{R_1} = \frac{1}{0.0125} \left(\frac{0.3}{4}\right)^{\frac{1}{6}} \frac{3.14 \times 0.3^2}{4} \sqrt{\frac{0.3}{4}}$$
$$= 1.01(\text{m}^3/\text{s})$$

$$K_2 = C_2 A_2 \sqrt{R_2} = \frac{1}{n} R_2^{\frac{1}{6}} \frac{1}{4} \pi d_2^2 \sqrt{R_2} = \frac{1}{0.0125} \left(\frac{0.4}{4}\right)^{\frac{1}{6}} \frac{3.14 \times 0.4^2}{4} \sqrt{\frac{0.4}{4}}$$
$$= 2.17(\text{m}^3/\text{s})$$

$$K_3 = C_3 A_3 \sqrt{R_3} = \frac{1}{n} R_3^{\frac{1}{6}} \frac{1}{4} \pi d_3^2 \sqrt{R_3} = \frac{1}{0.0125} \left(\frac{0.25}{4}\right)^{\frac{1}{6}} \frac{3.14 \times 0.25^2}{4} \sqrt{\frac{0.25}{4}}$$
$$= 0.62(\text{m}^3/\text{s})$$

由并联公式 $\dfrac{Q_1^2}{K_1^2}l_1 = \dfrac{Q_2^2}{K_2^2}l_2 = \dfrac{Q_3^2}{K_3^2}l_3$，可得

$$Q_2 = \frac{K_2}{K_1}\sqrt{\frac{l_1}{l_2}}Q_1 = 1.86Q_1, \quad Q_3 = \frac{K_3}{K_1}\sqrt{\frac{l_1}{l_3}}Q_1 = 0.61Q_1$$

由连续方程

$$Q = Q_1 + Q_2 + Q_3 = Q_1 + 1.86Q_1 + 0.61Q_1 = 3.47Q_1$$

则

$$Q_1 = \frac{Q}{3.47} = 0.058(\text{m}^3/\text{s}), \quad Q_2 = 1.86Q_1 = 0.11(\text{m}^3/\text{s}),$$

$$Q_3 = 0.61Q_1 = 0.035(\text{m}^3/\text{s})$$

故 AB 间的水头损失

$$h_{\text{f}} = \frac{Q_1^2}{K_1^2}l_1 = \frac{0.058^2}{1.01^2} \times 1200 = 3.96(\text{m})$$

6.9 已知一均匀泄流管道，管长 $l = 100$ m，管径 $d = 10$ cm，$n = 0.0125$，单位长度泄流量为 $q = 0.02$ L/(s·m)，管末端保证出流量 $Q_{\text{T}} = 5$ L/s。求管起始处所需水头。

解：由于沿程均匀泄出的流量为

$$Q_{\text{P}} = l \times q = 100 \times 0.00002 = 0.002(\text{m}^3/\text{s})$$

则根据均匀泄流的公式

$$H = \frac{l}{K^2}\left(Q_{\text{T}}^2 + Q_{\text{T}}Q_{\text{P}} + \frac{1}{3}Q_{\text{P}}^2\right)$$

由于流量模数

$$K = AC\sqrt{R} = \frac{\pi}{4}0.1^2\frac{1}{0.0125}\left(\frac{0.1}{4}\right)^{\frac{1}{6}}\sqrt{\frac{0.1}{4}} = 0.054(\text{m}^3/\text{s})$$

代入上式得

$$H = \frac{l}{K^2}\left(Q_{\text{T}}^2 + Q_{\text{T}}Q_{\text{P}} + \frac{1}{3}Q_{\text{P}}^2\right) = \frac{100}{0.054^2}\left(0.005^2 + 0.002 \times 0.005 + \frac{1}{3} \times 0.002^2\right)$$

$$= 1.25(\text{m})$$

6.10 有一沿程均匀出流管路 AB，如图所示，长 1000 m，AB 段单位长度上泄出的总流量 Q_2 均等于 0.1 L/s，当通过流量 Q_1 等于零时，AB 段水头损失为 0.8 m，求当通过流量 $Q_1 = 100$ L/s 时的 AB 段水头损失。

解：沿程均匀出流管可按下式计算水头损失：

$$h_{\text{f}} = \frac{l}{K^2}\left(Q_1^2 + Q_1Q_2l + \frac{1}{3}Q_2^2l^2\right) \qquad (1)$$

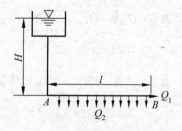

题 6.10 图

由题设知,当通过流量 $Q_1 = 0$ 时,$h_{fAB} = \dfrac{l}{K^2} \times \dfrac{1}{3} Q_2^2 l^2 = 0.8$,即有

$$\frac{l}{K^2} = \frac{3 \times 0.8}{Q_2^2 l^2} = \frac{2.4}{1 \times 10^{-8} \times 10^6} = 240(\text{s}^2/\text{m}^5),$$

当通过流量 $Q_1 = 0.1 \text{ m}^3/\text{s}$ 时,由式(1)得

$$h_{fAB} = 240\left[0.1^2 + 0.1 \times \frac{0.1}{1000} \times 1000 + \frac{1}{3}\left(\frac{0.1}{1000} \times 1000 \right)^2 \right] = 5.6(\text{m})$$

6.11　一压力管道自水库引水,长度为 $l = 300$ m,阀门全开时,管中初始流速 $v_0 = 1.4$ m/s。水击波波速 $c = 1000$ m/s,试分别计算阀门完全关闭时间 $T_{s1} = 0.4$ s 和 $T_{s2} = 4.0$ s 时,在阀门处产生的最大水击压强值。

解:首先判别管中发生何种水击。

水击波的相长

$$T_r = \frac{2l}{c} = \frac{2 \times 300}{1000} = 0.6(\text{s})$$

第1种情况,由于关阀门的时间

$$T_{s1} = 0.4 \text{ s} < T_r = 0.6 \text{ s}$$

为直接水击,由直接水击压强公式得

$$\Delta p_1 = \rho c(v_0 - v) = 1000 \times 1000 \times 1.4 = 1400(\text{kN/m}^2)$$

第2种情况,由于关阀门的时间

$$T_{s2} = 4.0 \text{ s} > T_r = 0.6 \text{ s}$$

为间接水击,由间接水击压强公式得

$$\Delta p_2 = \rho v_0 \frac{2l}{T_{s2}} = 1000 \times 1.4 \times \frac{2 \times 300}{4} = 210(\text{kN/m}^2)$$

补充题及解答

6.1　定性地绘出图中各管道的总水头线和测压管水头线。

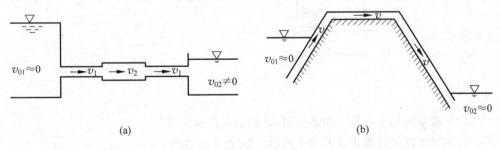

(a)　　　　　　　　　　　　　　　　(b)

补充题 6.1 图

解：答案如补充题解6.1图所示。

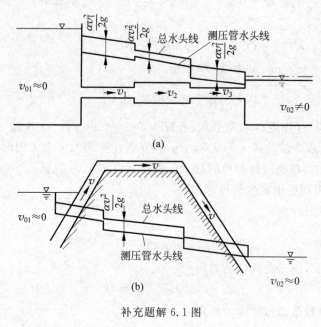

(a)

(b)

补充题解6.1图

6.2 有一工地供水管路采用水泵和虹吸管共同向工地供水，如图所示。已知管长 $l_1+l_2+l_3=30+10+40=80(\mathrm{m})$，管径 $d=0.15\,\mathrm{m}$，沿程水头损失系数 $\lambda=0.03$，局部水头损失系数为 $\zeta_{进口}=0.5$，$\zeta_{120°}=0.2$，$\zeta_{150°}=0.15$，$\zeta_{出口}=1.0$。虹吸管流量为 $Q=0.025\,\mathrm{m^3/s}$，水泵出水口比甲池内液面高0.35 m。

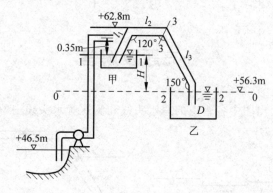

补充题6.2图

(1) 水泵的提水高度 z 为多少时，才能满足供水要求？

(2) 校核虹吸管能否正常发生虹吸？（$h_v=7$ m 水柱）

解：(1) 以乙池水面为基准面，列断面1及2间的能量方程

$$z_1 + \frac{p_1}{\rho g} + \frac{\alpha v_1^2}{2g} = z_2 + \frac{p_2}{\rho g} + \frac{\alpha v_2^2}{2g} + h_{w1-2}$$

由题设得

$$H + 0 + 0 = 0 + 0 + 0 + \left(\lambda \frac{l_1 + l_2 + l_3}{d} + \zeta_{进口} + 2\zeta_{120°} + \zeta_{150°} + \zeta_{出口}\right) \frac{v^2}{2g}$$

$$H = \left(0.03 \times \frac{80}{0.15} + 0.5 + 2 \times 0.2 + 0.15 + 1.0\right) \times \frac{0.025^2}{2 \times 9.81 \times \left(\frac{3.14}{4} \times 0.15^2\right)^2}$$

$$= 1.85(\text{m})$$

提水高度

$$z = 56.3 - 46.5 + H + 0.35$$
$$= 56.3 - 46.5 + 1.85 + 0.35$$
$$= 12(\text{m})$$

（2）选取真空压强最大断面 3—3 断面，以乙池水面为基准面，列断面 3 及 2 间的能量方程并代入数值得

$$z_3 + \frac{p_3}{\rho g} + \frac{\alpha v_3^2}{2g} = z_2 + \frac{p_2}{\rho g} + \frac{\alpha v_2^2}{2g} + h_{w3-2}$$

$$62.8 - 56.3 + \frac{p_3}{\rho g} + \frac{\alpha v^2}{2g} = 0 + 0 + 0 + \left(\lambda \frac{l_3}{d} + \zeta_{150°} + \zeta_{出口}\right) \frac{v^2}{2g}$$

$$\frac{p_3}{\rho g} = -6.5 + \left(\lambda \frac{l_3}{d} + \zeta_{150°} + \zeta_{出口} - \alpha\right) \frac{v^2}{2g}$$

$$\frac{p_3}{\rho g} = -6.5 + \left(0.03 \times \frac{40}{0.15} + 0.15 + 1.0 - 1.0\right) \times \frac{0.025^2}{2 \times 9.81 \times \left(\frac{3.14}{4} \times 0.15^2\right)^2}$$

$$= -5.68(\text{m})$$

真空高度 $h_v = \frac{p_v}{\rho g} = \left|\frac{p_r}{\rho g}\right| = 5.68$ m 水柱 <7 m 水柱，所以虹吸管能正常发生虹吸。

6.3 某水泵流量为 $Q = 0.022$ m³/s，由水池取 10℃ 的水供给工厂用水，如图所示。池水来自水库，水池与水库之间用直径 $d = 0.15$ m 的输水管相连，管长 $l = 60$ m，管壁的当量粗糙度 $k_s = 0.3$ mm，管道进口（包括过滤网）的局部阻力系数 $\zeta_{进口} = 5$，管道上装有阀门一个，其局部水头损失系数 $\zeta_{阀门} = 0.5$，试计算水库水面与水池水面的高差 ΔH。

解：管道出口在水下，为短管淹没出流。
由题设得

$$v = \frac{Q}{A} = \frac{0.022 \times 4}{3.14 \times 0.15^2} = 1.24(\text{m/s})$$

$$Re = \frac{vd}{\nu} = \frac{1.24 \times 0.15}{0.0131 \times 10^4} = 1.42 \times 10^5$$

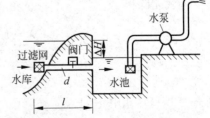

补充题 6.3 图

$$\frac{k_s}{d} = \frac{0.3 \times 10^{-3}}{0.15} = 0.002$$

由 Re 和 $\frac{k_s}{d}$ 查穆迪图得 $\lambda = 0.025$,故

$$\mu = \frac{1}{\sqrt{\sum \lambda \dfrac{l}{d} + \sum \zeta}} = \frac{1}{\sqrt{0.025 \times \dfrac{60}{0.15} + 5 + 0.5 + 1}} = 0.246$$

由 $Q = \mu A \sqrt{2g\Delta H}$ 可得

$$\Delta H = \frac{Q^2}{\mu^2 A^2 2g} = \frac{0.022^2}{0.246^2 \times 0.0177^2 \times 19.6} = 1.3(\text{m})$$

6.4 水箱的水经两条串联而成的短管管路流出,水箱的水位保持恒定。两管的管径分别为 $d_1 = 0.15$ m,$d_2 = 0.05$ m,管长 $l_1 = l_2 = l = 7$ m,沿程水头损失系数 $\lambda_1 = \lambda_2 = \lambda = 0.03$,有两种连接方法,如图所示,流量分别为 Q_1 和 Q_2,不计局部损失,求比值 Q_1/Q_2。

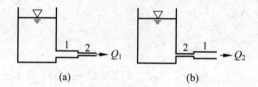

补充题 6.4 图

解: 设水箱水位为 H,对水箱水面和管道出口断面列能量方程。

对于图(a)所示情况:

$$H = \lambda \frac{l}{d_1} \frac{v_1^2}{2g} + \lambda \frac{l}{d_2} \frac{v_2^2}{2g} + \frac{\alpha v_2^2}{2g}$$

$$= \frac{1}{2g}\left(\frac{4Q_1}{\pi d_2^2}\right)^2 \left[\lambda \frac{l}{d_1}\left(\frac{d_2}{d_1}\right)^4 + \alpha + \lambda \frac{l}{d_2}\right]$$

对于图(b)所示情况:

$$H = \lambda \frac{l}{d_2} \frac{v_2^2}{2g} + \lambda \frac{l}{d_1} \frac{v_1^2}{2g} + \frac{\alpha v_1^2}{2g}$$

$$= \frac{1}{2g}\left(\frac{4Q_2}{\pi d_2^2}\right)^2 \left[\left(\lambda \frac{l}{d_1} + \alpha\right)\left(\frac{d_2}{d_1}\right)^4 + \lambda \frac{l}{d_2}\right]$$

两式相除得

$$\left(\frac{Q_1}{Q_2}\right)^2 = \frac{\lambda \dfrac{l}{d_1}\left(\dfrac{d_2}{d_1}\right)^4 + \alpha + \lambda \dfrac{l}{d_2}}{\left(\lambda \dfrac{l}{d_1} + \alpha\right)\left(\dfrac{d_2}{d_1}\right)^4 + \lambda \dfrac{l}{d_2}} = 1.234$$

则 $\dfrac{Q_1}{Q_2} = 1.111$,式中 $\alpha \approx 1.0$。

6.5 如图为某实验室的试验管道,已知 $d = 0.04$ m,水塔水面和管道出口之间

高差 $H=8$ m,管道总水头损失系数 $\sum \lambda \dfrac{l}{d}+\sum \zeta=14.0$。为了增大管道流量,考虑两种措施,即在管道出口 B 处接垂直向下或沿水平方向接一根相同直径的长 $l_1=1.5$ m 的橡皮管,如图所示。橡皮管的沿程水头损失系数 $\lambda=0.02$,问哪一种措施能使管道流量增大? 为什么?

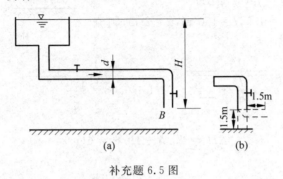

补充题 6.5 图

解:选管道出口为基准面,对水塔水面和管道出口处分别列出 3 种情况下的能量方程,可分别求出流量如下:

(1) $H=\left(\sum \zeta+\lambda \dfrac{l}{d}+\alpha\right)\dfrac{v_1^2}{2g}$

代入已知数据可得 $\qquad 8=(1+14)\times \dfrac{v_1^2}{19.62}$

解得 $\qquad v_1=3.23$ m/s

求出流量 $\qquad Q_1=v_1A=4.2\times10^{-3}(\text{m}^3/\text{s})$

(2) $H+h=\left(\sum \zeta+\lambda \dfrac{l}{d}+\lambda \dfrac{l_1}{d}+\alpha\right)\dfrac{v_2^2}{2g}$

代入数据 $\qquad 8+1.5=\left(1+14+0.02\times\dfrac{1.5}{0.04}\right)\times\dfrac{v_2^2}{19.62}$

解得 $\qquad v_2=3.44$ m/s

求出流量 $\qquad Q_2=v_2A=4.47\times10^{-3}(\text{m}^3/\text{s})$

(3) $H=\left(\sum \zeta+\zeta_{弯}+\lambda \dfrac{l}{d}+\lambda \dfrac{l_1}{d}+\alpha\right)\dfrac{v_3^2}{2g}$

代入数据 $\qquad 8=\left(1+14+0.986+0.02\times\dfrac{1.5}{0.04}\right)\dfrac{v_3^2}{2g}$

解得 $\qquad v_3=3.06$ m/s

求出流量 $\qquad Q_3=v_3A=3.98\times10^{-3}(\text{m}^3/\text{s})$

式中 $\alpha\approx1.0$。

由上述结果可见,接一垂直向下管道可增加流量。

6.6 图示为某水库坝内泄水管,长度 $l=150$ m,直径 $d=2.0$ m,沿程水头损失系数 $\lambda=0.03$,管道进口的局部水头损失系数 $\zeta_{进口}=0.5$,上游水位为 25.6 m,泄水管出口高程 19.6 m,试确定下游水位分别为 16 m 和 23 m 时的泄水流量。

解:(1) 当下游水位为 16 m 时,泄水管为自由

出流,忽略行近流速水头 $\dfrac{\alpha v_0^2}{2g}$,则有

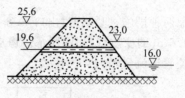

补充题 6.6 图

$$Q = \mu A \sqrt{2g\Delta H}$$

已知 $\lambda = 0.03, \zeta_{进口} = 0.5, l = 150 \text{ m}, d = 2 \text{ m}$,则流

量系数

$$\mu = \frac{1}{\sqrt{\alpha + \lambda \dfrac{l}{d} + \sum \zeta}} = \frac{1}{\sqrt{1 + 0.03 \times \dfrac{150}{2} + 0.5}} = 0.516$$

作用水头

$$\Delta H = 25.6 - 19.6 = 6 \text{(m)}$$

则

$$Q = \mu A \sqrt{2g\Delta H} = 0.516 \times \frac{3.14 \times 2^2}{4} \times \sqrt{2 \times 9.81 \times 6}$$
$$= 17.58 \text{(m}^3/\text{s)}$$

(2) 当下游水位为 23 m 时,泄水管为淹没出流,流量系数 μ 与自由出流时相等。

已知作用水头 $z = 25.6 - 23 = 2.6 \text{(m)}$,则流量为

$$Q = \mu A \sqrt{2gz} = 0.516 \times \frac{3.14 \times 2^2}{4} \times \sqrt{2 \times 9.81 \times 2.6}$$
$$= 11.57 \text{(m}^3/\text{s)}$$

6.7　图示为一水平管道恒定流,水箱水头为 H。已知管径 $d = 0.1 \text{ m}$,管长

$l = 15 \text{ m}$,管道进口的局部水头损失系数 $\zeta_{进口} = 0.5$,沿程水头损失系数 $\lambda = 0.022$,在

离出口 10 m 处安装测压管,测得测压管水头 $h = 2 \text{ m}$,今在管道出口处加上直径

为 0.05 m 的管嘴,设管嘴的水头损失忽略不计,求此时测压管的水头 h 变为多少。

解:先求出水箱中的水头 H,以通过管轴线的水平面为基准面,如补充题解 6.7

图所示,对 1—1 断面及未安装管嘴前出口断面 2—2 列能量方程得

$$h + \frac{\alpha v^2}{2g} = \frac{\alpha v^2}{2g} + \lambda \frac{l}{d} \frac{v^2}{2g}$$

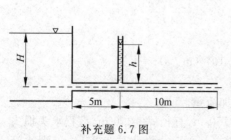

补充题 6.7 图

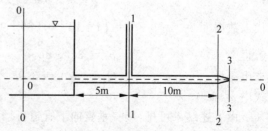

补充题解 6.7 图

代入数值得

$$2 = 0.022 \times \frac{10}{0.1} \times \frac{v^2}{2 \times 9.81}$$

$$v = 4.22 (\text{m/s})$$

式中 $\alpha \approx 1.0$。

再对 0—0,2—2 列能量方程求出 H:

$$H = \frac{\alpha v^2}{2g} + \left(\lambda \frac{l}{d} + \zeta_{进口}\right)\frac{v^2}{2g}$$

$$= \left(\alpha + \lambda \frac{l}{d} + \zeta_{进口}\right)\frac{v^2}{2g}$$

$$= \left(1 + 0.022 \times \frac{15}{0.1} + 0.5\right) \times \frac{4.22^2}{2 \times 9.81}$$

$$= 4.36 (\text{m})$$

在管道出口处加上直径为 0.05 m 的管嘴后,管内流速改变。设管嘴流速为 v_3,对断面 0—0 和 3—3 列能量方程,求管内流速 v:

$$H = \frac{\alpha v_3^2}{2g} + \left(\lambda \frac{l}{d} + \zeta_{进口}\right)\frac{v^2}{2g}$$

$$v_3 = \frac{A}{A_3}v = \frac{0.1^2}{0.05^2}v = 4v$$

代入上式得

$$4.36 = \frac{(4v)^2}{2g} + \left(0.022 \times \frac{15}{0.1} + 0.5\right) \times \frac{v^2}{2 \times 9.81}$$

$$v = 2.08 (\text{m/s})$$

再对 0—0 和 1—1 断面列能量方程求 h:

$$H = h + \frac{\alpha v^2}{2g} + \left(\lambda \frac{l}{d} + \zeta_{进口}\right)\frac{v^2}{2g}$$

$$4.36 = h + \left(1 + 0.022 \times \frac{15}{0.1} + 0.5\right) \times \frac{2.08^2}{2 \times 9.81}$$

$$h = 3.79 (\text{m})$$

6.8 一直径沿程不变的输水管道,连接两水池,如图所示。已知全管道长度 $l = 90$ m,直径 $d = 0.3$ m,沿程水头损失系数 $\lambda = 0.03$,管道进口的局部水头损失系数 $\zeta_{进口} = 0.5$,折弯局部水头损失系数 $\zeta_{弯} = 0.3$,出口局部水头损失系数 $\zeta_{出口} = 1.0$,出口在下游水面以下深度 $h_2 = 2.3$ m,同时在距出口 30 m 处设有一 U 形水银测压计,其液面差 $\Delta h = 0.5$ m,较低的水银面距管轴 1.5 m,试求通过管道的流量及两水池水面差 z。

解:因 A—A 面为等压面,故 2—2 断面中心点压强为

$$p_2 = \rho_\text{m} g \Delta h - \rho g \times 1.5$$

$$= 13.6 \times 9.81 - 1.5 \times 9.81 = 51.99 (\text{kN/m}^2)$$

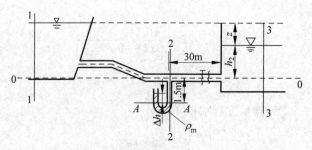

补充题 6.8 图

以通过管道出口中心的水平面为基准面,列 2—2 和 3—3 断面的能量方程得

$$\frac{p_2}{\rho g} + \frac{\alpha v^2}{2g} = h_2 + h_{f2-3} + h_j$$

式中

$$h_{f2-3} = \lambda \frac{l_{2-3}}{d} \frac{v^2}{2g} = 0.03 \times \frac{30}{0.3} \times \frac{v^2}{2g} = 3\frac{v^2}{2g}$$

$$h_j = \zeta_{出口} \frac{v^2}{2g} = \frac{v^2}{2g}$$

则有

$$\frac{p_2}{\rho g} + \frac{\alpha v^2}{2g} = h_2 + 4\frac{v^2}{2g}$$

$$3\frac{v^2}{2g} = \frac{p_2}{\rho g} - h_2$$

$$v = \sqrt{\frac{2 \times 9.81}{3} \times \left(\frac{51.99}{9.81} - 2.3\right)} = 4.43(\text{m/s})$$

$$Q = vA = 4.43 \times \frac{3.14}{4} \times 0.3^2 = 0.313(\text{m}^3/\text{s})$$

以下游水面为基准面,对 1—1,3—3 断面列能量方程并求解得

$$z = \lambda \frac{l}{d} \frac{v^2}{2g} + (\zeta_{进口} + 2\zeta_{弯} + \zeta_{出口})\frac{v^2}{2g}$$

$$= \left(\zeta_{进口} + 2\zeta_{弯} + \zeta_{出口} + \lambda \frac{l}{d}\right)\frac{v^2}{2g}$$

$$= \left(0.5 + 2 \times 0.3 + 0.03 \times \frac{90}{0.3}\right) \times \frac{4.43^2}{2 \times 9.81}$$

$$= 11.1(\text{m})$$

6.9　有一管路系统如图所示,管道由同种材料组成,每段长度 $l=5$ m,直径 $d=$ 0.06 m,管道进口的局部水头损失系数 $\zeta_{进口} = 0.5$,出口局部水头损失系数 $\zeta_{出口} =$ 1.0,当 $H=12$ m 时,流量 $Q=0.015$ m^3/s,求管道的沿程水头损失系数 λ;若流量降到 $Q=0.01$ m^3/s 时,此时的水头 H 应为多少?

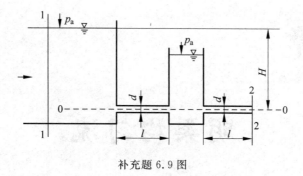

补充题 6.9 图

解:(1)以通过管轴中心线的水平面为基准面,对 1—1、2—2 断面列能量方程得

$$H = \frac{\alpha v_2^2}{2g} + h_w$$

$$= \frac{\alpha v_2^2}{2g} + \left(\lambda \frac{2l}{d} + 2\zeta_{进口} + \zeta_{出口}\right)\frac{v_2^2}{2g}$$

$$= \left(\alpha + \lambda \frac{2l}{d} + 2\zeta_{进口} + \zeta_{出口}\right)\frac{v_2^2}{2g}$$

则

$$\lambda = \frac{d}{2l}\left[\frac{2gH}{v_2^2} - (\alpha + 2\zeta_{进口} + \zeta_{出口})\right]$$

$$= \frac{0.06}{2 \times 5} \times \left[\frac{2 \times 9.81 \times 12}{\left(\dfrac{4 \times 0.015}{3.14 \times 0.06^2}\right)^2} - (1 + 2 \times 0.5 + 1)\right]$$

$$= 0.032$$

(2)设水流为紊流粗糙区,λ 不随流速而改变,则得

$$H = \frac{\left(\dfrac{4Q}{\pi d^2}\right)^2}{2g}\left(\alpha + \lambda \frac{2l}{d} + 2\zeta_{进口} + \zeta_{出口}\right)$$

$$= \frac{\left(\dfrac{4 \times 0.01}{3.14 \times 0.06^2}\right)^2}{2 \times 9.81}\left(1 + 2 \times 0.5 + 1 + 0.032 \times \frac{2 \times 5}{0.06}\right)$$

$$= 5.32(\text{m})$$

第7章
Chapter

明渠均匀流

内容提要

本章研究明渠恒定均匀流。明渠均匀流理论是渠道设计的基础,也是学习明渠非均匀流的基础,主要内容包括明渠均匀流的力学特性及形成条件,明渠均匀流的水力计算及各种问题的解法。

7.1 明渠的几何要素

1. 明渠的底坡

底坡是指明渠渠底高差与相应渠道长度的比值。以符号 i 表示底坡,如图 7.1 所示。即

$$i = \sin\theta = -\frac{\mathrm{d}z_0}{\mathrm{d}s} \tag{7.1}$$

$i>0$ 表示明渠渠底高程沿程降低,称为正坡明渠;当渠底高程沿程不变,$i=0$,称为平坡明渠;当渠底高程沿程增加,$i<0$,称为负坡明渠,如图 7.2 所示。

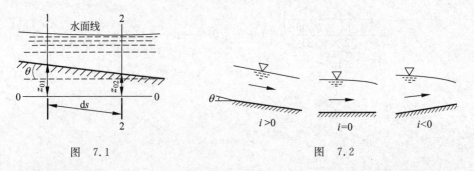

图 7.1　　　　　　　　　　图 7.2

对于天然河道,由于河底凹凸不平,因此其底坡取一定长度河段的平均底坡来表示。

2. 明渠过水断面的几何要素

明渠过水断面的几何要素主要包括过水断面的水深 h、过水面积 A、湿周 χ 和水力半径 R 等。以常见的梯形断面为例,其几何要素如下。

水深 h:指过水断面上渠底最低点到水面的距离。

底宽 b:梯形断面的渠底宽度。

边坡系数 m:

$$m = \cot\alpha \tag{7.2}$$

过水断面面积 A:

$$A = (b + mh)h \tag{7.3}$$

湿周 χ:

$$\chi = b + 2h\sqrt{1 + m^2} \tag{7.4}$$

水力半径 R:

$$R = A/\chi = (b + mh)h/(b + 2h\sqrt{1 + m^2}) \tag{7.5}$$

7.2 明渠均匀流的特点及产生条件

1. 明渠均匀流的水力特点

(1) 过水断面的流速分布、断面平均流速、流量、水深以及过水断面的形状、尺寸沿程不变;

(2) 水力坡度、水面坡度、底坡三者相等;

(3) 作用在水流上的重力在水流方向上的分量与水流所受的阻力相等,即

$$G\sin\theta = T \tag{7.6}$$

2. 明渠均匀流产生的条件

(1) 水流为恒定流,流量沿程不变,并且无支流的汇入或分出;

(2) 明渠为长直的棱柱形渠道,粗糙度沿程不变,并且渠道中无水工建筑物的局部干扰;

(3) 底坡为正坡。

7.3 明渠均匀流的水力计算

在明渠均匀流的水力计算中,主要应用谢才公式,并用曼宁公式确定谢才系数 C:

$$v = C\sqrt{Ri} \tag{7.7}$$

$$C = \frac{1}{n}R^{1/6} \tag{7.8}$$

或者

$$Q = vA = CA\sqrt{Ri} = K\sqrt{i} \tag{7.9}$$

式中，$K = CA\sqrt{R}$，其量纲与流量相同，称为流量模数或特征流量。根据 K 的表达式可知当渠道断面形状和粗糙度一定时，K 仅为水深 h 的函数。

明渠中发生均匀流时的水深称为正常水深，以 h_0 表示。与其相应的水力要素均加下标"0"。

以常用的梯形断面为例，由明渠均匀流的基本公式可以看出，各水力要素间存在着以下的函数关系：

$$Q = C_0 A_0\sqrt{R_0 i} = f(m, b, h_0, n, i) \tag{7.10}$$

明渠均匀流水力计算主要有三类基本问题。

（1）验证渠道的输水能力。对已建成的渠道，已知渠道断面的形状、尺寸、渠道土壤性质和护面情况以及渠道底坡，求输水能力 Q。

（2）确定渠道底坡。已知渠道断面的形状、尺寸、粗糙度及设计流量或流速，要确定渠道底坡。由已知的 n、m、b、h_0 可首先算出流量模数 K，再按下式求解渠道底坡 i：

$$i = \frac{Q^2}{C^2 A^2 R} = \frac{Q^2}{K^2} \tag{7.11}$$

（3）设计渠道断面尺寸。根据已知的 Q、m、n 和 i，求解渠道的断面尺寸 b 或 h_0，可采用试算法，求解时需要结合工程和技术经济要求，再附加条件。

7.4　渠道设计中的其他问题

1. 明渠水力最佳断面

当渠道的底坡 i、粗糙度 n 一定，在通过已知的设计流量时所选定的过水面积最小，或者是过水面积一定时通过的流量最大，符合以上任意一种条件的断面称为水力最佳断面或水力最经济断面。由 $Q = \dfrac{A_0}{n}R_0^{2/3} i^{1/2} = \dfrac{A_0^{5/3} i^{1/2}}{n\chi_0^{2/3}}$ 可知，当渠道的底坡 i、粗糙度 n 及过水断面积 A 一定时，湿周愈小（或水力半径愈大），通过流量 Q 愈大；或者当渠道的底坡 i、粗糙度 n 及 Q 一定时，湿周愈小（或水力半径愈大），所需的过水断面积 A 也愈小。

对于土质渠道常采用的梯形断面，有：

最佳宽深比

$$\beta_g = 2(\sqrt{1+m^2} - m) \tag{7.12}$$

最佳水力半径

$$R_g = \frac{A_g}{\chi_g} = \frac{h_0}{2} \tag{7.13}$$

水力最佳断面的优点是,通过流量一定时,过水断面面积最小,可以减少工程挖方量。而其缺点是断面大多窄而深,造成施工不便,养护困难,流量改变时引起水深变化较大,给通航和灌溉带来不便,经济上反而不利,因此限制了水力最佳断面的实际应用。但一些山区的石渠、渡槽和涵洞是按水力最佳断面设计的。

2. 明渠的允许流速

为了保证渠道的正常运行,需要规定渠道通过的断面平均流速上限值和下限值,称为允许流速,用 v 表示。在设计渠道时,为保证渠道不致发生渠床的冲刷和泥沙的淤积,要求 $v_{\text{不淤}} < v < v_{\text{不冲}}$,$v_{\text{不冲}}$ 为允许不冲流速,$v_{\text{不淤}}$ 为允许不淤流速。对于各种渠道的允许流速可查阅相关手册。

3. 明渠的组合粗糙度断面

当渠道断面的湿周由不同材料组成时,则各部分的粗糙度不同,这种情况下可用综合粗糙度 n_c 代替断面粗糙度进行水力计算,用 n_c 来计算整个流动的阻力和水头损失。

综合粗糙度 n_c 常采用下面公式计算:

当 $\dfrac{n_{\max}}{n_{\min}} < 1.5$ 时,

$$n_c = \frac{\chi_1 n_1 + \chi_2 n_2 + \cdots + \chi_k n_k}{\chi_1 + \chi_2 + \cdots + \chi_k} = \frac{\sum\limits_{i=1}^{k} \chi_i n_i}{\sum\limits_{i=1}^{k} \chi_i} \tag{7.14}$$

当 $\dfrac{n_{\max}}{n_{\min}} > 1.5$ 时,

$$n_c = \sqrt{\frac{\chi_1 n_1^2 + \chi_2 n_2^2 + \cdots + \chi_k n_k^2}{\chi_1 + \chi_2 + \cdots + \chi_k}} = \sqrt{\frac{\sum\limits_{i=1}^{k} \chi_i n_i^2}{\sum\limits_{i=1}^{k} \chi_i}} \tag{7.15}$$

以上二式中 $\chi_1, \chi_2, \cdots, \chi_k$ 分别为对应于粗糙度 $n_1, n_2, \cdots, n_k$ 的湿周长度。

4. 明渠的复式断面

渠道横断面上边坡、深度或底宽有突然变化的断面称为复式断面,其特点是:主

河槽的水力半径大,粗糙度小;而滩地水力半径小,粗糙度大。计算流量的公式为

$$Q = \left(\sum_{j=1}^{n} K_j \right) \sqrt{i} \tag{7.16}$$

习题及解答

7.1　已知梯形断面棱柱体渠道,底坡 $i = 0.000\,25$,底宽 $b = 1.5$ m,边坡系数 $m = 1.5$,正常水深 $h_0 = 1.1$ m,粗糙度 $n = 0.025$,求流量 Q。

解:先求出过水断面面积

$$A = (b + mh_0)h_0 = (1.5 + 1.5 \times 1.1) \times 1.1 = 3.465(\text{m}^2)$$

湿周

$$\chi = b + 2h_0\sqrt{1+m^2} = 1.5 + 2 \times 1.1\sqrt{1+1.5^2} = 5.466(\text{m})$$

水力半径

$$R = \frac{A}{\chi} = \frac{3.465}{5.466} = 0.634(\text{m})$$

谢才系数

$$C = \frac{1}{n}R^{\frac{1}{6}} = \frac{1}{0.025} \times 0.634^{\frac{1}{6}} = 37.069(\text{m}^{0.5}/\text{s})$$

则通过流量

$$Q = AC\sqrt{Ri} = 3.465 \times 37.069 \times \sqrt{0.634 \times 0.000\,25} = 1.617(\text{m}^3/\text{s})$$

7.2　已知梯形断面棱柱体渠道,底宽 $b = 2.0$ m,边坡系数 $m = 1.5$,粗糙度 $n = 0.025$,当通过流量 $Q = 2.5$ m³/s 时,正常水深 $h_0 = 1.2$ m,试设计渠道底坡 i。

解:过水断面面积

$$A = (b + mh_0)h_0 = (2.0 + 1.5 \times 1.2) \times 1.2 = 4.56(\text{m}^2)$$

湿周

$$\chi = b + 2h_0\sqrt{1+m^2} = 2.0 + 2 \times 1.2\sqrt{1+1.5^2} = 6.33(\text{m})$$

水力半径

$$R = \frac{A}{\chi} = \frac{4.56}{6.33} = 0.72(\text{m})$$

谢才系数

$$C = \frac{1}{n}R^{\frac{1}{6}} = \frac{1}{0.025} \times 0.72^{\frac{1}{6}} = 37.86(\text{m}^{0.5}/\text{s})$$

则底坡

$$i = \frac{Q^2}{C^2A^2R} = \frac{2.5^2}{37.86^2 \times 4.56^2 \times 0.72} = 0.000\,29$$

7.3　有一梯形断面棱柱体渠道,已知底宽 $b = 8$ m,边坡系数 $m = 1.5$,粗糙度

$n=0.025$，底坡 $i=0.0009$，当以均匀流通过流量 $Q=15\ \mathrm{m^3/s}$ 时，求均匀流正常水深 h_0。

解：用试算法。

设正常水深 $h_0=1.0\ \mathrm{m}$，$1.1\ \mathrm{m}$，$1.2\ \mathrm{m}$，$1.3\ \mathrm{m}$。

当 $h_0=1.0\ \mathrm{m}$ 时：

$$A=(b+mh_0)h_0=(8.0+1.5\times1.0)\times1.0=9.5(\mathrm{m^2})$$

$$\chi=b+2h_0\sqrt{1+m^2}=8.0+2\times1.0\sqrt{1+1.5^2}=11.61(\mathrm{m})$$

$$R=\frac{A}{\chi}=\frac{9.5}{11.61}=0.82(\mathrm{m})$$

$$C=\frac{1}{n}R^{1/6}=\frac{1}{0.025}\times0.82^{1/8}=38.7(\mathrm{m^{0.5}/s})$$

$$Q=CA\sqrt{Ri}=38.7\times9.5\sqrt{0.82\times0.0009}=9.99(\mathrm{m^3/s})$$

与其他水深一起列表计算如下：

b/m	h_0/m	$A=bh_0+mh_0^2$ /$\mathrm{m^2}$	$\chi=b+2h_0\sqrt{1+m^2}$ /m	$R=\dfrac{A}{\chi}$ /m	C /$(\mathrm{m^{0.5}/s})$	Q /$(\mathrm{m^3/s})$
8	1.0	9.5	11.61	0.82	38.7	9.99
8	1.1	10.62	11.97	0.888	39.2	11.77
8	1.2	11.76	12.33	0.954	39.7	13.68
8	1.3	12.94	12.69	1.02	40.1	15.72

由表中数据可见，所求水深 h_0 在 $1.2\sim1.3\ \mathrm{m}$ 之间。假设在此范围内流量 Q 与水深 h_0 按直线变化，则

$$h_0=1.2+(1.3-1.2)\frac{15.00-13.68}{15.72-13.68}$$

$$=1.2+0.065$$

$$=1.265(\mathrm{m})$$

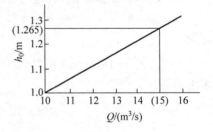

题解 7.3 图

或者作 h_0-Q 曲线，见题解 7.3 图，由该曲线查得对应 $Q=15\ \mathrm{m^3/s}$ 的正常水深 $h_0=1.265\ \mathrm{m}$。

7.4 有一复式断面渠道，如图所示，渠道底坡 $i=0.003$，主槽底宽 $b_1=20\ \mathrm{m}$，边坡系数 $m_1=2.5$；两侧滩地宽度相等，$b_2=b_3=30\ \mathrm{m}$，边坡系数 $m_2=m_3=3.0$。当 $h_1=4.0\ \mathrm{m}$，$h_2=h_3=2.0\ \mathrm{m}$ 时，主槽的粗糙度 $n_1=0.025$。滩地的粗糙度 $n_2=n_3=0.03$。求通过渠道的流量 Q。

解：通过复式断面渠道的流量由深槽流量和滩地流量组成，即 $Q=Q_1+Q_2+Q_3$，其中 Q_1、Q_2、Q_3 均按均匀流计算。

深槽的过水断面面积

$$A_1=A_梯+A_矩=[b_1+m_1(h_1-h_2)](h_1-h_2)+[b_1+2m_1(h_1-h_2)]h_2$$

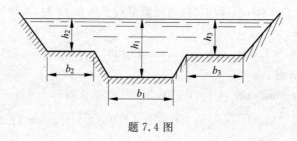

题 7.4 图

$$= (20 + 2.5 \times 2.0) \times 2.0 + (20 + 5.0 \times 2.0) \times 2.0 = 50 + 60 = 110(\text{m}^2)$$

湿周

$$\chi_1 = b_1 + 2(h_1 - h_2)\sqrt{1 + m_1^2} = 20 + 2.0 \times 2.0\sqrt{1 + 2.5^2} = 30.77(\text{m})$$

水力半径

$$R_1 = \frac{A_1}{\chi_1} = \frac{110}{30.77} = 3.57(\text{m})$$

谢才系数

$$C_1 = \frac{1}{n_1}R_1^{\frac{1}{6}} = \frac{1}{0.025}3.57^{\frac{1}{6}} = 49.45(\text{m}^{0.5}/\text{s})$$

则深槽的流量

$$Q_1 = A_1 C_1 \sqrt{R_1 i} = 110 \times 49.45 \times \sqrt{3.57 \times 0.003} = 562.93(\text{m}^3/\text{s})$$

滩地流量为 $Q_2 + Q_3$，由于渠道两边滩地宽度 $b_2 = b_3$，边坡系数 m 也相等，水深 $h_2 = h_3$，故可将两边滩地合并进行计算，即过水断面面积

$$A' = (b_2 + b_3)h_2 + m_2 h_2 h_2 = 60 \times 2.0 + 3.0 \times 2.0 \times 2.0 = 132(\text{m}^2)$$

湿周

$$\chi' = (b_2 + b_3) + 2h_2\sqrt{1 + m_2^2} = 60 + 4.0\sqrt{10} = 72.65(\text{m})$$

水力半径

$$R' = \frac{A'}{\chi'} = \frac{132}{72.65} = 1.82(\text{m})$$

谢才系数

$$C' = \frac{1}{n_2}R'^{\frac{1}{6}} = \frac{1}{0.03}1.82^{\frac{1}{6}} = 36.83(\text{m}^{0.5}/\text{s})$$

流量

$$Q' = C'A'\sqrt{R'i} = 36.83 \times 132 \times \sqrt{1.82 \times 0.003} = 359.23(\text{m}^3/\text{s})$$

则总流量

$$Q = Q_1 + Q' = 562.93 + 359.23 = 922.16(\text{m}^3/\text{s})$$

7.5 有一非对称的梯形断面渠道，左边墙为直立挡土墙。已知底宽 $b = 5.0\ \text{m}$，正常水深 $h_0 = 2.0\ \text{m}$，边坡系数 $m_1 = 1, m_2 = 0$，粗糙度 $n_1 = 0.02, n_2 = 0.014$，底坡 $i = 0.0004$。试确定断面平均流速 v 及流量 Q。

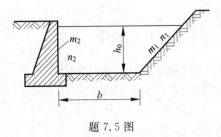

题 7.5 图

解：求出湿周为

$$\chi_1 = b + h_0\sqrt{1 + m_1^2} = 5.0 + 2\sqrt{2} = 7.83\,(\text{m})$$

$$\chi_2 = h_0 = 2.0\ \text{m}$$

由于 $\dfrac{n_1}{n_2} = \dfrac{0.02}{0.014} = 1.429 < 1.5 \sim 2.0$，综合粗糙度 n_c 按加权平均求得：

$$n_c = \frac{\chi_1 n_1 + \chi_2 n_2}{\chi_1 + \chi_2} = \frac{0.02 \times 7.83 + 0.014 \times 2.0}{7.83 + 2.0} = 0.019$$

过水断面面积

$$A = \frac{1}{2}(2b + mh_0)h_0 = \frac{1}{2}(2 \times 5.0 + 1.0 \times 2.0) \times 2.0 = 12\,(\text{m}^2)$$

湿周

$$\chi = \chi_1 + \chi_2 = 7.83 + 2.0 = 9.83\,(\text{m})$$

水力半径

$$R = \frac{A}{\chi} = \frac{12}{9.83} = 1.22\,(\text{m})$$

谢才系数

$$C = \frac{1}{n_c}R^{\frac{1}{6}} = \frac{1}{0.019}1.22^{\frac{1}{6}} = 54.40\,(\text{m}^{0.5}/\text{s})$$

故流速

$$v = C\sqrt{Ri} = 54.4 \times \sqrt{1.22 \times 0.0004} = 1.2\,(\text{m/s})$$

流量

$$Q = vA = 1.2 \times 12 = 14.4\,(\text{m/s})$$

补充题及解答

7.1　有一梯形断面土渠，已知粗糙度 $n = 0.017$，边坡系数 $m = 1.5$，流量 $Q = 30\ \text{m}^3/\text{s}$，为满足航运要求，水深 $h_0 = 2.0\ \text{m}$，流速 $v = 0.8\ \text{m/s}$，试设计渠道的底宽 b 和底坡 i。

解：(1) 计算底宽 b

$$A = \frac{Q}{v} = \frac{30}{0.8} = 37.5 (\text{m}^2)$$

$$A = (b + mh_0)h_0 = (b + 1.5 \times 2) \times 2 = 37.5 (\text{m}^2)$$

$$b = 15.75 \text{ m}$$

(2) 计算底坡 i

由谢才公式 $Q = CA\sqrt{Ri}$ 得

$$i = \frac{Q^2}{C^2 A^2 R}$$

其中

$$\chi = b + 2h_0\sqrt{1 + m^2} = 15.75 + 2 \times 2 \times \sqrt{1 + 1.5^2} = 22.961 (\text{m})$$

$$R = A/\chi = \frac{37.5}{22.961} = 1.633 (\text{m})$$

$$C = \frac{1}{n}R^{1/6} = \frac{1}{0.017} \times 1.633^{1/6} = 63.834 (\text{m}^{0.5}/\text{s})$$

$$i = \frac{Q^2}{C^2 A^2 R} = \frac{30^2}{63.834^2 \times 37.5^2 \times 1.633} = 0.000\,096$$

7.2　某梯形断面渠道，底宽 $b = 9.0$ m，水深 $h_0 = 5.0$ m，边坡系数 $m = 1.0$，粗糙度 $n = 0.015$，底坡 $i = 0.0001$，设计流量 $Q_d = 97.5$ m^3/s，允许不冲流速 $v_{不冲} = 1.5$ m/s。问：

(1) 校核过水能力是否满足设计要求；

(2) 校核渠中是否发生冲刷；

(3) 判别渠中水流是急流还是缓流。

解：(1) 由渠道的已知条件有

$$A = (b + mh_0)h_0 = (9 + 1.0 \times 5) \times 5 = 70 (\text{m}^2)$$

$$\chi = b + 2h_0\sqrt{1 + m^2} = 9 + 2 \times 5 \times \sqrt{1 + 1.0^2} = 23.142 (\text{m})$$

$$R = A/\chi = \frac{70}{23.142} = 3.025 (\text{m})$$

$$C = \frac{1}{n}R^{1/6} = \frac{1}{0.015} \times 3.025^{1/6} = 80.173 (\text{m}^{0.5}/\text{s})$$

$$Q = CA\sqrt{Ri} = 80.173 \times 70 \times \sqrt{3.025 \times 0.0001} = 97.609 (\text{m}^3/\text{s})$$

所以过水能力满足 $Q_d = 97.5$ m^3/s 的设计要求。

(2) $v = \dfrac{Q}{A} = \dfrac{97.609}{70} = 1.394 (\text{m/s})$

由于 $v < v_{不冲}$，所以渠道不发生冲刷。

(3)

$$F_r = \frac{v}{\sqrt{g\bar{h}}} = \frac{v}{\sqrt{gA/B}} = \frac{1.394}{\sqrt{9.81 \times 70/(9 + 2 \times 1 \times 5)}} = 0.232 < 1$$

渠道中的水流为缓流。

7.3 为测定某梯形断面渠道的粗糙度 n 值,选取 $l=100$ m 的均匀段进行测量,已知渠道底宽 $b=1.6$ m,边坡系数 $m=1.5$,正常水深 $h_0=1.0$ m,流量 $Q=1.52$ m³/s,两断面的水面高差 $\Delta z=3.0$ cm,求出该渠道的粗糙度。

解:

$$A=(b+mh_0)h_0=(1.6+1.5\times1)\times1=3.1(\text{m}^2)$$

$$\chi=b+2h_0\sqrt{1+m^2}=1.6+2\times1\times\sqrt{1+1.5^2}=5.206(\text{m})$$

$$R=A/\chi=\frac{3.1}{5.206}=0.595(\text{m})$$

$$i=\Delta z/l=\frac{0.03}{100}=0.0003$$

由谢才公式 $Q=CA\sqrt{Ri}$ 有

$$C=\frac{Q}{A\sqrt{Ri}}=\frac{1.52}{3.1\times\sqrt{0.595\times0.0003}}=36.7(\text{m}^{0.5}/\text{s})$$

由 $C=\frac{1}{n}R^{1/6}$ 有

$$n=\frac{1}{C}R^{1/6}=\frac{1}{36.7}\times0.595^{1/6}=0.025$$

7.4 有两条矩形断面渠道,其中一条渠道的底宽 $b_1=5$ m,正常水深 $h_{01}=1.0$ m,另一条渠道的底宽 $b_2=2.5$ m,正常水深 $h_{02}=2.0$ m。此外,两条渠道的粗糙度 $n_1=n_2=0.014$,底坡 $i_1=i_2=0.004$,问(1)这两条渠道中水流为均匀流时,其通过的流量是否相等? 如不等,流量各为多少? (2)判别两条渠道的水流是急流还是缓流。

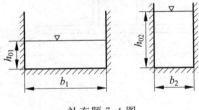

补充题 7.4 图

解:

(1) $A_1=b_1h_{01}=5\times1=5(\text{m}^2)$

$\chi_1=b_1+2h_{01}=5+2\times1=7(\text{m})$

$R_1=A_1/\chi_1=\frac{5}{7}=0.714(\text{m})$

$C_1=\frac{1}{n_1}R_1^{1/6}=\frac{0.714^{1/6}}{0.014}=67.529(\text{m}^{0.5}/\text{s})$

$$Q_1 = C_1 A_1 \sqrt{R_1 i_1} = 67.529 \times 5 \times \sqrt{0.714 \times 0.004} = 18.044 (\text{m}^3/\text{s})$$

$$A_2 = b_2 h_{02} = 2.5 \times 2 = 5 (\text{m}^2)$$

$$\chi_2 = b_2 + 2h_{02} = 2.5 + 2 \times 2 = 6.5 (\text{m})$$

$$R_2 = A_2 / \chi_2 = \frac{5}{6.5} = 0.769 (\text{m})$$

$$C_2 = \frac{1}{n_2} R_2^{1/6} = \frac{0.769^{1/6}}{0.014} = 68.369 (\text{m}^{0.5}/\text{s})$$

$$Q_2 = C_2 A_2 \sqrt{R_2 i_2} = 68.369 \times 5 \times \sqrt{0.769 \times 0.004} = 18.959 (\text{m}^3/\text{s})$$

（2） $v_1 = \dfrac{Q_1}{A_1} = \dfrac{18.044}{5} = 3.609 (\text{m/s})$

$$c_1 = \sqrt{g h_{01}} = \sqrt{9.81 \times 1} = 3.132 (\text{m/s})$$

$v_1 > c_1$，渠道1内的水流为急流。

$$v_2 = \frac{Q_2}{A_2} = \frac{18.959}{5} = 3.792 (\text{m/s})$$

$$c_2 = \sqrt{g h_{02}} = \sqrt{9.81 \times 2} = 4.429 (\text{m/s})$$

$v_2 < c_2$，渠道2内的水流为缓流。

7.5 有一管道自水池引水，管长 $l = 1000$ m，管径 $d = 0.6$ m，粗糙度 $n = 0.012$，末端与一长而直的矩形棱柱体水力最佳断面渠道相接，如图所示。渠道的粗糙度 $n = 0.02$，底坡 $i = 0.0016$，不计管道的局部水头损失和水池的流速水头，求：（1）管道的水头 H；（2）明渠产生均匀流时的底宽和水深；（3）判断渠道中的水流为急流还是缓流。

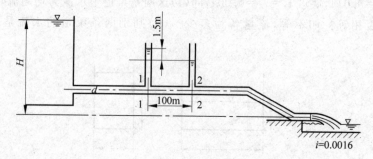

补充题7.5图

解：

（1）由图可知管道中的水力坡度

$$J = \frac{\Delta z}{\Delta l} = \frac{1.5}{100} = 0.015$$

管道中的水头损失

$$h_f = J \times l = 0.015 \times 1000 = 15 (\text{m})$$

以经过管道出口断面形心点的水平面为基准面,对水箱内取的断面 $A—A$ 以及经过管道出口的断面 $B—B$ 列能量方程,有

$$z_A + \frac{p_A}{\rho g} + \frac{\alpha v_A^2}{2g} = z_B + \frac{p_B}{\rho g} + \frac{\alpha v_B^2}{2g} + h_w$$

$$H = \frac{\alpha v^2}{2g} + h_f$$

对于管道,有

$$A = \frac{\pi d^2}{4} = \frac{3.14 \times 0.6^2}{4} = 0.283(\text{m}^2)$$

$$R = \frac{d}{4} = \frac{0.6}{4} = 0.15(\text{m})$$

$$C = \frac{1}{n}R^{1/6} = \frac{1}{0.012} \times 0.15^{1/6} = 60.744(\text{m}^{0.5}/\text{s})$$

$$Q = CA\sqrt{RJ} = 60.744 \times 0.283 \times \sqrt{0.15 \times 0.015} = 0.815(\text{m}^3/\text{s})$$

$$v = \frac{Q}{A} = \frac{0.815}{0.283} = 2.88(\text{m/s})$$

所以有

$$H = \frac{\alpha v^2}{2g} + h_f = \frac{1.0 \times 2.88^2}{2 \times 9.81} + 15 = 15.423(\text{m})$$

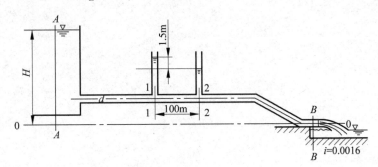

补充题解 7.5 图

（2）由矩形水力最佳断面的宽深比 $\beta_g = \dfrac{b}{h_0} = 2$,得到 $b = 2h_0$,对于矩形断面渠道有

$$Q = C_0 A_0 \sqrt{R_0 i}$$

其中

$$A_0 = bh_0 = 2h_0^2$$

$$\chi = b + 2h_0 = 4h_0$$

$$R_0 = \frac{A_0}{\chi} = \frac{2h_0^2}{4h_0} = \frac{h_0}{2}$$

$$C_0 = \frac{1}{n} R_0^{1/6} = \frac{1}{n} \left(\frac{h_0}{2} \right)^{1/6}$$

所以有

$$Q = C_0 A_0 \sqrt{R_0 i} = \frac{1}{n} \left(\frac{h_0}{2} \right)^{1/6} \times 2h_0^2 \times \left(\frac{h_0}{2} \right)^{1/2} \times i^{1/2}$$

$$= \frac{1}{0.02} \left(\frac{h_0}{2} \right)^{1/6} \times 2h_0^2 \times \left(\frac{h_0}{2} \right)^{1/2} \times 0.0016^{1/2} = 4h_0^2 \left(\frac{h_0}{2} \right)^{2/3}$$

可得

$$h_0 = 0.655 \text{ m}, \quad b = 1.31 \text{ m}$$

（3）矩形断面渠道单宽流量

$$q = \frac{Q}{b} = \frac{0.815}{1.31} = 0.622 (\text{m}^2/\text{s})$$

渠道中的临界水深

$$h_c = \sqrt[3]{\frac{\alpha q^2}{g}} = \sqrt[3]{\frac{1 \times 0.622^2}{9.81}} = 0.34 (\text{m})$$

由于渠中 $h_0 > h_c$，所以渠道中的水流为缓流。

第8章
Chapter

明渠非均匀流

内容提要

本章研究的是明渠非均匀流,主要研究内容有:从运动学和能量两个方面来研究和建立缓流、急流的判别标准,以及明渠中缓流和急流相互转换时产生的水力现象——水跃和水跌;研究明渠非均匀渐变流的基本特性及其水力要素沿程变化的规律;分析水面曲线的变化及其计算。

8.1 缓流、临界流和急流

1. 缓流、临界流和急流的特点

明渠水流的流态有缓流、临界流和急流。缓流多见于底坡较缓的渠道或者平原河道中,是指水深较大,流速较小的流动;急流的水深较小,流速较大,多见于底坡较陡的渠道或者山区的河道中;缓流和急流的分界是临界流,但它不是一种稳定的状态。

2. 缓流、临界流和急流的判别方法

(1) 波速判别法

静水中干扰微波的波速公式为

$$c = \sqrt{gh} \quad (\text{矩形断面明渠}) \tag{8.1}$$

$$c = \sqrt{g\frac{A}{B}} = \sqrt{g\bar{h}} \quad (\text{非矩形断面明渠}) \tag{8.2}$$

式中,A 为过水断面面积;B 为水面宽度;$\bar{h}$ 为断面平均水深。

当 $v < c$ 时,干扰波能向上、下游传播,水流为缓流;

当 $v = c$ 时,干扰波恰不能向上游传播,水流为临界流;

当 $v > c$ 时,干扰波不能向上游传播,水流为急流。

（2）弗劳德（Froude）数判别法

由临界流定义有

$$\frac{v}{\sqrt{gh}} = 1 \quad \text{（矩形断面）} \tag{8.3}$$

$$\frac{v}{\sqrt{g\bar{h}}} = 1 \quad \text{（非矩形断面）} \tag{8.4}$$

式中，$v/\sqrt{gh}$ 为无量纲数，称为弗劳德（Froude）数，用符号 Fr 表示。弗劳德数的力学意义是指水流惯性力和重力之比。

可用弗劳德数来判别明渠水流的流态。

$Fr<1$，水流为缓流；

$Fr=1$，水流为临界流；

$Fr>1$，水流为急流。

（3）断面单位能量判别法

以明渠过水断面最低点为基准面时，该断面的单位机械能称为断面单位能量，用 E_s 表示：

$$E_s = h + \frac{\alpha v^2}{2g} = h + \frac{\alpha Q^2}{2gA^2} \tag{8.5}$$

在明渠断面形状尺寸及流量 Q 给定的条件下，E_s 仅是水深 h 的函数。根据式（8.5）绘制的曲线见图 8.1。

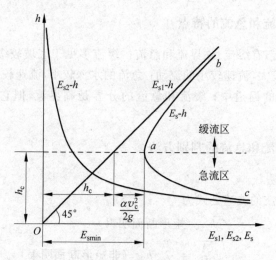

图 8.1　E_s-h 关系图

对于 E_s-h 曲线，

上支 ab：$\dfrac{\mathrm{d}E_s}{\mathrm{d}h}>0$，为缓流；

拐点 a：$\dfrac{\mathrm{d}E_s}{\mathrm{d}h}=0$，为临界流；

下支 ac：$\dfrac{\mathrm{d}E_s}{\mathrm{d}h}<0$，为急流。

（4）临界水深判别法

临界水深是指断面单位能量 E_s 为最小值 E_{smin} 时对应的水深，用 h_c 表示，其计算公式为

$$\frac{\alpha Q^2}{g}=\frac{A_c^3}{B_c}\quad\text{（非矩形断面）}\tag{8.6}$$

$$h_c=\sqrt[3]{\frac{\alpha Q^2}{gb^2}}=\sqrt[3]{\frac{\alpha q^2}{g}}\quad\text{（矩形断面）}\tag{8.7}$$

式中，A_c 及 B_c 为相应临界水深 h_c 的过水面积和水面宽度。

由图 8.1 可知：

$h>h_c$ 时，为缓流；

$h=h_c$ 时，为临界流；

$h<h_c$ 时，为急流。

（5）底坡判别法

当明渠发生均匀流时的正常水深 h_0 恰好等于临界水深 h_c 时，其相应的底坡称为临界底坡，用 i_c 表示：

$$i_c=\frac{g}{\alpha C_c^2}\frac{\chi_c}{B_c}\tag{8.8}$$

式中，B_c、χ_c 和 C_c 分别为相应于临界水深 h_c 的水面宽度、湿周及谢才系数。

当明渠中的水流为均匀流时：

$i<i_c$，则 $h_0>h_c$，即缓坡上的均匀流为缓流；

$i>i_c$，$h_0<h_c$，即陡坡上的均匀流为急流；

$i=i_c$，$h_0=h_c$，即临界坡上的均匀流为临界流。

8.2　两种流态的转换

1. 水跌

处于缓流状态的明渠水流，因渠底突然变为陡坡或下游渠道断面形状突然扩大，引起水面降落。水流以临界流动状态通过这个突变的断面，转变为急流。这种从缓流向急流过渡的局部水力现象称为水跌。

2. 水跃

（1）水跃的产生条件

在较短渠段内水深从小于临界水深急剧地跃升到大于临界水深的局部水力现象

称为水跃。水跃的产生条件是水流由急流向缓流过渡,它常发生于闸门、溢流堰、陡槽等泄水建筑物的下游。

(2) 水跃基本方程与共轭水深关系

平底棱柱形渠道中的水跃基本方程为

$$\frac{\beta \rho Q^2}{A_1} + \rho g h_{c1} A_1 = \frac{\beta \rho Q^2}{A_2} + \rho g h_{c2} A_2 \tag{8.9}$$

式中,A_1、A_2 及 h_{c1}、h_{c2} 分别为跃前和跃后断面的过水断面面积和形心点水深。

在流量和明渠的断面形状尺寸已知条件下,式(8.9)两边分别为跃前水深 h_1 和跃后水深 h_2 的函数,用 $\theta(h)$ 表示,称为水跃函数。式(8.9)可简写为

$$\theta(h_1) = \theta(h_2) \tag{8.10}$$

平底明渠中,水跃前后两断面水跃函数值相等,这两个水深称为共轭水深。跃前水深 h_1 称为第一共轭水深,跃后水深 h_2 称为第二共轭水深。

对于矩形断面明渠中水跃的跃前或跃后水深可由水跃方程直接求得:

$$h_2 = \frac{h_1}{2} \left(\sqrt{1 + 8Fr_1^2} - 1 \right) \tag{8.11}$$

$$h_1 = \frac{h_2}{2} \left(\sqrt{1 + 8Fr_2^2} - 1 \right) \tag{8.12}$$

(3) 棱柱体平坡明渠中水跃长度

由于水跃中水流运动极为复杂,迄今还不能由理论分析的方法分析出比较完善的水跃长度的计算公式。在工程设计中,一般多采用经验公式来确定水跃长度。

① 矩形明渠的水跃长度公式

a. 吴持恭公式

$$l_j = 10(h_2 - h_1) Fr_1^{-0.32} \tag{8.13}$$

b. 欧勒弗托斯基公式

$$l_j = 6.9(h_2 - h_1) \tag{8.14}$$

c. 陈椿庭公式

$$l_j = 9.4(Fr_1 - 1) h_1 \tag{8.15}$$

以上各式中,Fr_1 为跃前断面的弗劳德数。

② 梯形断面明渠的水跃长度公式

$$l_j = 5h_2 \left(1 + 4\sqrt{\frac{B_2 - B_1}{B_1}} \right) \tag{8.16}$$

式中,B_1 及 B_2 分别表示水跃前后断面处的水面宽度。

(4) 棱柱体平坡明渠中水跃的能量损失

单位重量水体通过水跃消耗的能量为

$$\Delta E_j = \left(h_1 + \frac{\alpha_1 v_1^2}{2g} \right) - \left(h_2 + \frac{\alpha_2 v_2^2}{2g} \right) \tag{8.17}$$

水跃的消能系数为

$$K_{\mathrm{j}} = \frac{\Delta E_{\mathrm{j}}}{h_1 + \dfrac{\alpha_1 v_1^2}{2g}} \tag{8.18}$$

8.3　棱柱体明渠水面曲线微分方程

棱柱体明渠恒定渐变流微分方程建立了水深 h 对距离 s 的水面曲线微分方程，形式为

$$\frac{\mathrm{d}h}{\mathrm{d}s} = \frac{i - \dfrac{Q^2}{K^2}}{1 - Fr^2} \tag{8.19}$$

它反映水深沿程变化规律，可用来分析水面曲线的形状。

8.4　棱柱体明渠水面曲线形状分析

1. 棱柱体明渠水面曲线的分区和命名

根据 5 种底坡上的正常水深 N—N 线和临界水深 C—C 线共划分有 12 个区。规定水面曲线在 N—N 线和 C—C 线之上的区域称为 1 区，在二者之间的区域称为 2 区，在二者之下的区域称为 3 区，如图 8.2 所示。分别将在不同底坡上发生的水面曲线型号标以下角标 1、2、3 表示。

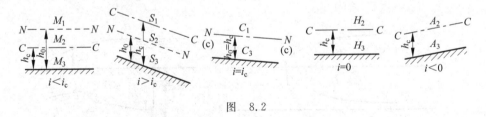

图　8.2

区域划分后，各区域内水面曲线的形式用棱柱体水面曲线微分方程分析，如图 8.3 所示。

2. 12 条水面曲线的共同规律

（1）发生在 1、3 区的均为壅水曲线，2 区的均为降水曲线；

（2）当水深接近正常水深时，水面线以 N—N 线为渐近线；

（3）当水深接近临界水深时，水面线在理论上垂直临界水深线 C—C 线，但此时的水流已不符合渐变流条件，而是属于急变流。

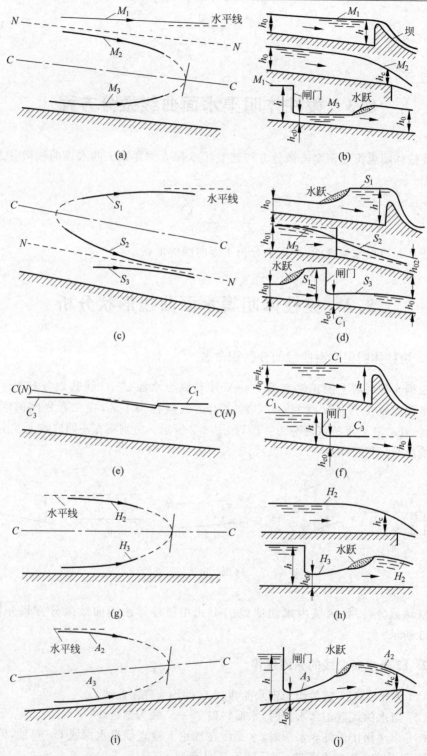

图　8.3

8.5　明渠水面曲线计算

对明渠水面曲线采用分段求和法进行计算,采用的公式为

$$\Delta s = \frac{\Delta E_s}{i - \overline{J}} \tag{8.20}$$

8.6　天然河道水面曲线计算

天然河道水面曲线一般计算公式为

$$z_1 + \frac{\alpha_1 v_1^2}{2g} = z_2 + \frac{\alpha_2 v_2^2}{2g} + \frac{Q^2 \Delta s}{\overline{K}^2} + \overline{\zeta}\left(\frac{v_2^2}{2g} - \frac{v_1^2}{2g}\right) \tag{8.21}$$

若计算河段比较顺直均匀,两断面的面积变化不大,可略去两断面的流速水头差和局部水头损失,则上式可简化为

$$z_1 - z_2 = \frac{Q^2 \Delta s}{\overline{K}^2} \tag{8.22}$$

习题及解答

8.1　证明矩形断面明渠中通过最大流量时,水深 h 为断面单位能量 E_s 的 2/3 倍。(令 E_s 为常数)

证明: 由断面单位能量

$$E_s = h + \frac{\alpha Q^2}{2gA^2}$$

则

$$Q = A\sqrt{\frac{2g}{\alpha}(E_s - h)}$$

根据题给条件,由高等数学可知,当 $Q = Q_{\max}$ 时 $\dfrac{dQ}{dh} = 0$,从而可求最大流量时的水深 h。

$$\frac{dQ}{dh} = \frac{dA}{dh}\sqrt{\frac{2g}{\alpha}(E_s - h)} + A\sqrt{\frac{2g}{\alpha}}\ \frac{1}{2}\ \frac{1}{\sqrt{E_s - h}}\ \frac{d(E_s - h)}{dh} = 0$$

因为 $\dfrac{dA}{dh} = B$,且 E_s 为常量,$\dfrac{dE_s}{dh} = 0$,上式可化为

$$\frac{A}{2B} = E_s - h$$

因为是矩形断面，$A = bh$，$B = b$，则 $\frac{bh}{2b} = E_s - h$，所以 $h = \frac{2}{3}E_s$。

8.2　一梯形断面渠道，底宽 $b = 6.0$ m，边坡系数 $m = 1.5$，通过流量 $Q = 8.0$ m³/s。绘制断面单位能量 E_s 与水深 h 的关系曲线，并由该曲线求解临界水深 h_c。

解：首先绘制 E_s-h 曲线。

计算公式：过水断面面积 $A = (b + mh)h = (6 + 1.5h)h$，流速 $v = \frac{Q}{A}$。

断面单位能量 $E_s = h + \frac{\alpha v^2}{2g}$，其中，取 $\alpha = 1.0$，计算结果列表如下，据此表可画出如题解 8.2 图所示图形。

h/m	A/m²	v/(m/s)	$\frac{\alpha v^2}{2g}$/m	E_s/m
0.1	0.615	13.01	8.63	8.73
0.3	1.935	4.13	0.87	1.17
0.5	3.375	2.37	0.29	0.79
0.7	4.935	1.62	0.13	0.83
0.9	6.615	1.21	0.075	0.98
1.1	7.50	1.07	0.058	1.06
1.3	12.53	0.65	0.021	1.56

由图中可查得 $h_c = 0.54$ m。

8.3　矩形渠道宽为 $b = 2.5$ m，通过流量 $Q = 5.5$ m³/s，求临界水深 h_c。

解：矩形断面渠道的临界水深，可直接用公式计算得

$$h_c = \sqrt[3]{\frac{\alpha q^2}{g}} = \sqrt[3]{\frac{\alpha Q^2}{gb^2}} = \sqrt[3]{\frac{1.0 \times 5.5^2}{9.81 \times 2.5^2}}$$
$$= 0.79\,(\text{m})$$

8.4　有一矩形断面变底坡渠道，底宽 $b = 6.0$ m，粗糙度 $n = 0.02$，底坡 $i_1 = 0.001$，$i_2 = 0.005$，通过的流量 $Q = 30$ m³/s，求：(1) 各渠段中的正常水深；(2) 各渠段的临界水深；(3) 判别各渠段均匀流流态。

解：(1) 利用图解法求正常水深

$i_1 = 0.001$ 时，

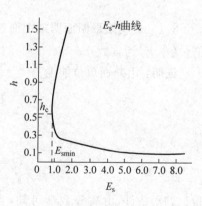

题解 8.2 图

$$K_{01} = \frac{Q}{\sqrt{i_1}} = \frac{30}{\sqrt{0.001}} = 949.36, \quad \frac{b^{2.67}}{nK_{01}} = \frac{6.0^{2.67}}{0.02 \times 949.36} = 6.30$$

由附录 A，查得 $\frac{h_{01}}{b} = 0.43$，故 $h_{01} = 2.6$ m。

$i_2 = 0.005$ 时，

$$K_{02} = \frac{Q}{\sqrt{i_2}} = \frac{30}{\sqrt{0.005}} = 424.33, \quad \frac{b^{2.67}}{nK_{02}} = \frac{6.0^{2.67}}{0.02 \times 424.33} = 14.09$$

查得 $\frac{h_{02}}{b} = 0.24$，故 $h_{02} = 1.44$ m。

（2）利用公式求临界水深

$$h_c = \sqrt[3]{\frac{\alpha q^2}{g}} = \sqrt[3]{\frac{\alpha Q^2}{g b^2}} = \sqrt[3]{\frac{1.0 \times 30^2}{9.81 \times 6.0^2}} = 1.37(\text{m})$$

（3）因为 $h_{01} > h_c$，$h_{02} > h_c$，所以 i_1、i_2 渠段上的水流均为均匀的缓流。

8.5 梯形断面渠道，底宽 $b = 6.0$ m，边坡系数 $m = 2.0$，粗糙度 $n = 0.0225$，通过流量 $Q = 12$ m³/s，求临界底坡 i_c。

解：利用图解法求出临界水深 h_c，取 $\alpha = 1.0$，则有

$$\frac{\alpha}{g} \left(\frac{Q}{b} \right)^2 \left(\frac{m}{b} \right)^3 = \frac{1.0}{9.81} \left(\frac{12}{6} \right)^2 \left(\frac{2.0}{6} \right)^3 = 1.5 \times 10^{-2}$$

由附录 B，查得 $\frac{m}{b} h_c = 2.2 \times 10^{-1}$，则 $h_c = 0.66$ m。

过水断面面积
$$A_c = (b + m h_c) h_c = (6.0 + 2.0 \times 0.66) \times 0.66 = 4.83(\text{m}^2)$$

湿周
$$\chi_c = b + 2 h_c \sqrt{1 + m^2} = 6.0 + 2 \times 0.66 \sqrt{1 + 4} = 8.95(\text{m})$$

水面宽度
$$B_c = \frac{2 A_c - b h_c}{h_c} = \frac{2 \times 4.83 - 6.0 \times 0.66}{0.66} = 8.64(\text{m})$$

水力半径
$$R_c = \frac{A_c}{\chi_c} = \frac{4.83}{8.95} = 0.54(\text{m})$$

谢才系数
$$C_c = \frac{1}{n} R_c^{\frac{1}{6}} = 40.11(\text{m}^{0.5}/\text{s})$$

由临界底坡公式得
$$i_c = \frac{g \chi_c}{\alpha C_c^2 B_c} = \frac{9.81 \times 8.95}{1.0 \times 40.11^2 \times 8.64} = 0.006\,31$$

8.6 平底矩形断面渠道中发生水跃时，其流速 $v_1 = 15$ m/s，跃前水深 $h_1 = 0.3$ m。求：（1）水跃跃后水深 h_2 和流速 v_2；（2）水跃的能量损失 ΔE；（3）水跃高度（$a =$

$h_2 - h_1$)。

解:(1)水跃跃后水深和流速

首先求出跃前断面的弗劳德数

$$Fr_1 = \frac{v_1}{\sqrt{gh_1}} = \frac{15}{\sqrt{9.81 \times 0.3}} = 8.74$$

根据矩形断面共轭水深公式得跃后水深

$$h_2 = \frac{h_1}{2}(\sqrt{1 + 8Fr_1^2} - 1) = 3.56(\text{m})$$

从而可求出跃后流速

$$v_2 = \frac{q}{h_2} = \frac{v_1 h_1}{h_2} = 1.26(\text{m/s})$$

(2)水跃的能量损失

$$\Delta E = \frac{(h_2 - h_1)^3}{4h_1 h_2} = \frac{(3.56 - 0.3)^3}{4 \times 3.56 \times 0.3} = 8.11(\text{m})$$

(3)水跃高度

$$a = h_2 - h_1 = 3.56 - 0.3 = 3.26(\text{m})$$

8.7 试绘制图中所示的棱柱体渠道中可能出现的水面曲线,并注明曲线类型。(渠道每段均充分长)

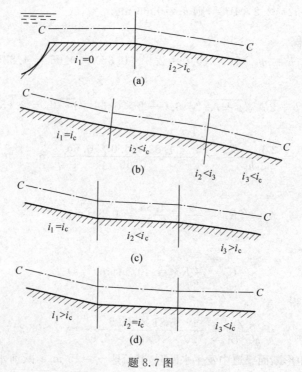

题 8.7 图

解：答案如题解 8.7 所示。

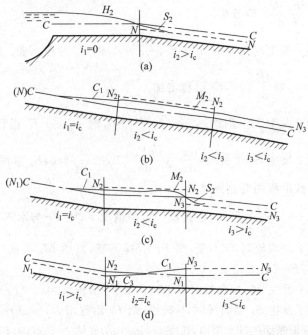

题解 8.7 图

8.8 有一由三段底坡组成的棱柱体渠道，如图所示，每一段均充分长，粗糙度相同。要求：(1)绘制可能出现的水面曲线，并注明曲线类型；(2)说明每一段水流的断面单位能量 E_s 沿程变化规律；(3)说明每一段水流的弗劳德数沿程变化规律及其数值范围。

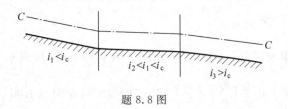

题 8.8 图

解 （1）绘制水面曲线如题解 8.8 图所示。

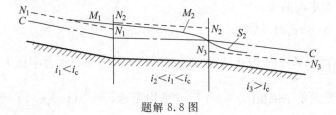

题解 8.8 图

（2）断面单位能量沿程变化规律

根据 $\dfrac{\mathrm{d}E_s}{\mathrm{d}s}=\dfrac{\mathrm{d}E_s}{\mathrm{d}h}\dfrac{\mathrm{d}h}{\mathrm{d}s}$ 进行分析。

第一段渠道：发生均匀流时，h 不变，$\dfrac{\mathrm{d}E_s}{\mathrm{d}h}=0$，则 E_s 沿程不变；发生 M_1 型曲线时，$\dfrac{\mathrm{d}h}{\mathrm{d}s}>0$，$\dfrac{\mathrm{d}E_s}{\mathrm{d}h}>0$，则 $\dfrac{\mathrm{d}E_s}{\mathrm{d}s}>0$，$E_s$ 沿程增加。

第二段渠道：发生 M_2 型曲线，$\dfrac{\mathrm{d}h}{\mathrm{d}s}<0$，$\dfrac{\mathrm{d}E_s}{\mathrm{d}h}>0$，则 $\dfrac{\mathrm{d}E_s}{\mathrm{d}s}<0$，$E_s$ 沿程减小。

第三段渠道：发生 S_2 型曲线，$\dfrac{\mathrm{d}h}{\mathrm{d}s}<0$，$\dfrac{\mathrm{d}E_s}{\mathrm{d}h}<0$，则 $\dfrac{\mathrm{d}E_s}{\mathrm{d}s}>0$，$E_s$ 沿程增加。

（3）弗劳德数沿程的变化规律

由 $Fr=\dfrac{v}{\sqrt{gh}}=\dfrac{Q}{\sqrt{gh}\,A}$ 可知，在流量一定的情况下，则 Fr 与水深 h 成反比。

第一段渠道：均匀流时，h 不变，则 Fr 沿程不变，发生 M_1 型曲线时，h 增加，则 Fr 沿程减小，$0<Fr<1$。

第二段渠道：发生 M_2 型曲线时，h 减小，则 Fr 沿程增大，$0<Fr<1$。

第三段渠道：发生 S_2 型曲线时，h 减小，则 Fr 沿程增大，$1<Fr<+\infty$。

8.9　有一梯形断面的排水渠道，长度 $l=5800$ m，底坡 $i=0.0003$，粗糙度 $n=0.025$，底宽 $b=10$ m，边坡系数 $m=1.5$。渠道末端设置一水闸，当过闸流量 $Q=40$ m³/s 时，闸前水深 $h_2=4.0$ m。试用分段法计算渠道中水深 $h_1=3.0$ m 处离水闸的距离。

解：利用分段法求解。

分段法的公式

$$\Delta s=\frac{\Delta E_s}{i-\overline{J}}=\frac{\left(h_2+\dfrac{\alpha_2 v_2^2}{2g}\right)-\left(h_1+\dfrac{\alpha_1 v_1^2}{2g}\right)}{i-\overline{J}}$$

判别水面线类型

求均匀流水深 h_0：由 $\dfrac{b^{2.67}}{nK_0}=7.95$，查附录 A 得 $\dfrac{h_0}{b}=0.27$，则 $h_0=2.7$ m。

求临界水深 h_c：由 $\dfrac{\alpha}{g}\left(\dfrac{Q}{b}\right)^2\left(\dfrac{m}{b}\right)^3=5.51\times10^{-3}$，查附录 B 得 $\dfrac{m}{b}h_c=1.7\times10^{-1}$，则 $h_c=1.13$ m。

因为 $h_0>h_c$，渠道底坡为缓坡，又因渠道末端水深 $h=4$ m$>h_0=2.7$ m，所以渠道中发生 M_1 型水面曲线。

计算 $\sum\Delta s$ 公式列出如下：

过水断面面积 $A=(b+mh)h$，湿周 $\chi=b+2h\sqrt{1+m^2}$，水力半径 $R=\dfrac{A}{\chi}$，谢才系数 $C=\dfrac{1}{n}R^{\frac{1}{6}}$，断面单位能量 $E_s=h+\dfrac{\alpha v^2}{2g}$，平均流速 $\overline{v}=\dfrac{1}{2}(v_i+v_{i+1})$，平均水力半径

$\overline{R}=\dfrac{1}{2}(R_i+R_{i+1})$，平均谢才系数 $\overline{C}=\dfrac{1}{2}(C_i+C_{i+1})$，平均水力坡度 $\overline{J}=\dfrac{\overline{v}^2}{\overline{C}^2\overline{R}}$。

列表计算如下：

断面	h/m	A/m^2	χ/m	R/m	$R^{\frac{1}{6}}$	$C/(\mathrm{m}^{0.5}/\mathrm{s})$	$v/(\mathrm{m/s})$	$\dfrac{\alpha v^2}{2g}\Big/\mathrm{m}$	E_s/m
(1)	(2)	(3)	(4)	(5)	(6)	(7)	(8)	(9)	(10)
1	4.0	64.0	24.44	2.62	1.17	46.8	0.63	0.02	4.02
2	3.8	59.66	23.72	2.52	1.17	46.8	0.67	0.02	3.82
3	3.6	55.44	22.99	2.41	1.16	46.4	0.72	0.03	3.63
4	3.4	51.34	22.27	2.31	1.15	46.0	0.78	0.03	3.43
5	3.2	47.36	21.55	2.19	1.14	45.6	0.84	0.04	3.24
6	3.0	43.5	20.83	2.09	1.13	45.2	0.92	0.04	3.04

断面	$\Delta E_s/\mathrm{m}$	$\overline{v}/(\mathrm{m/s})$	$\overline{R}/\mathrm{m}$	$\overline{C}/(\mathrm{m}^{0.5}/\mathrm{s})$	$\overline{J}$	$i-\overline{J}$	$\Delta s/\mathrm{m}$	$\sum\Delta s/\mathrm{m}$
	(11)	(12)	(13)	(14)	(15)	(16)	(17)	(18)
1								
2	0.2	0.65	2.57	46.8	7.51×10^{-3}	2.25×10^{-4}	888	888
3	0.19	0.70	2.47	46.6	9.14×10^{-3}	2.69×10^{-4}	909	1797
4	0.2	0.75	2.36	46.2	1.12×10^{-4}	1.89×10^{-4}	1064	2861
5	0.19	0.81	2.25	45.8	1.39×10^{-4}	1.61×10^{-4}	1180	4041
6	0.2	0.88	2.14	45.4	1.76×10^{-4}	1.24×10^{-4}	1613	5654

故水深为 $h_1=3.0$ m 处离水闸的距离 $\sum\Delta s=5654$ m。

8.10 有一混凝土梯形断面的溢洪道，底坡 $i=0.06$，粗糙度 $n=0.014$，长度 $l=135$ m，底宽 $b=2.0$ m，边坡系数 $m=1.0$，进口处水深为临界水深。当泄洪流量 $Q=32$ m³/s 时，试计算溢洪道的水面曲线。

解：利用分段法计算。

(1) 判断水面曲线类型

求正常水深 h_0：由 $\dfrac{b^{2.67}}{nK_0}=3.47$，由附录 A 查出 $\dfrac{h_0}{b}=0.46$，则 $h_0=0.92$ m。

求临界水深 h_c：由 $\dfrac{\alpha}{g}\left(\dfrac{Q}{b}\right)^2\left(\dfrac{m}{b}\right)^3=3.27$，由附录 B 查得 $\dfrac{m}{b}h_c=1.06$，则 $h_c=2.12$ m。

因为 $h_c>h_0$，该溢洪道属陡坡，控制水深为临界水深 $h_c=2.12$ m，所以水面曲线为 S_2 型曲线。

(2) 计算 $\sum\Delta s$

计算结果见下表：

断面	h/m	A/m²	χ/m	R/m	$R^{\frac{1}{6}}$	C /(m^{0.5}/s)	v/(m/s)	$\dfrac{\alpha v^2}{2g}$/m	E_s/m
(1)	(2)	(3)	(4)	(5)	(6)	(7)	(8)	(9)	(10)
1	2.12	8.73	7.99	1.09	1.01	72.46	3.67	0.69	2.81
2	1.80	6.84	8.48	0.81	0.97	68.96	4.68	1.12	2.92
3	1.50	5.25	6.24	0.84	0.97	69.40	6.09	1.89	3.39
4	1.20	3.84	5.39	0.71	0.94	67.14	8.33	3.54	4.74
5	0.95	2.80	3.80	0.74	0.95	67.86	11.43	6.67	7.62

断面	ΔE_s/m	$\bar{v}$/(m/s)	$\bar{R}$/m	$\bar{C}$/(m^{0.5}/s)	$\bar{J}$	$i-\bar{J}$	Δs/m	$\sum \Delta s$/m
	(11)	(12)	(13)	(14)	(15)	(16)	(17)	(18)
1								
2	0.11	4.18	0.95	70.71	3.7×10^{-3}	5.63×10^{-2}	1.95	1.95
3	0.47	5.39	0.83	69.18	7.3×10^{-3}	5.3×10^{-2}	8.87	10.82
4	1.35	7.21	0.78	68.27	1.4×10^{-2}	4.6×10^{-2}	29.35	40.17
5	2.88	9.88	0.73	67.50	2.9×10^{-2}	3.1×10^{-2}	92.9	133.07

泄洪道的水面曲线见题解 8.10 图。

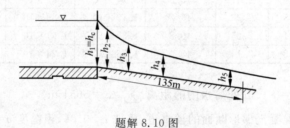

题解 8.10 图

补充题及解答

8.1　某梯形断面明渠中发生均匀流,已知底宽 $b=3.0$ m,水深 $h_0=0.8$ m,边坡系数 $m=1.5$,粗糙度 $n=0.03$,底坡 $i=0.0005$,水温 20℃。(相应的运动黏度 $\nu=1.007\times10^{-6}$ m²/s)

判断:(1)水流为紊流还是层流;(2)水流是急流还是缓流。

解:(1)$A=(b+mh_0)h_0=(3+1.5\times0.8)\times0.8=3.36(\text{m}^2)$

$$\chi=b+2h_0\sqrt{1+m^2}=3+2\times0.8\times\sqrt{1+1.5^2}=5.884(\text{m})$$

$$R=A/\chi=\frac{3.36}{5.884}=0.571(\text{m})$$

$$C = \frac{1}{n}R^{1/6} = \frac{1}{0.03} \times 0.571^{1/6} = 30.361 (\text{m}^{0.5}/\text{s})$$

$$v = C\sqrt{Ri} = 30.361 \times \sqrt{0.571 \times 0.0005} = 0.513(\text{m/s})$$

$$Re = \frac{vR}{\nu} = \frac{0.513 \times 0.571}{1.007 \times 10^{-6}} = 2.90887 \times 10^5 > 500$$

所以渠中水流为紊流。

（2）水面宽度

$$B = 2mh_0 + b = 2 \times 1.5 \times 0.8 + 3 = 5.4(\text{m})$$

$$\bar{h} = \frac{A}{B} = \frac{3.36}{5.4} = 0.622(\text{m})$$

波速

$$c = \sqrt{g\bar{h}} = \sqrt{9.81 \times 0.622} = 2.47(\text{m/s})$$

$c > v$，由波速判别法知渠中水流为缓流。

8.2 某梯形断面排水土渠，已知底宽 $b = 1.5$ m，边坡系数 $m = 1.25$，粗糙度 $n = 0.025$，正常水深 $h_0 = 0.85$ m，设计流量 $Q = 1.6$ m³/s，试求排水渠的底坡和流速；当此渠道的临界底坡 $i_c = 0.00091$ 时，试判断该渠道的水流是急流还是缓流。

解：

$$A = (b + mh_0)h_0 = (1.5 + 1.25 \times 0.85) \times 0.85 = 2.178(\text{m}^2)$$

$$\chi = b + 2h_0\sqrt{1 + m^2} = 1.5 + 2 \times 0.85 \times \sqrt{1 + 1.25^2} = 4.221(\text{m})$$

$$R = A/\chi = \frac{2.178}{4.221} = 0.516(\text{m})$$

$$C = \frac{1}{n}R^{1/6} = \frac{1}{0.025} \times 0.516^{1/6} = 35.824(\text{m}^{0.5}/\text{s})$$

由谢才公式 $Q = CA\sqrt{Ri}$ 得

$$i = \frac{Q^2}{C^2A^2R} = \frac{1.6^2}{35.824^2 \times 2.178^2 \times 0.516} = 8.15 \times 10^{-4}$$

$$v = \frac{Q}{A} = \frac{1.6}{2.178} = 0.735(\text{m/s})$$

由于 $i = 8.15 \times 10^{-4} < i_c$，所以为缓坡，缓坡上发生的均匀流为缓流。

8.3 一矩形宽浅渠道由三段充分长直的渠段组成，三段渠段的底坡依次为缓坡、陡坡和缓坡，如图所示。若已知在第一、第二渠段衔接处水深为 3 m，第二、第三渠段衔接处水深为 2 m，第三渠段的末端水深为 5 m，动能校正系数 $\alpha = 1$。试问：（1）通过渠道的单宽流量为多少？（2）渠道内是否有水跃发生？若有，请确定水跃发生的位置。（3）绘制水面线。

解：（1）求通过渠道的单宽流量

分析水面线，由第一渠段的缓坡过渡到第二渠段的陡坡，水面会出现水跌，因此在第一、第二渠段衔接处的水面线要经过临界水深线，所以渠道的临界水深 $h_c = 3$ m。

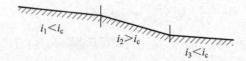

补充题 8.3 图

对矩形渠道有

$$h_c = \sqrt[3]{\frac{\alpha q^2}{g}}$$

所以渠道的单宽流量

$$q = \sqrt{g \times h_c^3} = \sqrt{9.81 \times 3^3} = 16.275 (\mathrm{m}^2/\mathrm{s})$$

（2）判别是否有水跃发生，并确定其位置

由第二渠段的陡坡过渡到第三渠段的缓坡，会出现水跃，假定以第三渠段的末端水深为跃后水深 $h_2 = 5.0$ m，其对应的流速

$$v_2 = \frac{q}{h_2} = \frac{16.275}{5} = 3.255 (\mathrm{m}/\mathrm{s})$$

$$Fr_2 = \frac{v_2}{\sqrt{gh_2}} = \frac{3.255}{\sqrt{9.81 \times 5}} = 0.4648$$

对应的跃前水深可由水跃方程求解：

$$h_1 = \frac{h_2}{2}\left(\sqrt{1+8Fr_2^2}-1\right) = \frac{5}{2}\left(\sqrt{1+8 \times 0.4648^2}-1\right) = 1.629 (\mathrm{m})$$

$h_1 < 2.0$ m，所以水跃发生在第二段。

（3）绘制水面曲线

所绘水面曲线见补充题解 8.3 图。

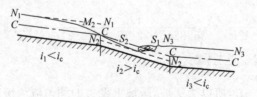

补充题解 8.3 图

8.4　有一矩形断面的棱柱形渠道，底宽 $b = 4$ m，渠道在中间变更底坡。实测上段正常水深 $h_{01} = 2$ m，下段正常水深 $h_{02} = 0.5$ m，底坡 $i_2 = 0.04$。试判断两段渠道的底坡是陡坡还是缓坡，分析并绘出两段渠道上产生的水面曲线。（计算时取粗糙度 $n = 0.014$）

解：（1）判断渠道底坡

$$A_2 = bh_{02} = 4 \times 0.5 = 2.0 (\mathrm{m}^2)$$

$$\chi_2 = b + 2h_{02} = 4 + 2 \times 0.5 = 5(\text{m})$$

$$R_2 = A_2 / \chi_2 = \frac{2}{5} = 0.4(\text{m})$$

$$C_2 = \frac{1}{n}R_2^{1/6} = \frac{1}{0.014} \times 0.4^{1/6} = 61.312(\text{m}^{0.5}/\text{s})$$

$$Q = C_2 A_2 \sqrt{R_2 i} = 61.312 \times 2.0 \times \sqrt{0.4 \times 0.04} = 15.511(\text{m}^3/\text{s})$$

$$q = \frac{Q}{b} = \frac{15.511}{4} = 3.878(\text{m}^2/\text{s})$$

$$h_c = \sqrt[3]{\frac{\alpha q^2}{g}} = \sqrt[3]{\frac{1 \times 3.878^2}{9.81}} = 1.153(\text{m})$$

上段正常水深 $h_{01} > h_c$,为缓坡;

下段正常水深 $h_{02} < h_c$,为陡坡。

(2) 绘制水面曲线

所绘水面曲线见补充题解 8.4 图。

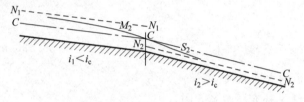

补充题解 8.4 图

8.5 有一矩形断面渠道,至湖中引水。已知渠道宽度 $b=4.0$ m,渠道进口处底部高程 $\nabla_1 = 100$ m,湖中水面高程 $\nabla_2 = 103$ m,底坡情况如图所示,求:(1)渠道进口水深为多少?(2)渠道中流量为多少?(3)绘出该渠道可能出现的水面曲线。(渠道每一段都充分长,粗糙度不变。)

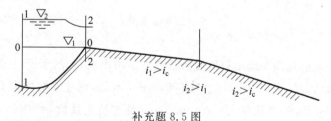

补充题 8.5 图

解:(1)求渠道进口水深

对 1—1 和 2—2 断面列能量方程,并取 $\alpha_1 = \alpha_2 = 1.0$,不计水头损失,可得

$$\nabla_2 - \nabla_1 = h + \frac{\alpha v^2}{2g}$$

由湖中引水至渠道的入口处的水深为临界水深 h_c,有

$$\nabla_2 - \nabla_1 = h_c + \frac{\alpha v_c^2}{2g}$$

对矩形断面渠道临界流有

$$E_{smin} = h_c + \frac{\alpha v_c^2}{2g} = \frac{3}{2}h_c$$

所以

$$H = \frac{3}{2}h_c$$

$$h_c = \frac{2}{3} \times (\nabla_2 - \nabla_1) = \frac{2}{3} \times (103 - 100) = 2.0(\text{m})$$

（2）求渠道的流量

由 $h_c = \sqrt[3]{\frac{\alpha q^2}{g}}$，有

$$q = \sqrt{\frac{g}{\alpha}} h_c^{3/2}$$

取 $\alpha = 1$，则

$$Q = bq = b \times \sqrt{\frac{g}{\alpha}} h_c^{3/2} = 4 \times \sqrt{9.81} \times 2^{3/2} = 35.436(\text{m}^3/\text{s})$$

（3）绘制渠道的水面曲线

所绘水面曲线见补充题解8.5图。

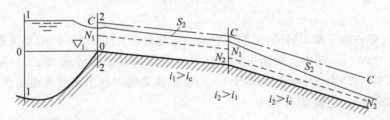

补充题解 8.5 图

8.6 有一矩形宽浅渠道由三段充分长直的渠段组成，如图所示，三段渠段的底坡从上游到下游分别为 $i_1 = 0.0015$，$i_2 = 0.006$，$i_3 = 0.0012$，谢才系数均为 $C = 65$ m$^{0.5}$/s，渠道宽度 $b = 100$ m，通过流量 $Q = 200$ m^3/s。（动能校正系数 $\alpha = 1$）

（1）试确定第一、第二渠段交接处以及第二、第三渠段交接处的水深，并说明原因。

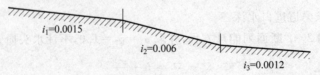

补充题 8.6 图

（2）定性绘制出明渠的水面曲线。

解：（1）确定两个坡度转折处的水深

$$q = \frac{Q}{b} = \frac{200}{100} = 2 (\text{m}^2/\text{s})，\quad h_c = \sqrt[3]{\frac{\alpha q^2}{g}} = \sqrt[3]{\frac{1 \times 2^2}{9.81}} = 0.742 (\text{m})$$

对矩形断面宽浅渠道，$b \gg h_0$，有

$$A_0 = bh_0，\quad \chi_0 = b + 2h_0 \approx b，\quad R_0 = \frac{A_0}{\chi_0} = \frac{bh_0}{b} = h_0$$

由谢才公式 $Q = C_0 A_0 \sqrt{R_0 i}$，有 $q = C_0 h_0 \sqrt{h_0 i}$，得 $h_0 = \sqrt[3]{\frac{q^2}{C^2 i}}$。

$$h_{01} = \sqrt[3]{\frac{q^2}{C^2 i_1}} = \sqrt[3]{\frac{2^2}{65^2 \times 0.0015}} = 0.858 (\text{m}) > h_c$$

$$h_{02} = \sqrt[3]{\frac{q^2}{C^2 i_2}} = \sqrt[3]{\frac{2^2}{65^2 \times 0.006}} = 0.54 (\text{m}) < h_c$$

$$h_{03} = \sqrt[3]{\frac{q^2}{C^2 i_3}} = \sqrt[3]{\frac{2^2}{65^2 \times 0.0012}} = 0.924 (\text{m}) > h_c$$

由此可得第一渠段为缓坡，第二渠段为陡坡，第三渠段为缓坡。

水流由第一渠段流入第二渠段为缓流过渡到急流，会出现水跌，因此在第一、第二渠段交接处的水深为临界水深 h_c，即为 0.742 m。

水流由第二渠段流入第三渠段为急流过渡到缓流，将会发生水跃。

假设跃前水深为第二渠段的正常水深 0.54 m，则根据矩形断面共轭水深关系得到其对应的跃后水深

$$h = \frac{h_{02}}{2}\left(\sqrt{1 + 8Fr_1^2} - 1\right) = \frac{h_{02}}{2}\left(\sqrt{1 + 8\frac{(q/h_{02})^2}{gh_{02}}} - 1\right)$$

$$= \frac{0.54}{2}\left(\sqrt{1 + 8 \times \frac{(2/0.54)^2}{9.81 \times 0.54}} - 1\right) = 0.988 (\text{m})$$

因为 $h > h_{03}$，所以发生远离水跃，水跃发生在第三段，因此在第二、第三渠段交接处的水深为 h_{02}，即为 0.54 m。

（2）绘制水面曲线

所绘水面曲线见补充题解 8.6 图。

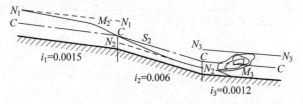

补充题解 8.6 图

8.7　一矩形断面明渠中产生均匀水流如图所示,已知明渠底面与水平面之间的夹角为 $\alpha = 25°$,铅垂水深 $y = 0.25$ m,单宽流量 $q = 4.0$ m^2/s。试求:(1)渠底上的动水压强;(2)试导出该矩形断面明渠临界水深的公式,并根据已知条件计算临界水深;(3)计算所给水流的弗劳德数。

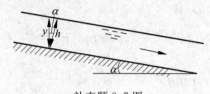

补充题 8.7 图

解:(1)求渠底上的动水压强

设各过水断面水深为 h,因水流为均匀流,过水断面上的动水压强可按静水压强计算:

$$p \mid_{y=0} = \rho g h \cos\alpha = \rho g y \cos^2\alpha = 9810 \times 0.25 \times \cos^2 25° = 2014.47 (\text{N/m}^2)$$

(2)导出临界水深公式,并计算临界水深

因水流为均匀流,各过水断面的断面单位能量相等,为

$$E_s = h\cos\alpha + \frac{\alpha q^2}{2gh^2}$$

由断面单位能量曲线可知,对应于断面单位能量取最小值的水深为临界水深,故令 $\dfrac{\mathrm{d}E_s}{\mathrm{d}h} = 0$,这样可得

$$\frac{\mathrm{d}E_s}{\mathrm{d}h} = \cos\alpha - \frac{\alpha q^2}{gh_c^3} = 0$$

由此式可得

$$h_c = \sqrt[3]{\frac{\alpha q^2}{g\cos\alpha}} = \sqrt[3]{\frac{1 \times 4^2}{9.81 \times \cos 25°}} = 1.22 (\text{m})$$

(3)计算弗劳德数

$$Fr = \frac{v}{\sqrt{gh\cos\alpha}} = \frac{q}{y\cos\alpha \sqrt{gy\cos^2\alpha}}$$

$$= \frac{4}{0.25 \times 0.906 \times \sqrt{9.81 \times 0.25 \times 0.821}} = 12.46$$

第9章 Chapter

堰流和闸孔出流

内容提要

在水利工程中,为了考虑防洪、灌溉、发电等综合要求,常兴建溢流坝和水闸以控制和调节流量。水力学中,把顶部溢流的泄水建筑物称为堰。过堰的水流,当没有受到闸门控制时为堰流。当过堰的水流受到闸门控制时为闸孔出流,简称孔流。本章主要讨论堰流和孔流的计算。

9.1　堰流的特点及分类

堰流是指水流经过泄水建筑物时发生水面连续且光滑的跌落现象。如水流经过溢流坝顶、桥孔、无压隧洞进口等处的水流现象均属堰流。堰流的特点是:①水流在重力作用下由势能转化为动能;②属于急变流,计算中只考虑局部水头损失;③属于控制建筑物,用于控制水位和流量。

按堰壁厚度 δ 与堰上水头 H 之比 $\dfrac{\delta}{H}$,将堰分为三类:

$$\frac{\delta}{H} < 0.67, \quad 薄壁堰$$

$$0.67 < \frac{\delta}{H} < 2.5, \quad 实用堰$$

$$2.5 < \frac{\delta}{H} < 10, \quad 宽顶堰$$

9.2　堰流的基本公式

堰流的基本计算公式为

$$Q = m\varepsilon\sigma B \sqrt{2g}H_0^{\frac{3}{2}} \tag{9.1}$$

式中，m 为堰的流量系数；ε 为侧收缩系数；σ 为淹没系数；B 为堰宽；H_0 为堰上总水头；Q 为过堰流量。

9.3　薄　壁　堰

1. 流量系数

薄壁堰计算中，用堰上水头 H 代替总水头 H_0，而将 $\dfrac{\alpha v_0^2}{2g}$ 的影响并入流量系数中考虑，于是式（9.1）改写为

$$Q = m_0 \varepsilon \sigma B \sqrt{2g} H^{\frac{3}{2}} \qquad (9.2)$$

式中，m_0 为包括行近流速水头影响在内的流量系数。

流量系数 m_0 可以用巴辛公式计算，此时侧收缩系数已计入其中：

$$m_0 = \left(0.045 + \frac{0.027}{H} - 0.03\frac{B_0 - B}{B_0}\right)\left[1 + 0.55\left(\frac{H}{H+a}\right)^2\left(\frac{B}{B_0}\right)^2\right] \qquad (9.3)$$

式中，B_0 为渠宽；B 为堰宽。B_0 和 B 均以米计。上式已将薄壁堰侧收缩影响并入 m_0 中考虑。

2. 淹没系数

当下游水位影响堰的泄流量时为淹没出流，薄壁堰发生淹没出流的条件是：①下游水位高于堰顶；②堰下游发生淹没水跃。同时满足以上两个条件时，则发生淹没出流，要考虑淹没系数，其计算式为

$$\sigma = 1.05\left(1 + 0.2\frac{h_s}{a_1}\right)\sqrt[3]{\frac{z}{H}} \qquad (9.4)$$

式中，h_s 为下游水位高于堰顶的数值；a_1 为下游堰高；z 为上、下游水位差；H 为堰上水头。

9.4　实　用　堰

实用堰一般分为曲线型实用堰和折线型实用堰两种。曲线型实用堰常见的有 WES 型剖面、克-奥型剖面以及长研 I 型剖面；折线型实用堰常见的有矩形剖面和梯形剖面。

1. 流量系数

实用堰的流量系数 m 与堰高 a、总水头 H_0、设计水头 H_d 等有关；曲线型实用堰的流量关系随水头变化，其范围大致是 $0.42 \sim 0.50$。

2. 侧收缩系数

其计算公式为

$$\varepsilon = 1 - 0.2\left[(n-1)\zeta_0 + \zeta_k\right]\frac{H_0}{nb} \tag{9.5}$$

式中，n 为溢流孔数；b 为每孔宽度；ζ_0 为闸墩系数；ζ_k 为边墩系数。

3. 淹没系数

实用堰发生淹没出流的条件与薄壁堰相同。

据 WES 型实用堰的试验，淹没系数 σ 与下游堰高的相对值 $\frac{a_1}{H_0}$ 和反映淹没程度的 $\frac{h_s}{H_0}$ 值有关，可以直接查图 9.1。图中虚线为淹没系数 σ 的等值线，$\sigma=1$ 等值线右下方的区域为自由出流区。

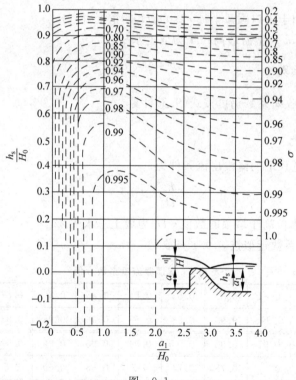

图 9.1

9.5　宽　顶　堰

1. 流量系数

宽顶堰流量系数 m 一般为 $0.32\sim0.385$。

直角形进口

$$m = 0.32 + 0.01\frac{3 - \dfrac{a}{H}}{0.46 + 0.75\dfrac{a}{H}} \tag{9.6}$$

圆弧形进口

$$m = 0.36 + 0.01\frac{3 - \dfrac{a}{H}}{1.2 + 1.5\dfrac{a}{H}} \tag{9.7}$$

式(9.7)适用于进口圆弧半径 $r \geqslant 0.2H_0$ 的情况。

以上两式中，a 为上游堰高；H 为堰上水头。

2. 侧收缩系数

宽顶堰的侧收缩系数仍可按式(9.5)计算。

3. 淹没系数

根据实验，宽顶堰的淹没出流条件为

$$\frac{h_s}{H_0} > 0.8 \tag{9.8}$$

式中，h_s 为下游水位高于堰顶的数值；H_0 为堰上总水头。

宽顶堰淹没系数近似按表 9.1 查取。

表 9.1　宽顶堰淹没系数 σ 值

h_s/H_0	0.8	0.81	0.82	0.83	0.84	0.85	0.86	0.87	0.88	0.89
σ	1	0.995	0.99	0.98	0.97	0.96	0.95	0.93	0.9	0.87
h_s/H_0	0.9	0.91	0.92	0.93	0.94	0.95	0.96	0.97	0.98	
σ	0.84	0.81	0.78	0.74	0.7	0.65	0.59	0.5	0.4	

9.6 闸 孔 出 流

闸孔出流与堰流密切相关,当闸门开启高度 e 大于某个数值时,闸门底缘不约束水流上缘,闸孔出流就转为堰流。

根据实验,宽顶堰和实用堰上形成堰流或孔流的界限为:

宽顶堰: $\dfrac{e}{H} > 0.65$ 为堰流; $\dfrac{e}{H} \leqslant 0.65$ 为孔流。

实用堰: $\dfrac{e}{H} > 0.75$ 为堰流; $\dfrac{e}{H} \leqslant 0.75$ 为孔流。

1. 宽顶堰上的闸孔出流

自由出流的公式为

$$Q = \mu_1 eB \sqrt{2gH_0} \tag{9.9}$$

式中,μ_1 为宽顶堰上闸孔的流量系数;e 为闸孔开度;B 为溢流宽度;H_0 为从闸底板算起的上游作用的总水头。

淹没出流的公式为

$$Q = \mu eB \sqrt{2g(H_0 - h_t)} \tag{9.10}$$

式中,μ 为宽顶堰上闸孔淹没出流的流量系数,一般由试验确定;h_t 为下游水深。

2. 实用堰上的闸孔出流

自由出流的公式为

$$Q = \mu_1 eB \sqrt{2gH_0} \tag{9.11}$$

式中,μ_1 为实用堰上闸孔的流量系数;e 为闸孔开度;B 为溢流宽度;H_0 为从实用堰顶算起的上游作用的总水头。

淹没出流的公式为

$$Q = \mu eB \sqrt{2g(H_0 - h_s)} \tag{9.12}$$

式中,μ 为实用堰上闸孔淹没出流的流量系数,一般由试验确定;h_s 为下游水位高于堰顶的数值。

习题及解答

9.1 有一无侧收缩矩形薄壁堰,上游堰高 $a = 0.8$ m,下游堰高 $a_1 = 1.2$ m,堰宽 $B = 1.0$ m,堰上水头 $H = 0.4$ m。求下游水深分别为 $h_t = 1.0$ m 和 $h_t = 1.4$ m 时通

过薄壁堰的流量。

解：当下游水深 $h_t = 1.0$ m，低于下游堰高 $a_1 = 1.2$ m 时是自由出流。

其流量公式为 $Q = m_0 B \sqrt{2g} H^{\frac{3}{2}}$，式中的流量系数 m_0 用雷保克公式计算：

$$m_0 = 0.4034 + 0.0534 \frac{H}{a} + \frac{1}{1610H - 4.5}$$

$$= 0.4034 + 0.0534 \frac{0.4}{0.8} + \frac{1}{1610 \times 0.4 - 4.5} = 0.432$$

则

$$Q = m_0 B \sqrt{2g} H^{\frac{3}{2}} = 0.432 \times 1.0 \sqrt{2 \times 9.81} \times 0.4^{1.5} = 0.484 (\text{m}^3/\text{s})$$

当下游水深 $h_t = 1.4$ m 时，需判别是否是淹没出流。

因为 $\dfrac{H}{a_1} = \dfrac{0.4}{1.2} = 0.33$，查得 $\left(\dfrac{z}{a_1}\right)_c = 0.77$，而 $\dfrac{z}{a_1} = \dfrac{0.2}{1.2} = 0.17 < \left(\dfrac{z}{a_1}\right)_c$，故为淹没出流。求出淹没系数

$$\sigma = 1.05 \left(1 + 0.2 \frac{h_s}{a_1}\right) \sqrt[3]{\frac{z}{H}} = 1.05 \left(1 + 0.2 \frac{0.2}{1.2}\right) \sqrt[3]{\frac{0.2}{0.4}} = 0.857$$

则流量

$$Q = \sigma m_0 B \sqrt{2g} H^{\frac{3}{2}} = 0.857 \times 0.432 \times 1.0 \sqrt{2 \times 9.81} \times 0.4^{1.5} = 0.415 (\text{m}^3/\text{s})$$

9.2　有一矩形薄壁堰，上、下游堰高 $a = a_1 = 1.0$ m，堰宽 $B = 0.8$ m，上游渠宽 $B_0 = 2.0$ m，堰上水头 $H = 0.5$ m，下游水深 $h_t = 0.8$ m，求流量。

解：此题是有侧向收缩的矩形堰，又因为 $h_t = 0.8$ m $< a = 1.0$ m，属自由出流。其流量系数应考虑侧收缩的影响在内的公式计算：

$$m_0 = \left(0.405 + \frac{0.0027}{H} - 0.03 \frac{B_0 - B}{B_0}\right) \left[1 + 0.55 \left(\frac{H}{H + a}\right)^2 \left(\frac{B}{B_0}\right)^2\right]$$

$$= \left(0.405 + \frac{0.0027}{0.5} - 0.03 \times \frac{1.2}{2.0}\right) \left[1 + 0.55 \left(\frac{0.5}{1.5}\right)^2 \left(\frac{0.8}{2.0}\right)^2\right]$$

$$= 0.392 \times 1.01 = 0.396$$

则流量

$$Q = m_0 B \sqrt{2g} H^{\frac{3}{2}} = 0.396 \times 0.8 \times \sqrt{19.62} \times 0.5^{1.5} = 0.496 (\text{m}^3/\text{s})$$

9.3　在矩形断面平底明渠中设计一无侧收缩矩形薄壁堰，已知薄壁堰最大流量 $Q = 250$ L/s，相应的下游水深 $h_t = 0.45$ m。为了保证堰流为自由出流，堰顶高于下游水面不应小于 0.1 m。明渠边墙高为 1.0 m，边墙墙顶高于上游水面不应小于 0.1 m。试设计薄壁堰的高度 a 和宽度 B。

解：薄壁堰的高度

$$a = h_t + 0.1 = 0.45 + 0.1 = 0.55 (\text{m})$$

堰上水头

$$H = 1 - a - 0.1 = 1 - 0.55 - 1 = 0.35 (\text{m})$$

流量系数

$$m_0 = 0.4034 + 0.0534 \frac{H}{a} + \frac{1}{1610H - 4.5}$$

$$= 0.4034 + 0.0534 \times \frac{0.35}{0.55} + \frac{1}{1610 \times 0.35 - 4.5} = 0.439$$

则堰宽

$$B = \frac{Q}{m_0 \sqrt{2g} H^{1.5}} = \frac{0.25}{0.439 \times 4.429 \times 0.207} = 0.621 (\mathrm{m})$$

9.4 有一三角形薄壁堰,堰口夹角 $\theta = 90°$,夹角顶点高程为 0.6 m,溢流时上游水位为 0.82 m,下游水位为 0.4 m。求流量。

解:利用汤普森(Thompson)公式得

$$Q = 1.4 H^{2.5} = 1.4 \times 0.22^{2.5} = 0.032 (\mathrm{m^3/s})$$

9.5 有一宽顶堰,堰顶厚度 $\delta = 16.0$ m,堰上水头 $H = 2.0$ m,如上、下游水位及堰高均不变,问当 δ 分别减小至 8.0 m 及 4.0 m 时,是否还属于宽顶堰?

答:因为其他条件不变时,水头 $H = 2.0$ m,则宽顶堰范围就确定为 5.0 m < δ < 20 m。当 δ 减小至 8.0 m 时,δ 仍在宽顶堰的范围内,属于宽顶堰。而 δ 减小到 4.0 m 时就不在宽顶堰的范围内,而属于实用堰。

9.6 图示三个实用堰。它们的堰型、堰上水头 H、上游堰高 a、堰宽 B 及上游条件均相同,而下游堰高 a_1 及下游水深 h_1 不同,试判别它们的流量是否相等,并说明理由。

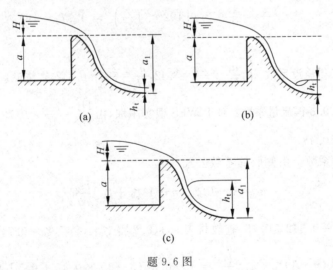

题 9.6 图

解:因为三个实用堰堰上水头 H、上游堰高 a、堰宽 B 及上游条件均相同,所以流量系数相同,而下游水深只有高过堰顶,并产生淹没水跃时才影响过堰流量。所以 (a)、(b)、(c) 三个实用堰泄流量相同。

9.7   某水库的溢洪道采用堰顶上游为三圆弧段的 WES 型实用堰剖面,如图所示。堰顶高程为 340.0 m,上、下游河床高程均为 315.0 m,设计水头 $H_d = 10.0$ m。溢洪道共 5 孔,每孔宽度 $b = 10.0$ m,闸墩墩头形状为半圆形,边墩为圆弧形。求当水库水位为 347.3 m,下游水位为 342.5 m 时,通过溢洪道的流量。设上游水库断面面积很大,行近流速 $v_0 \approx 0$。

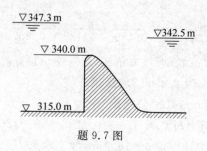

题 9.7 图

解:求流量系数和淹没系数。首先判别是否淹没出流,判别条件是

$$\frac{z}{a_1} < \left(\frac{z}{a_1}\right)_c$$

堰上水头 $H = 347.3 - 340.0 = 7.3$(m),堰高 $a = a_1 = 340 - 315 = 25$(m),由 $\dfrac{H}{a_1}$ 查教材图 9.5 得出 $\left(\dfrac{z}{a_1}\right)_c = 0.77$,而上、下游水位差 $z = 347.3 - 342.5 = 4.8$(m),这样

$$\frac{z}{a_1} = \frac{4.8}{25} = 0.192 < \left(\frac{z}{a_1}\right)_c = 0.77$$

故属淹没出流。

查图(9.1)得淹没系数:由 $\dfrac{a_1}{H_0} = \dfrac{25}{7.3} = 3.42$,$\dfrac{h_s}{H_0} = \dfrac{2.5}{7.3} = 0.342$,查淹没系数 $\sigma = 0.985$。

查教材图 9.8 得流量系数:对于 WES 型实用堰,由 $\dfrac{H_0}{H_d} = \dfrac{7.3}{10} = 0.73$ 和 $\dfrac{a}{H} = \dfrac{25}{7.3} = 3.42$ 查得 $m = 0.48$。

求侧收缩系数。由侧收缩系数公式

$$\varepsilon = 1 - 0.2\left[(n-1)\zeta_0 + \zeta_k\right]\frac{H_0}{nb}$$

根据 $\dfrac{h_s}{H_0} = \dfrac{2.5}{7.3} = 0.342 \leqslant 0.75$,查教材表 9.1、9.2 得 $\zeta_0 = 0.45$,$\zeta_k = 0.7$,代入上式得

$$\varepsilon = 1 - 0.2\left[(n-1)\zeta_0 + \zeta_k\right]\frac{H_0}{nb} = 1 - 0.2\left[(5-1)\times 0.45 + 0.7\right]\frac{7.3}{50} = 0.927$$

则流量

$$Q = \sigma m \varepsilon B \sqrt{2g}\, H_0^{\frac{3}{2}} = 0.985 \times 0.48 \times 0.927 \times 50 \sqrt{19.62} \times 7.3^{1.5}$$
$$= 1915\,(\text{m}^3/\text{s})$$

9.8 为了灌溉需要,在某河修建溢流坝一座。溢流坝采用堰顶上游为三圆弧段的 WES 型实用堰剖面。每孔边墩为圆弧形,闸墩为半圆形,坝的设计洪水流量为 $100\ \mathrm{m^3/s}$。相应的上、下游设计洪水位分别为 $50.7\ \mathrm{m}$ 和 $48.1\ \mathrm{m}$,坝址处上、下游河床高程均为 $38.5\ \mathrm{m}$,坝前河道过水断面面积为 $524\ \mathrm{m^2}$。根据灌溉水位要求,已确定坝顶高程为 $48.0\ \mathrm{m}$,求坝的溢流宽度。

解: 已知流量 $Q = 100\ \mathrm{m^3/s}$,设计水头 $H_\mathrm{d} = 50.7 - 48 = 2.7(\mathrm{m})$,上、下游堰高 $a = a_1 = 9.5\ \mathrm{m}$,下游水深 $h_\mathrm{t} = 48.1 - 38.5 = 9.6(\mathrm{m})$,过水断面面积 $A = 524\ \mathrm{m^2}$,下游水位超过堰顶高度 $h_\mathrm{s} = 0.1\ \mathrm{m}$,上、下游水位差 $z = 2.6\ \mathrm{m}$。

堰上总水头

$$H_0 = H + \frac{\alpha v^2}{2g} = 2.7 + \frac{\left(\frac{100}{524}\right)^2}{19.62} = 2.75(\mathrm{m})$$

判别是否淹没出流:

$$\frac{a_1}{H_0} = \frac{9.5}{2.75} = 3.45 > 2, \qquad \frac{h_\mathrm{s}}{H_0} = \frac{0.1}{2.75} = 0.036 < 0.15$$

故为自由出流。淹没系数 $\sigma = 1.0$。由于是在设计水头情况下,所以流量系数应为 $m_\mathrm{d} = 0.502$。

由于侧收缩系数与溢流宽度 B 有关,现 B 未知,设 $\varepsilon = 0.9$,以此计算 B 的近似值如下:

$$B = \frac{Q}{\varepsilon m_\mathrm{d} \sqrt{19.62}\,H_0^{1.5}} = \frac{100}{0.9 \times 0.502 \times 4.429 \times 4.56} = 10.96(\mathrm{m})$$

设溢流坝为 2 孔,每孔净宽 $b = 5.5\ \mathrm{m}$,总净宽 $B = 2b = 11.0\ \mathrm{m}$。

以上为溢流宽度的第一次近似,据此可计算 ε 的第二次近似值。

由 $\dfrac{h_\mathrm{s}}{H_0} = 0.036 < 0.75$,可查教材表 9.1,9.2 得 $\zeta_0 = 0.45, \zeta_\mathrm{k} = 0.7$,计算侧收缩系数得

$$\varepsilon = 1 - 0.2[(n-1)\zeta_0 + \zeta_\mathrm{k}]\frac{H_0}{nb} = 1 - 0.2[(2-1) \times 0.45 + 0.7]\frac{2.75}{11.0} = 0.943$$

$$B = \frac{Q}{\varepsilon m_\mathrm{d} \sqrt{19.62}\,H_0^{1.5}} = \frac{100}{0.943 \times 0.502 \times 4.429 \times 4.56} = 10.5(\mathrm{m})$$

取每孔净宽为 $b = 5.5\ \mathrm{m}$,总净宽为 $B = 2b = 11\ \mathrm{m}$,则

$$\varepsilon = 1 - 0.2[(n-1)\zeta_0 + \zeta_\mathrm{k}]\frac{H_0}{nb} = 1 - 0.2[(2-1) \times 0.45 + 0.7]\frac{2.75}{11.0} = 0.943$$

$$B = \frac{Q}{\varepsilon m_\mathrm{d} \sqrt{19.62}\,H_0^{1.5}} = \frac{100}{0.943 \times 0.502 \times 4.429 \times 4.56} = 10.5(\mathrm{m})$$

两次迭代 B 没有变化,所以坝的溢流宽度为 $B = 10.5\ \mathrm{m}$。

9.9 某砌石拦河溢流坝采用梯形实用堰剖面。已知堰宽与河宽均为 $30.0\ \mathrm{m}$,上、下游堰高 $a = a_1 = 4.0\ \mathrm{m}$,堰顶厚度 $\delta = 2.5\ \mathrm{m}$。上游堰面铅直,下游堰面坡度为 $1:1$。堰上水头 $H = 2.0\ \mathrm{m}$,下游水面在堰顶以下 $0.5\ \mathrm{m}$。求通过溢流坝的流量。

解：流量系数 m 可根据 $\dfrac{a}{H}$，$\dfrac{\delta}{H}$，$\cot\theta_1$，$\cot\theta_2$ 求得。

$\dfrac{a}{H}=2$，$\dfrac{\delta}{H}=1.25$，$\theta_1=90°$，$\theta_2=45°$，$\cot\theta_1=0$，$\cot\theta_2=1$，可查出 $m=0.38$。

因为下游水面低于堰顶，属自由出流。

计算流量 Q

$$Q=mB\sqrt{2g}H^{1.5}=0.38\times30\times4.429\times2.0^{1.5}=142.81(\text{m}^3/\text{s})$$

可求出行近流速

$$v_0=\frac{Q}{A}=\frac{142.81}{6\times30}=0.793(\text{m/s})$$

则

$$H_0=H+\frac{\alpha v_0^2}{2g}=2.0+\frac{0.793^2}{19.62}=2.032(\text{m})$$

可计算流量

$$Q'=mB\sqrt{2g}H_0^{1.5}=0.38\times30\times4.429\times2.032^{1.5}=146.25(\text{m}^3/\text{s})$$

则

$$v_0=\frac{Q}{A}=\frac{146.25}{6\times30}=0.813(\text{m/s})$$

$$H_0'=H+\frac{\alpha v_0^2}{2g}=2.0+\frac{0.813^2}{19.62}=2.034(\text{m})$$

因为 H_0' 已与 H_0 较接近，故第二次计算的流量 Q' 即为所求。

9.10 某宽顶堰式水闸共 6 孔，每孔宽度 $b=6.0$ m，具有尖圆形闸墩墩头和圆弧形边墩，其尺寸如图所示，图中 $\cot\theta=2$。已知上游河宽为 48.0 m。求通过水闸的流量。

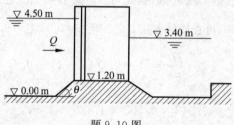

题 9.10 图

解：已知 $n=6$，$b=6.0$ m，$\cot\theta=2$，$h_s=2.2$ m，$H=3.3$ m，$a=1.2$ m，$\dfrac{a}{H}=\dfrac{1.2}{3.3}=0.36$，查教材表 9.4 得出流量系数 $m=0.38$。

计算侧收缩系数：因为 $\dfrac{h_s}{H}=\dfrac{2.2}{3.3}=0.67$，查教材表 9.1，9.2 得 $\zeta_0=0.25$，$\zeta_k=0.7$。

则有

$$\varepsilon=1-0.2[(n-1)\zeta_0+\zeta_k]\frac{H}{nb}=1-0.2[(6-1)\times0.25+0.7]\frac{3.3}{36}=0.964$$

因为 $\dfrac{h_s}{H} = \dfrac{2.2}{3.3} = 0.67 < 0.8$，故属自由出流。

所以

$$Q = \varepsilon m B \sqrt{2g} H^{1.5} = 0.964 \times 0.38 \times 36 \times 4.429 \times 3.3^{1.5} = 350.14 (\text{m}^3/\text{s})$$

求出行近流速

$$v_0 = \frac{Q}{A} = \frac{350.14}{48 \times 4.5} = 1.62 (\text{m/s})$$

而

$$H_0 = H + \frac{\alpha v_0^2}{2g} = 3.3 + 0.134 = 3.43 (\text{m})$$

则有

$$Q = \varepsilon m B \sqrt{2g} H_0^{1.5} = 0.964 \times 0.38 \times 36 \times 4.429 \times 3.43^{1.5} = 371.03 (\text{m}^3/\text{s})$$

9.11 从河道引水灌溉的某干渠引水闸，具有半圆形闸墩墩头和八字形翼墙。为了防止河中泥沙进入渠道，水闸进口（宽顶堰）设直角形闸坎，坎顶高程为 31.0 m，并高于河床 1.8 m。已知水闸设计流量 $Q = 61.8$ m³/s。相应的上游河道水位和下游渠道水位分别为 34.25 m 和 33.88 m。忽略上游行近流速，并限制水闸每孔宽度不大于 4.0 m。求水闸宽度和闸孔数。

解：流量系数

$$m = 0.32 + 0.01 \frac{3 - \dfrac{a}{H}}{0.46 + 0.75 \dfrac{a}{H}} = 0.32 + 0.01 \frac{3 - \dfrac{1.8}{3.25}}{0.46 + 0.75 \times \dfrac{1.8}{3.25}} = 0.348$$

求淹没系数，由 $\dfrac{h_s}{H_0} = \dfrac{2.8}{3.25} = 0.862$，查教材表 9.6 得出 $\sigma = 0.957$。

由 $b = 4.0$ m，$n = 2$，$B = 2 \times 4 = 8 (\text{m})$，并由题给条件可查出闸墩和边墩系数分别为 $\zeta_0 = 0.584$，$\zeta_k = 0.7$。并将以上数据代入侧收缩公式进行计算得出侧收缩系数

$$\varepsilon = 1 - 0.2[(n-1)\zeta_0 + \zeta_k] \frac{H_0}{nb}$$

$$= 1 - 0.2 \times [(2-1) \times 0.584 + 0.7] \times \frac{3.25}{8} = 0.896$$

求水闸宽度

$$B = \frac{Q}{\sigma \varepsilon m \sqrt{19.62} H_0^{1.5}} = \frac{61.8}{0.957 \times 0.896 \times 0.348 \times 4.429 \times 3.25^{1.5}}$$

$$= 7.981 (\text{m}) \approx 8.0 (\text{m})$$

与假设相符。故水闸宽度 $B = 8.0$ m，闸孔数 $n = 2$。

9.12 有一平底闸，共 5 孔，每孔宽度 $b = 3.0$ m。闸上设锐缘平面闸门，已知闸上水头 $H = 3.5$ m，闸门开启度 $e = 1.2$ m，自由出流，不计行近流速，求通过水闸的流量。

解：由 $\dfrac{e}{H}=\dfrac{1.2}{3.5}=0.34$，查得 $\varepsilon'=0.627$，得

$$h_{c0}=\varepsilon'e=0.627\times1.2=0.752(\text{m})$$

选取平底闸流速系数 $\phi=0.95$，则可求出闸孔流量系数

$$\mu_1=\varepsilon'\phi\sqrt{1-\varepsilon'\frac{e}{H}}=0.627\times0.95\sqrt{1-0.627\times0.34}=0.528$$

则流量

$$Q=\mu_1eB\sqrt{2gH_0}=0.528\times1.2\times15\times\sqrt{19.62\times3.5}=78.76(\text{m}^3/\text{s})$$

9.13　某实用堰共 7 孔，每孔宽度 $b=5.0$ m，在实用堰堰顶最高点设平面闸门。闸门底缘与水平面之间的夹角为 $\theta=30°$。已知闸上水头 $H=5.6$ m，闸孔开启度 $e=1.5$ m，下游水位在堰顶以下，不计行近流速，求通过闸孔的流量。

解：已知 $e=1.5$ m，$H=5.6$ m，$B=nb=7\times5=35(\text{m})$，因为 $\dfrac{e}{H}=0.268<0.75$，故为孔流，下游水位低于堰顶是自由孔流。不计行近流速，所以 $H\approx H_0$。

计算孔流流量系数：

$$\mu_1=0.65-0.186\frac{e}{H}+\left(0.25-0.375\frac{e}{H}\right)\cos\theta=0.65-0.05+0.13=0.73$$

流量

$$Q=\mu_1eB\sqrt{2gH_0}=0.73\times1.5\times35\times\sqrt{19.62\times5.6}=401.65(\text{m}^3/\text{s})$$

补充题及解答

9.1　如图所示，在某河修建溢流坝一座，坝顶采用堰顶上游为三圆弧段的 WES 型实用堰剖面。溢流坝设计为 10 孔，每孔宽度为 $b=8.0$ m，闸墩头部形状为半圆形，边墩为圆弧形，上游河道宽度 500 m，上、下游河床高程分别为 40.00 m 和 38.00 m。当上、下游设计水位分别为 65.15 m 和 43.00 m 时，通过溢流坝的下泄流量 $Q_d=2000$ m^3/s，溢流坝下游直线部分的斜率 $m_2=0.65$，试：(1)确定坝顶高程；(2)设计 WES 剖面。

解：(1)计算坝顶高程

坝顶高程取决于上游设计水位和设计水头，因此先计算设计水头。

坝的实际溢流宽度

$$B=nb=8\times10=80(\text{m})$$

堰上总水头

$$H_0=\left(\frac{Q}{\sigma\varepsilon mB\sqrt{2g}}\right)^{\frac{2}{3}}$$

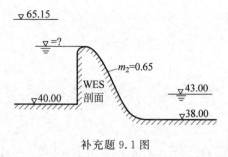

补充题 9.1 图

H_0 的第一次近似：

已知 $Q_d = 2000$ m³/s 及 $B = 80$ m,当 $H = H_d$ 时,流量系数 $m = m_d = 0.502$。侧收缩系数 ε 用式(9.5)计算时与 H_0 有关,因此假设 $\varepsilon = 0.9$。又因坝顶高程未知,无法判别出流情况,先假设为自由出流,$\sigma = 1.0$。将以上各值代入上式得

$$H_0 = \left(\frac{2000}{1.0 \times 0.9 \times 0.502 \times 80 \times \sqrt{2 \times 9.81}} \right)^{\frac{2}{3}} = 5.38(\text{m})$$

H_0 的第二次近似：

将 H_0 的第一次近似值以及溢流孔数 $n = 10$,按半圆形墩头和自由出流 $\left(\frac{h_s}{H_0} \leqslant 0.75 \right)$,查表可得闸墩系数 $\zeta_0 = 0.45$,按圆弧形边墩,查表可得边墩系数 $\zeta_k = 0.70$,则有

$$\varepsilon = 1 - 0.2 \times [(n-1)\zeta_0 + \zeta_k] \frac{H_0}{nb}$$

$$= 1 - 0.2 \times [(10-1) \times 0.45 + 0.7] \times \frac{5.38}{10 \times 8} = 0.936$$

$$H_0 = \left(\frac{2000}{1.0 \times 0.936 \times 0.502 \times 80 \times \sqrt{2 \times 9.81}} \right)^{\frac{2}{3}} = 5.24(\text{m})$$

H_0 的第三次近似：

$$\varepsilon = 1 - 0.2 \times [(n-1)\zeta_0 + \zeta_k] \frac{H_0}{nb}$$

$$= 1 - 0.2 \times [(10-1) \times 0.45 + 0.7] \times \frac{5.24}{10 \times 8} = 0.938$$

$$H_0 = \left(\frac{2000}{1.0 \times 0.938 \times 0.502 \times 80 \times \sqrt{2 \times 9.81}} \right)^{\frac{2}{3}} = 5.24(\text{m})$$

所求 ε 和 H_0 不再变化,可作为正确值。

已知上游河道宽度为 160 m,上游设计水位为 65.15 m,上游河床高程为 40.00 m,则上游过水断面面积（近似按矩形断面计算）为

$$A_0 = 500 \times (65.15 - 40) = 12\,575(\text{m}^2)$$

行近流速

$$v_0 = \frac{Q}{A_0} = \frac{2000}{12\,575} = 0.16(\text{m/s})$$

行近流速水头

$$\frac{\alpha v_0^2}{2g} = \frac{1.0 \times (0.16)^2}{2 \times 9.81} = 0.0013(\text{m})$$

堰上设计水头

$$H_\text{d} = H_0 - \frac{\alpha v_0^2}{2g} = 5.24 - 0.0013 \approx 5.24(\text{m})$$

坝顶高程：

$$坝顶高程 = 上游水位 - H_\text{d} = 65.15 - 5.24 = 59.91(\text{m})$$

下游设计水位 43.00 m，低于坝顶高程 59.91 m，满足自由出流条件，因此按以上自由出流计算的结果是正确的，即计算得到坝顶高程为 59.91 m。

（2）WES 剖面设计

上游圆弧段曲线

$R_1 = 0.5H_\text{d} = 0.5 \times 5.24 = 2.62(\text{m})$

$R_2 = 0.2H_\text{d} = 0.2 \times 5.24 = 1.05(\text{m})$

$R_3 = 0.04H_\text{d} = 0.04 \times 5.24 = 0.21(\text{m})$

$b_1 = 0.175H_\text{d} = 0.175 \times 5.24 = 0.92(\text{m})$

$b_2 = 0.276H_\text{d} = 0.276 \times 5.24 = 1.45(\text{m})$

$b_3 = 0.2818H_\text{d} = 0.2818 \times 5.24 = 1.48(\text{m})$

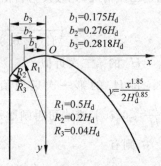

补充题解 9.1 图

下游曲线坐标方程

$$y = \frac{x^{1.85}}{2H_\text{d}^{0.85}} = \frac{x^{1.85}}{2 \times 5.24^{0.85}} = 0.122x^{1.85}$$

列表计算如下：

x/m	1	2	3	4	5	6	7	8	9	10
y/m	0.122	0.440	0.931	1.586	2.396	3.357	4.465	5.716	7.107	8.637

下游直线段斜率已知，$m_2 = 0.65$

下游反弧半径：

当 $H_\text{d} > 4.5$ m 时，$R = H_\text{d} + \dfrac{a_1}{4} = 5.24 + \dfrac{59.91 - 38}{4} = 10.72(\text{m})$，$a_1$ 为下游堰高。

9.2　某三孔平底进水闸如图所示，每孔净宽 $b = 2.5$ m，闸墩厚度 $d = 1$ m，闸墩头部形状为半圆形，闸室上游翼墙为八字形，收缩角 $\theta = 27°$。边墩边缘线与上游引水渠边线之间的距离 $\Delta b = 2.625$ m，上游引渠为矩形断面，其宽度 $B_0 = 14.65$ m，下游水深 $h_\text{t} = 2.7$ m，闸门全开时通过的流量 $Q = 60$ m³/s，试求上游水深 H。

解：当平底闸门全开时，水流现象可视为无坎宽顶堰过流。无坎宽顶堰的计算有如下两种方法：①不单独计算侧收缩系数，将三孔平底进水闸化为两个半圆进口和一个八字进口的单孔宽顶堰，查得流量系数后进行加权平均；②单独计算侧收缩系数，但是流量系数取其最大值，即 $m = 0.385$。

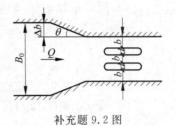

补充题 9.2 图

(1) 方法一

八字形进口：

$$\cot\theta = \cot 27° = 1.96 \approx 2.0,$$

$$\frac{b}{B} = \frac{b}{b + 2\Delta b} = \frac{2.5}{2.5 + 2 \times 2.625} = 0.322,\text{查表得 } m_\text{s} = 0.357$$

半圆形进口：

$$\frac{r}{b} = \frac{0.5}{2.5} = 0.2, \quad \frac{b}{B} = \frac{b}{b + d} = \frac{2.5}{2.5 + 1} = 0.714,\text{查表得 } m_\text{m} = 0.363$$

综合流量系数

$$m = \frac{m_\text{s} + (n-1)m_\text{m}}{n} = \frac{0.357 + (3-1) \times 0.363}{3} = 0.361$$

采用试算法计算上游水深，给定一系列 H_0 值，计算 h_s/H_0，查教材表 9.6 得 σ，计算流量 Q。若计算值与已知流量相等，则 H_0 即为所求。试算可得 $H_0 = 3.10$ m，计算列表如下：

H_0/m	h_s/H_0	σ	$Q/(\text{m}^3/\text{s})$
3.0	0.90	0.84	52.35
3.05	0.885	0.885	56.53
3.10	0.871	0.927	60.68

上游水深计算：

行近流速

$$v_0 = \frac{Q}{B_0 H_0} = \frac{60}{14.65 \times 3.10} = 1.32(\text{m/s})$$

上游水深

$$H = H_0 - \frac{\alpha v_0^2}{2g} = 3.10 - \frac{1.0 \times 1.32^2}{2 \times 9.81} = 3.10 - 0.089 \approx 3.01(\text{m})$$

(2) 方法二

取流量系数 $m = 0.385$，采用试算法计算 H_0，先假定 $H_0 = 3.20$ m。

计算侧收缩系数：按圆弧形边墩，查教材表 9.2 可得边墩系数 $\zeta_\text{k} = 0.70$。闸墩系数与淹没程度有关，即与 H_0 有关。由 $\frac{h_\text{s}}{H_0} = \frac{2.7}{3.2} = 0.844$，查教材表 9.1 得闸墩系数

$\zeta_0 = 0.563$，淹没系数 $\sigma = 0.976$，则

$$\varepsilon = 1 - 0.2 \big[(n-1)\zeta_0 + \zeta_k \big] \frac{H_0}{nb}$$

$$= 1 - 0.2 \times \big[(3-1) \times 0.563 + 0.7 \big] \times \frac{3.20}{3 \times 2.5} = 0.844$$

$$Q = \sigma \varepsilon m B \sqrt{2g} H_0^{\frac{3}{2}}$$

$$= 0.844 \times 0.976 \times 0.385 \times 3 \times 2.5 \times \sqrt{2 \times 9.81} \times 3.2^{\frac{3}{2}}$$

$$= 60.32 (\mathrm{m^3/s})$$

计算流量与已知流量近似相等，因此 $H_0 = 3.20$ m。

行近流速

$$v_0 = \frac{Q}{B_0 H_0} = \frac{60}{14.65 \times 3.2} = 1.28 (\mathrm{m/s})$$

上游水深

$$H = H_0 - \frac{\alpha v_0^2}{2g} = 3.20 - \frac{1.0 \times 1.28^2}{2 \times 9.81} = 3.20 - 0.083 \approx 3.12 (\mathrm{m})$$

由以上两种方法所得计算结果的相对误差为 3.7%，因此在处理无坎宽顶堰流问题时，根据实际情况选用任一种方法均可。

9.3　在某缓坡宽浅河道上修筑围堰，如图所示。河道宽度 $B = 400$ m，修筑围堰后河道净宽 $b = 250$ m，施工期间通过的最大流量 $Q = 1600$ m³/s，对应于该流量的河道正常水深 $h_0 = 2.5$ m，上游围堰与岸边夹角 $\theta = 45°$。假设围堰安全超高为 0.35，试求该围堰应修筑的最低高度。

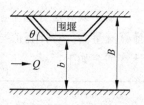

补充题 9.3 图

解：八字形进口

$$\cot\theta = \cot45° = 1.0, \qquad \frac{b}{B} = \frac{250}{400} = 0.625$$

查表得 $m = 0.362$。

采用试算法计算 H_0，先假定 $H_0 = 2.80$ m。

由 $\dfrac{h_s}{H_0} = \dfrac{2.5}{2.8} = 0.893$，查教材表 9.6 得淹没系数 $\sigma = 0.861$。则

$$Q = \sigma m b \sqrt{2g} H_0^{\frac{3}{2}}$$

$$= 0.861 \times 0.362 \times 250 \times \sqrt{2 \times 9.81} \times 2.8^{\frac{3}{2}}$$

$$= 1617.105 (\mathrm{m^3/s})$$

计算流量与已知流量近似相等，因此 $H_0 = 2.80$ m。

行近流速

$$v_0 = \frac{Q}{B H_0} = \frac{60}{400 \times 2.8} = 1.43 (\mathrm{m/s})$$

上游水深

$$H = H_0 - \frac{\alpha v_0^2}{2g} = 2.8 - \frac{1.0 \times 1.43^2}{2 \times 9.81} = 2.80 - 0.104 \approx 2.70 (\text{m})$$

围堰的最低高度

$$H_1 = H_0 + 0.35 = 2.70 + 0.35 = 3.05 (\text{m})$$

9.4 某单孔曲线型实用堰,在实用堰堰顶最高点设置平板闸门,闸门底缘斜面朝向下游,闸孔宽度为 $b = 4$ m。当闸门开启度 $e = 1$ m 时,其泄流量 $Q = 24.3$ m³/s,下游水位如图所示,不计行近流速,试求堰上水头 H。

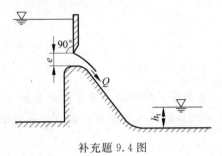

补充题 9.4 图

解：下游水位低于堰顶,因此为自由泄流。假定出流形式为闸孔自由出流,采用试算法计算堰上水头 H_0。

给定一系列 H 值,计算流量系数 μ_1,堰上总水头 H_0,代入实用堰上闸孔自由出流公式计算流量 Q。若计算值与已知流量相等,则 H 即为所求。

流量系数

$$\mu_1 = 0.65 - 0.186\frac{e}{H} + \left(0.25 - 0.375\frac{e}{H}\right)\cos\theta$$

$$= 0.65 - 0.186\frac{1}{H} + \left(0.25 - 0.375\frac{1}{H}\right)\cos 90° = 0.65 - 0.186\frac{1}{H}$$

流量

$$Q = \mu_1 e B\sqrt{2gH} = \left(0.65 - 0.186\frac{1}{H}\right) \times 1 \times 4 \times \sqrt{2 \times 9.81 \times H}$$

试算可得堰上水头 $H = 5.0$ m,计算列表如下：

H_0/m	μ_1	$Q/(\text{m}^3/\text{s})$
4.8	0.611	23.72
4.9	0.612	24.00
5.0	0.613	24.28

校验出流条件 $\dfrac{e}{H} = \dfrac{1.0}{5.0} = 0.2 \leqslant 0.75$,为闸孔自由出流,与假定出流形式一致,因此堰上水头 $H = 5.0$ m。

第10章 Chapter

泄水建筑物下游水流的衔接与消能

内容提要

本章要求掌握泄水建筑物下游收缩断面水深的计算和泄水建筑物下游衔接形式的判别,了解底流消能和挑流消能的物理过程和水力计算方法。

10.1 常用的衔接与消能类型

水利工程中常采用的衔接与消能方式有以下 4 种:①底流式衔接消能;②挑流式衔接消能;③面流式衔接消能;④戽流式衔接消能。

10.2 泄水建筑物下游收缩断面水深的计算

如图 10.1 所示溢流坝。设流量为 Q,行近流速为 v_0,坝上水头为 H,下游坝高为 a_1,以收缩断面最低点为基准面,对坝前断面 1 和收缩断面 c 列能量方程,可得出收缩断面水深的计算公式为

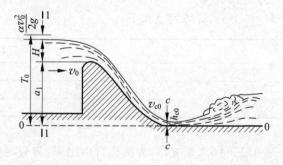

图 10.1

$$T_0 = h_{c0} + \frac{Q^2}{2g\varphi^2 A_{c0}^2} \tag{10.1}$$

对于矩形断面河渠，收缩断面水深 h_{c0} 的计算公式为

$$T_0 = h_{c0} + \frac{q^2}{2g\varphi^2 h_{c0}^2} \tag{10.2}$$

式(10.1)、式(10.2)中的 $T_0 = H + a_1 + \frac{\alpha v_0^2}{2g} = T + \frac{\alpha v_0^2}{2g}$，$T$ 为有效水头，T_0 称为有效总水头，流速系数 φ 值一般由经验公式或图表近似确定。

10.3　消力池的水力计算

以图 10.2 的溢流坝下消力池为例，分别计算池深和池长。

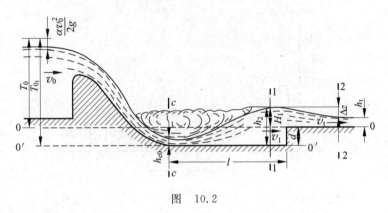

图 10.2

1. 池深 d 的计算

$$d = \sigma' h_{c02} - h_t - \frac{q^2}{2g}\left[\frac{1}{(\varphi_1 h_t)^2} - \frac{\alpha}{(\sigma' h_{c02})^2}\right] \tag{10.3}$$

$$\sigma' h_{c02} + \frac{q^2}{2g(\sigma' h_{c02})^2} - d = h_t + \frac{q^2}{2g(\varphi_1 h_t)^2} \tag{10.4}$$

等式左边均与 d 有关，用 $f(d)$ 表示，右边为已知量，用 A 表示，上式可写为

$$f(d) = A \tag{10.5}$$

可用试算法求 d。

2. 消力池池长 l 的计算

$$l = (0.7 \sim 0.8)l_j \tag{10.6}$$

式中，l_j 为自由水跃的长度。

3. 消力池设计流量的选择

池深 d 最大时的流量作为消力池的设计流量 Q_d，实践证明，池深的设计流量并不一定是建筑物所通过的最大流量。

10.4　消力墙的水力计算

以图 10.3 溢流坝下消力墙为例，计算墙高。

$$s = \sigma' h_{c02} - H_1 = \sigma' h_{c02} - \left(\frac{q}{\sigma m' \sqrt{2g}}\right)^{2/3} + \frac{q^2}{2g(\sigma' h_{c02})^2} \tag{10.7}$$

$$s + \left(\frac{q}{\sigma m' \sqrt{2g}}\right)^{2/3} = \sigma' h_{c02} + \frac{q^2}{2g(\sigma' h_{c02})^2} \tag{10.8}$$

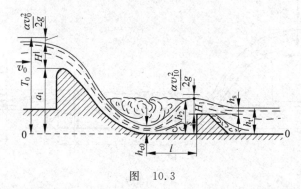

图　10.3

等式左边为 s 的函数，以 $f(s)$ 表示，等式右边为已知量，以 B 表示，则上式可写为

$$f(s) = B \tag{10.9}$$

可用试算法求 s。

10.5　挑流式衔接与消能

以图 10.4 溢流坝挑流消能为例，进行挑流消能计算。

1. 挑距的计算

(1) 空中挑距 L_0 的计算

$$L_0 = \frac{v^2 \cos\alpha \sin\alpha}{g}\left[1 + \sqrt{1 + \frac{2g\left(z - s + \dfrac{h}{2}\cos\alpha\right)}{v^2 \sin^2\alpha}}\right] \tag{10.10}$$

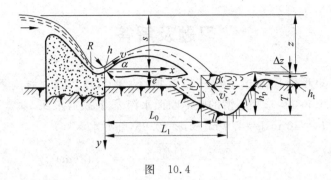

图 10.4

式中，z 为上、下游水位差；s 为上游水面至坎顶的高度；h 为坝顶水股的厚度。

（2）水下挑距 L_1 的计算

$$L_1 = L_0 + l \tag{10.11}$$

$$l = h_p \cot\beta \tag{10.12}$$

式中，h_p 为冲坑水深；β 为水舌入水角。β 可按下列方法近似计算：

$$\cos\beta = \frac{v_{rx}}{v_r} = \sqrt{\frac{\varphi^2 s}{\varphi^2 s + z - s}} \cos\alpha \tag{10.13}$$

2. 挑角 θ

我国所建成的一些大、中型工程中，挑角一般在 $15°\sim35°$ 之间。

3. 反弧半径 R

根据实践经验，反弧半径 R 至少应大于反弧段最低点处水深 h_c 的 4 倍，一般设计时多采用 $R=(4\sim10)h_c$。

4. 挑坎高程的确定

工程设计中挑坎高程不能太低，一般鼻坎需高出下游最高水位 $1\sim2$ m。

5. 挑流冲刷坑的估算

对于岩基冲刷坑的估算，我国普遍采用下述公式

$$T = K_s q^{0.5} z^{0.25} - h_t \tag{10.14}$$

式中，T 为冲刷坑深度（由河床面至坑底）；z 为上、下游水位差；h_t 为下游水深；q 为单宽流量；K_s 为河床抗冲系数，与河床的地质条件有关，坚硬完整基岩 $K_s=0.9\sim1.2$，坚硬但完整性较差基岩 $K_s=1.2\sim1.5$，软弱破碎、裂隙发育的基岩 $K_s=1.5\sim2.0$。

习题及解答

10.1　在矩形断面河道上建一溢流坝,已知 $T_0=20$ m,溢流坝的流速系数 $\varphi=0.95$,$q=4.0$ m²/s,求坝下游的收缩断面水深 h_{c0} 及跃后水深 h_{c02}。

解:已知 $T_0=20$ m,$q=4.0$ m²/s,$\varphi=0.95$,临界水深

$$h_c=\sqrt[3]{\frac{\alpha q^2}{g}}=\sqrt[3]{\frac{1.0\times4^2}{9.81}}=1.18(\text{m})$$

由 $\dfrac{T_0}{h_c}=\dfrac{20}{1.18}=16.95$ 及 $\varphi=0.95$ 查附录 C 得 $\dfrac{h_{c0}}{h_c}=0.182,\dfrac{h_{c02}}{h_c}=3.24$,则

$$h_{c0}=0.182h_c=0.182\times1.18=0.215(\text{m})$$

$$h_{c02}=3.24h_c=3.24\times1.18=3.82(\text{m})$$

10.2　在矩形渠道上修建溢流坝,如图所示。溢流宽度等于渠底宽度 b,已知坝高 $a=6.0$ m,单宽泄流量 $q=5.2$ m³/(s·m)时,坝的流量系数 $m=0.48$,流速系数 $\varphi=0.95$,坝下游明渠水深 $h_t=2.80$ m。试判别堰流与下游水流衔接形式,若需做消能工,拟采用消力墙,试设计其尺寸。

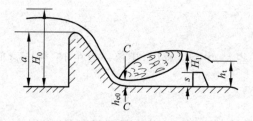

题 10.2 图

解:(1)判别下游是否要做消能工

由实用堰自由出流公式可得堰上总水头

$$H_0=\left(\frac{q}{m\sqrt{2g}}\right)^{\frac{2}{3}}=\left(\frac{5.2}{0.48\times4.43}\right)^{\frac{2}{3}}=1.82(\text{m})$$

上游有效总水头

$$T_0=H_0+a=1.82+6.0=7.82(\text{m})$$

临界水深

$$h_c=\sqrt[3]{\frac{\alpha q^2}{g}}=\sqrt[3]{\frac{1.0\times5.2^2}{9.81}}=\sqrt[3]{2.76}=1.403(\text{m})$$

试算收缩断面水深 h_{c0},公式如下:

$$T_0=h_{c0}+\frac{q^2}{2g\varphi^2h_{c0}^2}=h_{c0}+\frac{5.2^2}{19.62\times0.95^2h_{c0}^2}=h_{c0}+\frac{1.53}{h_{c0}^2}=7.82(\text{m})$$

经试算可得出 $h_{c0}=0.456$ m,利用共轭水深关系式可得

$$h_{c02}=\frac{h_{c0}}{2}\left(\sqrt{1+8\frac{q^2}{gh_{c0}^3}}-1\right)=\frac{0.456}{2}\left(\sqrt{1+8\frac{5.2^2}{9.81\times0.456^3}}-1\right)=3.26(\text{m})$$

由于 $h_{c02}=3.26$ m$>h_t=2.80$ m,坝下游发生远离水跃,需做消能工。

（2）设计消力墙

计算墙高 s：

$$f(s)=s+\left(\frac{q}{\sigma m'\sqrt{2g}}\right)^{\frac{2}{3}}=\sigma'h_{c02}+\frac{q^2}{2g(\sigma'h_{c02})^2}$$

$$=1.05\times3.26+\frac{5.2^2}{19.62(1.05\times3.26)^2}=3.54(\text{m})$$

$$f(s)=s+\left(\frac{2.93}{\sigma}\right)^{\frac{2}{3}}$$

可设一系列 s 值进行试算。试算结果为,消力墙高度 $s=1.49$ m。

计算池长 l：

消力池长度（自由水跃长度）

$$l_j=6.9(h_2-h_1)=6.9(3.26-0.456)=19.35(\text{m})$$

则池长

$$l=0.75l_j=0.75\times19.35=14.51(\text{m})$$

10.3 如图所示,某矩形断面河流上建有一座 WES 曲线型实用堰,共分 5 孔,每孔净宽 $b=4.0$ m,堰顶设有弧形闸门,闸墩采用厚度 $d=1.0$ m 的半圆形墩头,布设边墩。侧收缩系数 $\varepsilon=0.946$,溢流堰上游底板高程为 15.0 m,下游坝趾处高程为 13.0 m,堰顶高程为 27.0 m,当宣泄设计洪水时,上游水位为 30.0 m,下游河槽水深 $h_t=3.14$ m,此时闸门的开度 $e=2.4$ m。

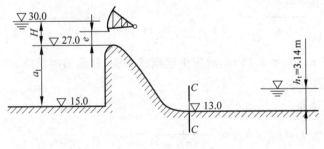

题 10.3 图

（1）求过堰流量。

（2）溢流堰下游是否需要修建消能设施（取 $\varphi=0.95$）；

（3）如需修建消能设施,若采用挖消力池方案,试求其池深 d。

解：（1）首先求出过堰流量

判别是否是堰流或孔流：

$$\frac{e}{H} = \frac{2.4}{3} = 0.8 > 0.75，为堰流$$

$$Q = \varepsilon m B \sqrt{2g} H^{\frac{3}{2}} = 0.946 \times 0.502 \times 20 \times 4.429 \times 3^{1.5} = 218.58(\text{m}^3/\text{s})$$

$$v_0 = \frac{Q}{A} = \frac{218.58}{15 \times 24} = 0.61(\text{m/s})，\quad 则 \quad \frac{\alpha v_0^2}{2g} = 0.02(\text{m})$$

$$H_0 = H + 0.02 = 3.02(\text{m})$$

$$Q = \varepsilon m B \sqrt{2g} H_0^{\frac{3}{2}} = 0.946 \times 0.502 \times 20 \times 4.429 \times 3.02^{1.5} = 220.77(\text{m}^3/\text{s})$$

$$v_0 = \frac{Q}{A} = \frac{220.77}{15 \times 24} = 0.61(\text{m/s})$$

故流量为

$$Q = 220.77(\text{m}^3/\text{s})$$

（2）判别下游是否要建消能设施

上游有效总水头

$$T_0 = T + \frac{\alpha v_0^2}{2g} = 17 + 0.02 = 17.02(\text{m})$$

求出

$$h_c = \sqrt[3]{\frac{\alpha q^2}{g}} = \sqrt[3]{\frac{1.0 \times 9.2^2}{9.81}} = \sqrt[3]{8.63} = 2.05(\text{m})$$

试算收缩断面水深公式如下：

$$T_0 = h_{c0} + \frac{q^2}{2g\varphi^2 h_{c0}^2} = h_{c0} + \frac{9.2^2}{19.62 \times 0.95^2 h_{c0}^2} = h_{c0} + \frac{4.78}{h_{c0}^2} = 17.02(\text{m})$$

经试算得 $h_{c0} = 0.53$ m。

利用共轭水深公式得

$$h_{c02} = \frac{h_{c0}}{2}\left(\sqrt{1 + 8\frac{q^2}{gh_{c0}^3}} - 1\right) = \frac{0.53}{2}\left(\sqrt{1 + 8\frac{9.2^2}{9.81 \times 0.53^3}} - 1\right) = 3.9(\text{m})$$

由于 $h_{c02} = 3.9$ m $> h_t = 3.14$ m，故发生远离式水跃，需做消能设施。

（3）设计消力池

池深 d 的计算：

$$f(d) = \sigma' h_{c02} + \frac{q^2}{2g(\sigma' h_{c02})^2} - d = h_t + \frac{q^2}{2g(\varphi_1 h_t)^2}$$

$$= 3.14 + \frac{9.2^2}{19.62(0.95 \times 3.14)^2} = 3.62$$

$$f(d) = 1.05 h_{c02} + \frac{3.91}{h_{c02}^2} - d = 3.62$$

设 $d = 2.37$ m，求得 $T_0' = T_0 + d = 17.02 + 2.37 = 19.39(\text{m})$，经试算得 $h_{c0} = 0.503$ m，由此得出

$$h_{c02} = \frac{h_{c0}}{2}\left(\sqrt{1 + 8\frac{q^2}{gh_{c0}^3}} - 1\right) = \frac{0.503}{2}\left(\sqrt{1 + 8\frac{9.2^2}{9.81 \times 0.503^3}} - 1\right) = 5.61(\text{m})$$

$$f(d) = 1.05h_{c02} + \frac{3.91}{h_{c02}^2} - d = 1.05 \times 5.61 + \frac{3.91}{5.61^2} - 2.37$$

$$= 5.89 + 0.12 - 2.37 = 3.64(\text{m})$$

这样可得池深 $d = 2.37$ m,池长

$$l = 0.75l_j = 0.75 \times 6.9(5.61 - 0.503) = 26.43(\text{m})$$

10.4 在矩形断面河道筑一曲线型溢流堰,设上下游堰高相等,$a = a_1 = 12.5$ m,流量系数 $m = 0.485$,侧收缩系数 $\varepsilon = 0.95$,溢流坝坝顶水头 $H = 2.8$ m,流速系数 $\varphi = 0.95$,下游水深 $h_t = 5$ m。若采用挑流消能,设挑流坎高度 $e = 5$ m,坝顶与坎顶高差为 7.5 m,挑射角 $\alpha = 25°$,试计算挑距 L_0 及冲刷坑深度 T(河床基岩较好)。

解:计算挑距 L_0:

已知

$$\alpha = 25°, \quad \varphi = 0.95, \quad s = 7.5 \text{ m}, \quad z = 10.3 \text{ m}$$

由堰流公式求出流量

$$q = \varepsilon m\sqrt{2g}H^{1.5} = 0.95 \times 0.485 \times 4.429 \times 2.8^{1.5} = 9.56(\text{m}^2/\text{s})$$

列出堰顶与坎顶的能量方程 $H + s = h + \frac{\alpha v^2}{2g} + \zeta\frac{v^2}{2g}$,代入已知数据可得出

$$10.3 = \frac{q}{v} + \frac{v^2}{2g\varphi^2} = \frac{9.56}{v} + \frac{v^2}{17.71}$$

经试算可得 $v = 13$ m/s,水深 $h = \frac{q}{v} = 0.74$ m,则

$$L_0 = \frac{v^2\cos\alpha\sin\alpha}{g}\left[1 + \sqrt{1 + \frac{2g\left(z - s + \frac{h}{2}\cos\alpha\right)}{v^2\sin^2\alpha}}\right]$$

$$= \frac{169 \times 0.906 \times 0.423}{9.81}\left(1 + \sqrt{1 + \frac{19.62 \times 3.14}{169 \times 0.179}}\right) = 6.6 \times 2.74 = 18.08(\text{m})$$

冲刷坑的估算:

如认为下游基岩较好,取抗冲系数 $K_s = 1.0$,则冲坑深度

$$T = K_s q^{0.5} z^{0.25} - h_t = 1.0 \times 9.56^{0.5} \times 10.3^{0.25} - 5.0 = 5.54 - 5.0 = 0.54(\text{m})$$

补充题及解答

10.1 某无闸门控制的 WES 型溢流坝,坝顶高出河底 $a = 10$ m,河道为矩形断面,在设计水头时下泄单宽流量 $q = 9$ m²/s,下游水深 $h_t = 3.5$ m,流速系数 $\varphi = 0.939$。判别下游水流底流型衔接形式。

解：先利用公式 $T_0 = h_{c0} + \dfrac{q^2}{2g\varphi^2 h_{c0}^2}$ 求得收缩断面水深 h_{c0}。其中

$$T_0 = a + H_0$$

H_0 由堰流公式 $q = m\sqrt{2g}\,H_0^{3/2}$ 确定。

该溢流坝无闸门控制,堰顶与收缩断面的单宽流量相等。

WES 型堰的设计流量系数 $m_d = 0.502$,则

$$H_0 = \left(\frac{q}{m_d\sqrt{2g}}\right)^{2/3} = \left(\frac{9}{0.502 \times \sqrt{2 \times 9.81}}\right)^{2/3} = 2.54\,(\mathrm{m})$$

因此

$$T_0 = a + H_0 = 10 + 2.54 = 12.54\,(\mathrm{m})$$

将 q、T_0 及 φ 代入公式 $T_0 = h_{c0} + \dfrac{q^2}{2g\varphi^2 h_{c0}^2}$ 得

$$12.54 = h_{c0} + \frac{9^2}{2 \times 9.81 \times 0.939^2 \times h_{c0}^2}$$

用试算法求出 $h_{c0} = 0.628\,(\mathrm{m})$,收缩断面流速

$$v_{c0} = \frac{q}{h_{c0}} = \frac{9}{0.628} = 14.33\,(\mathrm{m/s})$$

收缩断面

$$F_{c0} = \frac{v_{c0}}{\sqrt{gh_{c0}}} = \frac{14.33}{\sqrt{9.81 \times 0.628}} = 5.78\,(>1)$$

给定流量下的临界水深

$$h_c = \sqrt[3]{\frac{\alpha q^2}{g}} = \sqrt[3]{\frac{1.0 \times 9^2}{9.81}} = 2.02\,(\mathrm{m})$$

因为 $h_{c0} < h_c < h_t$,所以为急流向缓流过渡,必然发生水跃。根据收缩断面水深 h_{c0} 所推求的跃后水深 h_{c02} 为

$$h_{c02} = \frac{h_{c0}}{2}\left(\sqrt{1 + 8F_{c0}^2} - 1\right)$$

$$= \frac{0.628}{2} \times \left(\sqrt{1 + 8 \times 5.78^2} - 1\right)$$

$$= 4.83\,(\mathrm{m})$$

给定流量下的临界水深 $h_t = 3.5$ m,因为 $h_t < h_{c02}$,故判定下游水流为远离式水跃衔接。

10.2　某分洪闸如图所示,底坎为曲线型低堰,泄洪单宽流量 $q = 11$ m^2/s,流速系数 $\varphi = 0.903$,河道为矩形断面,其他数据见图示。试设计消力池的池深和池长。

解：(1) 首先判别下游水流自然衔接的形式:

$$v_{c0} = \frac{q}{a + H} = \frac{11}{2 + 5} = 1.571\,(\mathrm{m/s})$$

$$T_0 = a + H + \frac{\alpha v_0^2}{2g} = 2 + 5 + \frac{1.571^2}{2 \times 9.81} = 7.126\,(\mathrm{m/s})$$

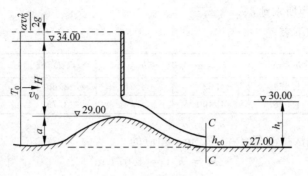

补充题 10.2 图

利用公式 $T_0 = h_{c0} + \dfrac{q^2}{2g\varphi^2 h_{c0}^2}$ 求收缩断面水深 h_{c0}:

$$T_0 = h_{c0} + \frac{q^2}{2g\varphi^2 h_{c0}^2}$$

$$7.126 = h_{c0} + \frac{11^2}{2 \times 9.81 \times 0.903^2 \times h_{c0}^2}$$

$$= h_{c0} + \frac{7.57}{h_{c0}^2}$$

用试算法求得 $h_{c0} = 1.123$ m,则

$$F_{c0} = \frac{q}{\sqrt{gh_{c0}^3}} = \frac{11}{\sqrt{9.81 \times 1.123^3}} = 2.953$$

$$h_{c02} = \frac{h_{c0}}{2}(\sqrt{1 + 8F_{c0}^2} - 1)$$

$$= \frac{1.123}{2} \times (\sqrt{1 + 8 \times 2.953^2} - 1)$$

$$= 4.162(\text{m})$$

给定的下游水深 $h_t = 3.0$ m,因为 $h_t < h_{c02}$,故判定下游水流为远离式水跃衔接,故必须做消力池。

(2) 求池深 d,其中,$\varphi = 0.95$,$\sigma' = 1.05$。

根据公式 $\sigma' h_{c02} + \dfrac{q^2}{2g(\sigma' h_{c02})^2} - d = h_t + \dfrac{q^2}{2g(\varphi_1 h_t)^2}$ 计算池深 d:

等式右端为某个常数,可令

$$A = h_t + \frac{q^2}{2g(\varphi_1 h_t)^2}$$

$$= 3 + \frac{11^2}{2 \times 9.81 \times 0.95^2 \times 3^2} = 3.76(\text{m})$$

假设 d 值对函数 $f(d) = \sigma' h_{c02} + \dfrac{q^2}{2g(\sigma' h_{c02})^2} - d$ 进行试算,当代入的 d 值使 $f(d) =$

A 时，此 d 值即为所求池深。

试算数据如下表：

d/m	h_{c0}/m	h_{c02}/m	$\sigma' h_{c02}/\mathrm{m}$	$f(d)/\mathrm{m}$	与 A 值相比
1.3	1.064	4.533	4.76	3.66	偏小
1.2	1.076	4.490	4.74	3.79	偏大

用直线内插法得池深 $d=1.22$ m。相应的

$$h_1 = h_{c01} = 1.074 \text{ m}$$
$$h_2 = h_{c02} = 4.50 \text{ m}$$

（3）计算消力池池长 l

$$l_j = 6.9(h_2 - h_1) = 6.9(h_{c02} - h_{c01}) = 6.9 \times (4.50 - 1.074) = 23.64(\text{m})$$

因此池长

$$l = 0.8 l_j = 0.8 \times 23.64 = 18.91(\text{m})$$

计算结果，池深 $d=1.22$ m，池长 18.91 m。

第11章 Chapter

渗　　流

内容提要

本章着重阐明渗流的基本规律及其实际应用,主要内容包括井的渗流、土坝渗流及流网的水力计算,目的是确定渗流量、渗流浸润线位置和渗流压力以及正确估计渗流对土壤的破坏作用。

11.1　渗流的基本概念与渗流模型

1. 渗流的基本概念

流体(主要指水)在地表以下土壤孔隙和岩石裂隙中的运动称为渗流,也称为地下水运动。流动中假定土壤孔隙和岩石裂隙是相互连通的,它的运动为重力或压力以及因流动而引起的阻力所控制。

地下水渗流分为有压渗流和无压渗流。具有自由表面的渗流称为无压渗流,如土坝渗流。位于不透水层下面没有自由表面的渗流称为有压渗流,如闸底板下的渗流。

土壤的特性对渗流影响甚大,在渗流空间的各点处同一方向透水性能相同的土壤称为均质土壤;否则为非均质土壤。在渗流空间同一点处各个方向透水性能相同的土壤称为各向同性土壤;反之为各向异性土壤。自然界中土壤的构造是极其复杂的,一般多为非均质各向异性土壤。

2. 渗流模型

实际的渗流是沿着一些形状、大小以及分布情况十分复杂的土壤孔隙流动的,具有很强的随机性。在实际工程问题中,往往不需要了解水流在孔隙中的实际流动情况,主要是要了解渗流的宏观的平均效果。为了使问题简化,引入渗流模型的概念。渗流模型假设全部渗流空间(土壤和孔隙的总和)均被流体所充满,但任一断面上的渗流量等于实际渗流量,水头损失等于实际水头损失,而在整个模型区内任一点的渗流运动要素,可以表示成渗流空间的连续函数,这样就便于用水力学或流体力学的方法进行研究。但渗流模型中的流速 v 与实际流速 v' 不相等,其关系为 $v=nv'$,式中 n 为土壤的孔隙率。

11.2　渗流的基本定律

达西通过如图 11.1 所示的装置,做了大量实验,得到在均匀渗流中的渗流速度与水头损失之间的基本关系式为

$$v = kJ \tag{11.1}$$

式中,J 为渗流水力坡度,$J = \dfrac{h_w}{l}$,其中 h_w 为渗流水头损失,l 为渗流路径长度;k 为渗透系数,反映土壤渗流能力大小,具有速度的量纲,其数值通过室内或野外实验测定,初估时可参考有关材料。

式(11.1)称为达西定律,它表明渗流流速 v 与水力坡度 J 的一次方成比例,因此该定律只适用于层流。

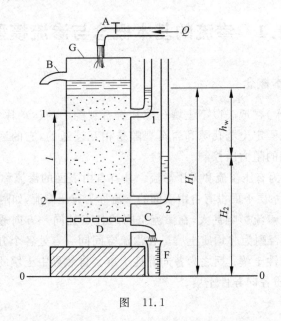

图　11.1

11.3　无压恒定渐变渗流的基本方程及其浸润线

渐变渗流的基本微分方程为

$$v = -k \frac{\mathrm{d}H}{\mathrm{d}s} = k\left(i - \frac{\mathrm{d}h}{\mathrm{d}s}\right) \tag{11.2}$$

$$Q = vA = kA\left(i - \frac{\mathrm{d}h}{\mathrm{d}s}\right) \tag{11.3}$$

式中，$\frac{\mathrm{d}H}{\mathrm{d}s}$ 为断面的水力坡度，不同断面处具有不同的数值，同一断面处为常数；v 为断面平均流速；i 为不透水层的底坡；h 为地下水渗流的水深；A 为地下水渗流的过水断面面积；Q 为通过过水断面的流量。

若地下水为均匀渗流，则：

断面平均流速

$$v = ki \tag{11.4}$$

单宽流量

$$q = kih_0 \tag{11.5}$$

式中，h_0 为均匀渗流的水深。

分析地下明渠渗流的浸润线时，因渗流的流速很小，可以忽略 $\frac{\alpha v^2}{2g}$。其断面单位能量 E_s 等于水深 h，E_s 与 h 呈线性变化，不存在极小值，因此没有临界水深和临界底坡，只有正坡($i>0$)、平坡($i=0$)和负坡($i<0$)。

对于正坡($i>0$)，可以发生如图 11.2(a)所示的两种水面线；对于平坡($i=0$)和负坡($i<0$)的情况，则只能发生降水曲线，如图 11.2(b)和图 11.2(c)所示。

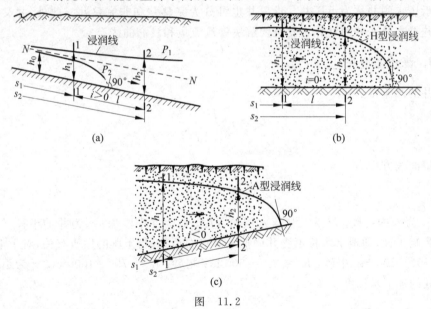

图 11.2

上述 3 种底坡上发生的水面线，其计算公式如下：

$i>0$ 时，

$$l = \frac{h_0}{i}\left(\eta_2 - \eta_1 + \ln\frac{\eta_2 - 1}{\eta_1 - 1}\right) \tag{11.6}$$

$i = 0$ 时，

$$l = \frac{k}{2q}(h_1^2 - h_2^2) \tag{11.7}$$

$i < 0$ 时，

$$l = \frac{h_0'}{i'}\left(\eta_1' - \eta_2' + \ln\frac{1+\eta_2'}{1+\eta_1'}\right) \tag{11.8}$$

式中，$\eta = \dfrac{h}{h_0}$，为 $i > 0$ 时渐变渗流水深与均匀渗流水深之比；$\eta' = \dfrac{h}{h_0'}$，为 $i < 0$ 时渐变渗流水深与虚拟的正常水深之比；h 为任一断面水深；i' 为负坡的绝对值，$i' = |i|$；h_0' 为虚拟的正常水深，即 $i' = |i|$ 时的均匀流水深。

11.4 井 的 渗 流

井是一种常见的抽取地下水源和降低地下水位的重要集水建筑物。按汲取的是无压还是有压地下水将井分为普通井(又称潜水井)和承压井(又称自流井)。在具有自由液面的潜水含水层中所打的井称为普通井。若井底直达不透水层，称为完整井(或称完全井)，否则称为非完整井(或称非完全井)。井身穿过一层或多层不透水层汲取承压水的井称为承压井。承压井也可分为完整井和非完整井。此外，井又有单井与井群之分。井的计算主要是要解决渗流流量和浸润曲线。

1. 普通完整井

井的产流量

$$Q = \pi k \frac{H^2 - h_0^2}{\ln\dfrac{R}{r_0}} \tag{11.9}$$

浸润线方程为

$$z^2 - h_0^2 = \frac{Q}{\pi k}\ln\frac{r}{r_0} \tag{11.10}$$

式中，k 为渗透系数；H 为无压含水层的深度；h_0 为井中水深；r_0 为井的半径。R 为井的影响半径，即地下水位不受井中抽水影响的距离，与土壤的性质有关，对于细砂：$R = 100 \sim 200$ m；中砂：$R = 250 \sim 500$ m；粗砂：$R = 700 \sim 1000$ m。z 为距井中心 r 处的地下水深度。

2. 承压完整井

井的产流量

$$Q = 2\pi kt \frac{H - h_0}{\ln\dfrac{R}{r_0}} = \frac{2\pi kts}{\ln\dfrac{R}{r_0}} \tag{11.11}$$

式中，t 为有压含水层厚度；H 为含水层的压力水头；s 为井的水面降深。

3. 普通完整井井群

设有 n 个普通完整井组成的井群，如图 11.3 所示。

浸润线方程为

$$z^2 = H^2 - \frac{Q_0}{\pi k}\left[\ln R - \frac{1}{n}\ln(r_1 r_2 \cdots r_n)\right] \qquad (11.12)$$

式中井群的影响半径 R 可采用单井的影响半径。

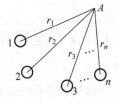

图 11.3

11.5　土坝的渗流

如图 11.4 所示，一水平不透水层上的均质土坝，在上、下游水位差 $H = H_1 - H_2$ 作用下，坝身内产生渗流运动。土坝的计算任务是求渗透单宽流量 q、浸润线 AC 的位置及逸出高度 a_0。均质土坝的计算一般采用分段法，有三段法和两段法，常采用的是两段法，即分上游段 $ABJC$ 和下游段 CJE。以 $A'B'NA$ 矩形断面代替上游段的 ABN 三角形断面，于是上游段变成 $A'B'JC$，而且此段作为平底上的渐变渗流处理。下游段 CJE 又分为水上部分和水下部分，每一部分中的水平带也作为渐变渗流处理，积分求出各部分的渗流量。然后根据上下游段流量的连续原理，得下面计算公式：

$$\left.\begin{aligned}\frac{q}{k} &= \frac{H_1^2 - (a_0 + H_2)^2}{2l'} \\ \frac{q}{k} &= \frac{a_0}{m_2}\left(1 + \ln\frac{a_0 + H_2}{a_0}\right)\end{aligned}\right\} \qquad (11.13)$$

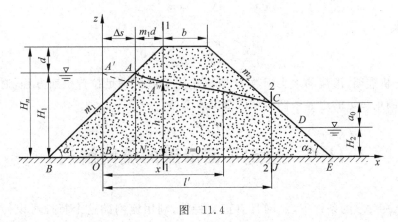

图 11.4

式中的 $l' = \lambda H_1 + m_1 d + b + m_2(H_n - a_0 - H_2)$，其中 $H_n = H_1 + d$，而 d 为坝顶超高。
通过式(11.13)可以求出 q 和 a_0，具体计算可以通过试算结合图解法进行，当 q 已知

后,可由式(11.14)计算浸润线坐标:

$$x = \frac{k}{2q}(H_1^2 - z^2) \tag{11.14}$$

11.6　恒定渗流的基本微分方程,渗流的流速势函数

渗流的连续性方程为

$$\frac{\partial u_x}{\partial x} + \frac{\partial u_y}{\partial y} + \frac{\partial u_z}{\partial z} = 0 \tag{11.15}$$

若将达西定律推广到各向同性均质土壤的三元渗流中,则得到渗流运动微分方程为

$$u_x = -k\frac{\partial H}{\partial x} = \frac{\partial(-kH)}{\partial x}$$

$$u_y = -k\frac{\partial H}{\partial y} = \frac{\partial(-kH)}{\partial y} \tag{11.16}$$

$$u_z = -k\frac{\partial H}{\partial z} = \frac{\partial(-kH)}{\partial z}$$

这样渗流的连续性方程和运动方程就构成了渗流的基本微分方程组,共有四个微分方程,四个未知数(u_x,u_y,u_z,H),理论上是可以求解的。

渗流流速势函数

$$\varphi = -kH \tag{11.17}$$

将式 (11.16) 代入式(11.15) 后可得出

$$\frac{\partial^2 H}{\partial x^2} + \frac{\partial^2 H}{\partial y^2} + \frac{\partial^2 H}{\partial z^2} = 0 \tag{11.18}$$

亦可写成

$$\frac{\partial^2 \varphi}{\partial x^2} + \frac{\partial^2 \varphi}{\partial y^2} + \frac{\partial^2 \varphi}{\partial z^2} = 0 \tag{11.19}$$

由以上分析表明,渗流的水头函数 H 或流速势函数 φ 满足拉普拉斯方程,通过求解该方程(满足一定的边界条件),就可给出渗流场。

11.7　恒定平面渗流的流网解法

在 $\Delta\psi = \Delta\varphi$ 的条件下,流网具有正交特性,利用流网的这个特性可以徒手画流网,也可以根据地下水的渗流运动与电场中电流运动均满足相同的运动微分方程式——拉普拉斯方程式,只要两种运动的边界条件相似,则其解就相同。根据这一原理也可以应用水电比拟法获得流网。如果得到了流网,如图 11.5 所示,则渗流问题

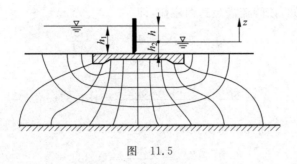

图 11.5

也就得到了解决。

1. 渗流速度 u 及单宽流量 q

渗流速度

$$u = k \frac{h}{n \Delta s} \tag{11.20}$$

单宽流量

$$q = k \frac{mh}{n} \tag{11.21}$$

式中，h 为上、下游水头差；m 表示 $m+1$ 条流线将渗流区分为 m 条流带数；Δs 为流网方格的边长；n 表示 $n+1$ 条等势线将渗流区划分成 n 条等势带数。

2. 渗流压强 p

任意第 i 条等势线的水头

$$H_i = H_1 - (i-1)\frac{h}{n} \tag{11.22}$$

式中，H_1 为第一条等势线的水头；n 为等势带的带数；h 为上、下游的水位差。

流网中任意一点压强

$$p = \rho g (H_i - z) \tag{11.23}$$

式中 z 为位置坐标，以下游水面为基准面，选 z 轴铅直向上。

习题及解答

11.1   在渗透仪的圆管中装有均质中砂，如图所示。圆管直径 $d = 15.2$ cm，上部装有进水管，并配备保持水位恒定的溢流管 b，若测得通过砂土的渗透流量 $Q = 2.83$ cm³/s，其余数据见图。图中 2—2 到 3—3 断面的水头损失忽略不计，试计算渗透系数。

解：由题可知，该渗流满足达西定律，即

$$Q = kAJ, \quad 则 \quad k = \frac{Q}{AJ}$$

而

$$A = \frac{\pi d^2}{4} = \frac{3.14 \times 15.2^2}{4} = 181.37(\mathrm{cm}^2)$$

从 1—1 断面到 2—2 断面的水头损失 $h_\mathrm{w} = 0.305$ m，则

$$J = \frac{h_\mathrm{w}}{L} = \frac{0.305}{0.914} = 0.334$$

可计算出

$$k = \frac{Q}{AJ} = \frac{2.83}{181.37 \times 0.334} = 0.0467(\mathrm{cm/s})$$

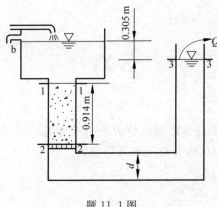

题 11.1 图

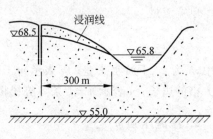

题 11.2 图

11.2　如图所示，河中水位为 65.8 m，距河 300 m 处有一钻孔，孔中水位为 68.5 m，不透水层为水平面，高程为 55.0 m，土的渗透系数为 $k = 16$ m/d，试求单宽渗流量。

解：由无压平坡渗流公式有

$$q = \frac{k}{2l}(h_1^2 - h_2^2) = \frac{16}{2 \times 300}(13.5^2 - 10.8^2)$$

$$= 1.75(\mathrm{m}^2/\mathrm{d})$$

11.3　在地下水渗流方向布设两个钻井 1 和 2，相距 800 m，如图所示。测得钻井 1 的水面高程 16.8 m，井底高程 12.4 m，钻井 2 的水面高程 6.6 m，井底高程 4.5 m，土的渗透系数 $k = 0.008$ cm/s，试求单宽渗流量。

解：该渗流为恒定无压渐变渗流，由于钻孔 1 水深 $h_1 = 4.4$ m，钻孔 2 水深 $h_2 = 2.1$ m。故可判断该浸润线为 P_2 型的降水曲线，单宽渗流量为 $q = kh_0 i$。其中

$$i = \sin\theta = \frac{z_1 - z_2}{l} = \frac{7.9}{800} = 0.009\,88$$

这里主要是求出 h_0，由正坡公式可得出

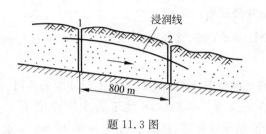

题 11.3 图

$$h_0 \ln \frac{h_2 - h_0}{h_1 - h_0} = il - h_2 + h_1$$

代入已知值得

$$h_0 \ln \frac{2.1 - h_0}{4.4 - h_0} = 0.00988 \times 800 - 2.1 + 4.4 = 10.2$$

经试算可得 $h_0 = 4.694$ m,从而可计算出单宽流量

$$q = kh_0 i = 0.008 \times 469.4 \times 0.00988 = 0.037 (\text{cm}^2/\text{s})$$

11.4 有一普通完整井如图所示。井的半径 $r_0 = 10$ cm。含水层厚度 $H = 8.0$ m,渗透系数 $k = 0.003$ cm/s。抽水时井中水深保持为 $h_0 = 2.0$ m,井的影响半径 $R = 200$ m,求出井的产流量 Q 和距井中心 $r = 100$ m 处的地下水深度 h。

解:由普通完整井的公式得

$$Q = \pi k \frac{H^2 - h_0^2}{\ln \dfrac{R}{r_0}} = 3.14 \times 0.00003 \times \frac{64 - 4}{\ln 2000} = 7.43 \times 10^{-4} (\text{m}^3/\text{s})$$

由浸润线方程 $z^2 - h_0^2 = \dfrac{Q}{\pi k} \ln \dfrac{r}{r_0}$,当 $r = 100$ m 时 $z = h$,代入该式有

$$h^2 = \frac{Q}{\pi k} \ln \frac{r}{r_0} + h_0^2 = \frac{7.43 \times 10^{-4}}{3.14 \times 0.00003} \ln 1000 + 4 = 58.48$$

可解得 $h = 7.65$ m。

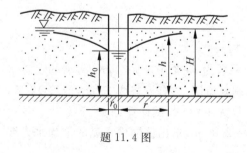

题 11.4 图

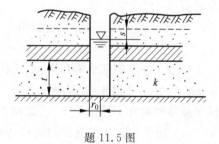

题 11.5 图

11.5 有一承压井如图所示。井的半径 $r_0 = 76$ cm,含水层厚度 $t = 9.8$ m,土壤的渗透系数 $k = 4.2$ m/d,井的影响半径 $R = 150$ m。当从井中抽水时,井的水面降深 $s = 4.0$ m,求井的产流量 Q。

解：由承压完整井公式得

$$Q = \frac{2\pi kts}{\ln \dfrac{R}{r_0}} = \frac{2 \times 3.14 \times 4.2 \times 9.8 \times 4.0}{\ln \dfrac{150}{0.76}} = 195.64(\text{m}^3/\text{d})$$

11.6　为降低基坑的地下水位，在基坑周围，沿矩形边界排列布设 8 个普通完全井如图所示。井的半径为 $r_0 = 0.15$ m，地下含水层厚度 $H = 15$ m，渗透系数为 $k = 0.001$ m/s，各井抽水流量相等，总流量为 $Q_0 = 0.02$ m³/s，设井群的影响半径为 $R = 500$ m，求井群中心点 O 处地下水位的降落值 Δh。

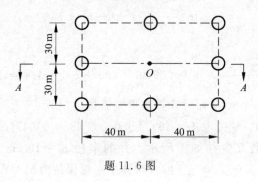

题 11.6 图

解：由井群公式，有

$$z^2 = H^2 - \frac{Q_0}{\pi k}\left[\ln R - \frac{1}{n}\ln(r_1 r_2 \cdots r_n)\right]$$

$$= 15^2 - \frac{0.02}{3.14 \times 0.001}\left[\ln 500 - \frac{1}{8}\ln(40 \times 40 \times 30 \times 30 \times 50 \times 50 \times 50 \times 50)\right]$$

$$= 225 - 6.37\left[6.21 - \frac{1}{8}\ln(9 \times 10^{12})\right]$$

$$= 225 - 6.37 \times (6.21 - 3.73)$$

$$= 209.2$$

则可解出

$$z = 14.46 \text{ m}$$

$$\Delta h = H - z = 15 - 14.46 = 0.54(\text{m})$$

11.7　一坝基平面有压渗流，土的渗透系数为 $k = 2.0 \times 10^{-4}$ cm/s，坝的上游水头 $H_1 = 20$ m，下游水头 $H_2 = 8.0$ m。已绘制好流网，共有等势线 13 条，流线 12 条，现将基准面取在下游水面上，若流网图的比尺为 1∶200，试计算：

（1）图中某正方形网格的边长 $\Delta n = \Delta s = 2.0$ cm，求出该网格水流的平均水力坡度 J 和渗流速度 u。

（2）求出垂直于坝轴线单位宽度上的渗流量 q。

（3）求最后一条等势线上某点的渗流压强 p。

解：（1）求该网格水流的平均水力坡度 J 和渗流速度 u

由流网网格边长

$$\Delta n = \Delta s = 2.0 \text{ cm}$$

$$\Delta H = \frac{h}{n} = \frac{12}{12} = 1.0(\text{m})$$

流网比尺为 $1:200$，即图中长度 1.0 cm 代表实际长度 2.0 m，则

$$J = \frac{\Delta H}{\Delta s} = \frac{1}{2 \times 2} = 0.25$$

$$u = kJ = 2.0 \times 10^{-4} \times 0.25 = 0.5 \times 10^{-4}(\text{cm/s})$$

（2）垂直于坝轴线的单宽流量

$$q = \frac{m}{n}kh = \frac{11}{12} \times 2.0 \times 10^{-4} \times 1200 = 0.22(\text{cm}^2/\text{s})$$

（3）最后一条等势线的渗流压强

由渗流压强的表达式

$$p = \rho g (H - z)$$

由于基准面取在下游水面上，并取 z 坐标向上为正，则最后一条等势线上 $z = -8.0$ m，将 $z = -8.0$ m 和 $H = 12 - 12 \times 1 = 0$ 代入后得

$$p = \rho g \times 8 = 9810 \times 8 = 78\,480(\text{N/m}^2)$$

补充题及解答

11.1 如图所示，两水库 A、B 之间以一座山为间隔，经地质勘探查明有一透水层，其厚度 $a = 4$ m，宽度 $b = 500$ m，长度 $l = 2000$ m。前段为细砂，渗透系数 $k_1 = 0.001$ cm/s；后段为中砂，渗透系数 $k_2 = 0.01$ cm/s。A 水库水位为 130 m，B 水库水位为 100 m，不计水库水流的行近流速，试求由 A 水库向 B 水库渗透的流量 Q。

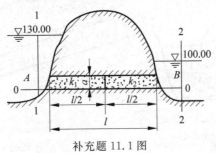

补充题 11.1 图

解：设透水层前后段的渗透流速分别为 v_1、v_2，水头损失分别为 h_{w1}、h_{w2}，由连续性方程可得 $v_1 = v_2 = v$。

对 1—1，2—2 断面列能量方程得

$$z_1 + \frac{p_1}{\rho g} + \frac{\alpha v_1^2}{2g} = z_2 + \frac{p_2}{\rho g} + \frac{\alpha v_2^2}{2g} + h_{w}$$

$$z_1 + 0 + 0 = z_2 + 0 + 0 + h_{w1} + h_{w2}$$

$$h_{w1} + h_{w2} = z_1 - z_2 = 130 - 100 = 30 (\text{m})$$

由达西定律 $v = kJ = k\dfrac{h_w}{l}$，可得 $h_{w1} = \dfrac{l}{2}\dfrac{v}{k_1}, h_{w2} = \dfrac{l}{2}\dfrac{v}{k_2}$，代入能量方程得

$$\frac{2000}{2}\frac{v}{0.001 \times 10^{-2}} + \frac{2000}{2}\frac{v}{0.01 \times 10^{-2}} = 30$$

计算可得

$$v = 2.727 \times 10^{-7} \text{ m/s}$$

渗透流量

$$Q = vA = vab = 2.727 \times 10^{-7} \times 4 \times 500 = 5.454 \times 10^{-4} (\text{m}^3/\text{s})$$

11.2　某河槽左岸有地下水渗入,河中水深为 $h_2 = 2$ m,距离河道 l 处的钻孔水深 $h_1 = 5.2$ m,当在此河道下游修建水库后,此河槽的水深抬高 2 m,如图所示。假设不透水层水平,修建水库前后地下水补给河道的渗流量不变,求修建水库后钻孔中的水深 h。

解:浸润线方程为

$$l = \frac{k}{2q}(h_1^2 - h_2^2)$$

修建水库前

$$l = \frac{k}{2q}(5.2^2 - 2^2) \tag{①}$$

修建水库后

$$l = \frac{k}{2q}(h^2 - 4^2) \tag{②}$$

联立①、②两式求解得建水库后钻孔中的水深 $h = 6.25$ m。

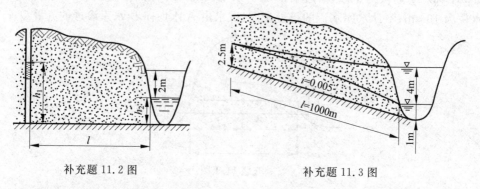

补充题 11.2 图　　　　　　　　　　　补充题 11.3 图

11.3　某河槽左岸含水层中有地下水入渗,河槽水深为 1.0 m,含水层的渗透系数 $k = 0.002$ cm/s,在距离河道 1000 m 处的地下水深度为 $h_1 = 2.5$ m,地下明渠底坡 $i = 0.005$。当在此河道下游修建水库后,此河槽的水深抬高 4 m。若距离左岸 1000 m 处的地下水位不变,试问在修建水库以后入渗单宽流量 q 将减少多少?

解:要求解入渗单宽流量 q,应先求含水层内正坡地下明渠的正常水深 h_0。

浸润线方程为

$$l = \frac{h_0}{i}\left(\eta_2 - \eta_1 + \ln\frac{\eta_2 - 1}{\eta_1 - 1}\right)$$

由于 $\eta_1 = \frac{h_1}{h_0}$, $\eta_2 = \frac{h_2}{h_0}$, 方程简化为

$$h_0\ln\frac{h_2 - h_0}{h_1 - h_0} = il - h_2 + h_1$$

$$h_0\ln\frac{1.0 - h_0}{2.5 - h_0} = 0.005 \times 1000 - 1.0 + 2.5 = 6.5$$

经试算可求得 $h_0 = 2.639$ m, 正常水深 $h_0 > h$, 因此浸润线为降水曲线。

入渗单宽流量

$$q = kh_0i = 0.002 \times 10^{-2} \times 2.639 \times 0.005 = 2.639 \times 10^{-7}(\text{m}^2/\text{s})$$

修建水库后, 河槽水位壅高, $h_2 = 5$ m, 浸润线方程为

$$h_0\ln\frac{5.0 - h_0}{2.5 - h_0} = 2.5$$

经试算可求得 $h_0 = 1.73$ m, 正常水深 $h_0 > h$, 因此浸润线为壅水曲线。

入渗单宽流量

$$q = kh_0i = 0.002 \times 10^{-2} \times 1.73 \times 0.005 = 1.73 \times 10^{-7}(\text{m}^2/\text{s})$$

壅水后入渗单宽流量减少量

$$(2.639 - 1.73) \times 10^{-7} = 0.909 \times 10^{-7}(\text{m}^2/\text{s}) = 7.85 \times 10^{-3}(\text{m}^2/\text{d})$$

11.4 某水闸渗流流网如图所示, 上游水深 $H_1 = 8.0$ m, 下游水深 $H_2 = 2.0$ m, 渗透系数 $k = 0.02$ cm/s, 试求: (1)渗流流网的单宽流量 q; (2)B 点的压强水头。

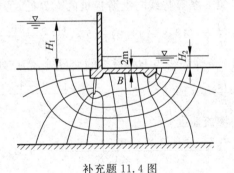

补充题 11.4 图

解: 从图中可以看出, 渗流流网共有 13 条等势线, 6 条流线。

(1) 渗透流量

$$q = \frac{m}{n}kH = \frac{6-1}{13-1} \times 0.02 \times 10^{-2} \times (8.0 - 2.0) = 5.0 \times 10^{-4}(\text{m}^2/\text{s})$$

(2) B 点位于第 8 条等势线与闸底板的交界处, B 点处的渗流压强水头

$$\frac{p_B}{\rho g} = (H_1 - H_2) - 7\frac{(H_1 - H_2)}{n} - z = 6.0 - 7 \times \frac{8.0 - 7.0}{13 - 1} - (-4.0) = 6.5(\text{m})$$

11.5 某水闸渗流流网如图所示,上游水位高程 19.8 m,闸底高程 16.0 m,下游无水且上、下游设置板桩,地基土壤的渗透系数 $k = 0.05$ cm/s,①、②点位于上游板桩处,③、④点位于流网网格内。已知①、②、③、④点高程分别为 14.20 m、15.20 m、12.0 m、14.0 m,③、④点处流线间距离分别为 $\Delta s_3 = 0.8$ m,$\Delta s_4 = 1.7$ m,试求:
(1) 渗流流网的单宽流量 q;(2) ①、②点处的压强水头;(3) ③点处网格的渗流速度 u_3,通过④点处的渗流速度是否与③点相同,如不同请求出 u_4。

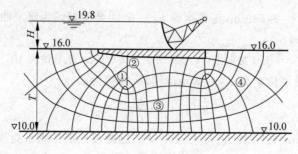

补充题 11.5 图

解: 从图中可以看出,渗流流网共有 20 条等势线,6 条流线。

(1) 渗透流量

$$q = \frac{m}{n}kH = \frac{7-1}{20-1} \times 0.05 \times 10^{-2} \times (19.8 - 16.0) = 5.0 \times 10^{-4} \ (\text{m}^2/\text{s})$$

(2) 如图①点位于第 6 条等势线与上游板桩的交界处,①点处的水头压强

$$\frac{p_1}{\rho g} = h_1 - 5\frac{H}{n} = (19.8 - 14.2) - 5 \times \frac{19.8 - 16.0}{20 - 1} = 4.6(\text{m})$$

如图②点位于第 10 条等势线与上游板桩的交界处,②点处的水头压强

$$\frac{p_2}{\rho g} = h_2 - 9\frac{H}{n} = (19.8 - 15.2) - 9 \times \frac{19.8 - 16.0}{20 - 1} = 2.8(\text{m})$$

(3) ③点处网格的渗流速度

$$u_3 = \frac{kH}{n\Delta s_3} = \frac{0.05 \times 10^{-2} \times (19.8 - 16.0)}{(20 - 1) \times 0.8} = 1.25 \times 10^{-4}(\text{m/s})$$

④点处网格的渗流速度

$$u_4 = \frac{kH}{n\Delta s_4} = \frac{0.05 \times 10^{-2} \times (19.8 - 16.0)}{(20 - 1) \times 1.7} = 5.88 \times 10^{-5}(\text{m/s})$$

因此③、④两点处的渗流速度不同。

第12章
Chapter

污染物的输运和扩散

内容提要

当河流或湖泊受到工业废水、城市生活污水、农林牧渔业废水的污染时,有机污染物、无机污染物、重金属及其化合物就会进入水体。本章主要讨论这些污染物在水体中的运动规律及其在流动水体中的分布状态。根据污染物在水流中输运、扩散和化学反应的规律建立相关的数学方程,并就几种简单的流动条件分别给出相应的解析解。

12.1 污染物输运和扩散的数学方程

1. 一维输运-扩散方程

$$\frac{\partial C}{\partial t} = -\frac{1}{A}\frac{\partial QC}{\partial x} + D\frac{\partial^2 C}{\partial x^2} - k_C C \tag{12.1}$$

式中,C 为污染物浓度;A 为过水断面面积;Q 为流量;D 为扩散系数;k_C 为化学反应系数。

该方程表明污染物质浓度的变化是由随流运动、扩散运动和化学反应三个过程共同作用的结果。

2. 二维输运-扩散方程

$$\frac{\partial C}{\partial t} = -\frac{\partial u_x C}{\partial x} - \frac{\partial u_y C}{\partial y} + D_x\frac{\partial^2 C}{\partial x^2} + D_y\frac{\partial^2 C}{\partial y^2} - k_C C \tag{12.2}$$

式中,u_x 为 x 方向的速度;u_y 为 y 方向的速度;D_x 为 x 方向的扩散系数;D_y 为 y 方向的扩散系数。

12.2　一维扩散过程的解

1. 无限长渠道中瞬时点源的扩散

考虑一条无限长的渠道，x 轴沿渠道的中心线布置，原点设在渠道的中间断面，如图 12.1 所示。在渠道的中间断面处（$x=0$），单位面积的过水断面上瞬时投入质量为 m 的污染物（简称瞬时点源），该污染物从中间断面向上、下游扩散。

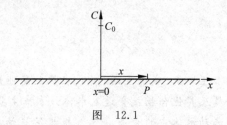

图　12.1

在这种条件下，式（12.1）可写成如下形式：

$$\frac{\partial C}{\partial t} = D \frac{\partial^2 C}{\partial x^2} \tag{12.3}$$

式中的扩散系数 D 假定为常数。

方程（12.3）的解为

$$C = \frac{m}{2\sqrt{\pi D t}} e^{-\frac{x^2}{4Dt}} \tag{12.4}$$

2. 半无限长渠道中瞬时点源的扩散

考虑一条半无限长的渠道，在渠道的一端（$x=0$）的断面处，单位面积的过水断面上瞬时投入质量为 m 的污染物，该污染物沿 x 的正方向朝无限远处扩散。此条件下方程（12.3）的解为

$$C = \frac{m}{\sqrt{\pi D t}} e^{-\frac{x^2}{4Dt}} \tag{12.5}$$

3. 无限长渠道中区域浓度的扩散

在一条无限长的渠道内，扩散过程开始前（$t=0$），在中间断面的上游，即在 $x<0$ 的区域内污染物的浓度为 C_0，在中间断面的下游，即在 $x>0$ 的区域内 $C=0$，如图 12.2 所示，计算渠道内各断面在扩散过程开始后（$t>0$）污染物的浓度。此时，求解的条件为

$$C(x,0) = C_0, \quad -\infty < x \leqslant 0$$
$$C(x,0) = 0, \quad 0 < x < \infty$$

方程(12.3)的解为

$$C_P = \frac{C_0}{2}\left[1-\mathrm{erf}\left(\frac{x}{2\sqrt{Dt}}\right)\right] = \frac{C_0}{2}\mathrm{erfc}\left(\frac{x}{2\sqrt{Dt}}\right) \tag{12.6}$$

式中，$\mathrm{erfc}(z)=1-\mathrm{erf}(z)$，称之为伴随误差函数。误差函数的值可以从误差函数数值表或误差函数计算软件中得到。

如果污染物是在断面间$-l\leqslant x\leqslant l$投入渠道的，如图12.3所示，即求解的条件为

$$C(x,0) = C_0, \quad -l\leqslant x\leqslant l$$

$$C(x,0) = 0, \quad -\infty < x < -l, l < x < \infty$$

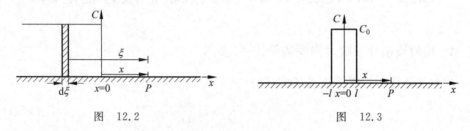

图 12.2   图 12.3

则方程(12.3)的解为

$$C_P = \frac{C_0}{2}\left[\mathrm{erf}\left(\frac{l+x}{2\sqrt{Dt}}\right)+\mathrm{erf}\left(\frac{l-x}{2\sqrt{Dt}}\right)\right] \tag{12.7}$$

由于扩散过程相对于$x=0$断面是对称的，式(12.7)同样可以适用于在半无限长的渠道中断面$-l\leqslant x\leqslant l$间瞬时投放污染物后扩散过程的计算。

4. 半无限长渠道中连续点源的扩散

考虑一个半无限长的渠道，扩散过程开始前($t=0$)，在渠道的一端($x=0$)的断面处，污染物浓度$C=C_0$，在渠道的其他区域内($x>0$)，污染物浓度$C=0$，并且扩散过程中($t>0$)，在$x=0$的断面处连续投入浓度为C_0的污染物(简称连续点源)，计算渠道内各断面在扩散过程开始后($t>0$)污染物的浓度。该问题的求解条件为

$$\begin{cases} C(0,t) = C_0, & 0\leqslant t < \infty \\ C(x,0) = 0, & 0 < x < \infty \end{cases}$$

方程(12.3)的解为

$$C = C_0\,\mathrm{erfc}\,\frac{x}{2\sqrt{Dt}} \tag{12.8}$$

12.3   二维扩散过程的解

考虑一个面积无限大而水深为有限的水体，如面积很大而水深比较浅的湖泊，在水体的中心位置($x=0,y=0$)的单位面积上，瞬时投入质量为m的污染物，在这样的

条件下,式(12.2)可写成如下形式:

$$\frac{\partial C}{\partial t} = D_x \frac{\partial^2 C}{\partial x^2} + D_y \frac{\partial^2 C}{\partial y^2} \tag{12.9}$$

方程(12.9)的解为

$$C = \frac{m}{4\pi t \sqrt{D_x D_y}} e^{-\frac{x^2}{4D_x t} - \frac{y^2}{4D_y t}} \tag{12.10}$$

12.4   均匀流条件下一维随流-扩散方程的解

1. 均匀流条件下瞬时点源的随流-扩散

均匀流条件下一维随流-扩散方程为

$$\frac{\partial C}{\partial t} = -U\frac{\partial C}{\partial x} + D\frac{\partial^2 C}{\partial x^2} \tag{12.11}$$

方程(12.11)的解为

$$C = \frac{m}{2\sqrt{\pi Dt}} e^{-\frac{(x-Ut)^2}{4Dt}} \tag{12.12}$$

对于一条半无限长的棱柱形顺直渠道,类比纯扩散过程,这种条件下方程(12.11)
的解为

$$C = \frac{m}{\sqrt{\pi Dt}} e^{-\frac{(x-Ut)^2}{4Dt}} \tag{12.13}$$

2. 无限长渠道中区域浓度的随流-扩散

类比纯扩散过程,这种条件下方程(12.11)的解可写为

$$C_P = \frac{C_0}{2} \mathrm{erfc}\left(\frac{x-Ut}{2\sqrt{Dt}}\right) \tag{12.14}$$

若在 $-l \leqslant x \leqslant l$ 的区间内投放浓度为 C_0 的污染物,则方程(12.11)的解为

$$C = \frac{C_0}{2}\left[\mathrm{erf}\left(\frac{l+(x-Ut)}{2\sqrt{Dt}}\right) + \mathrm{erf}\left(\frac{l-(x-Ut)}{2\sqrt{Dt}}\right)\right] \tag{12.15}$$

3. 半无限长渠道中连续点源的随流-扩散

此条件下,方程(12.11)的解为

$$C_P(x,t) = \frac{C_0}{2}\left[\mathrm{erfc}\left(\frac{x-Ut}{2\sqrt{Dt}}\right) + \mathrm{erfc}\left(\frac{x+Ut}{2\sqrt{Dt}}\right)e^{\frac{Ux}{D}}\right] \tag{12.16}$$

12.5　均匀流条件下二维随流-扩散方程的解

均匀流条件下二维随流-扩散方程为

$$\frac{\partial C}{\partial t} = -u_x \frac{\partial C}{\partial x} - u_y \frac{\partial C}{\partial y} + D_x \frac{\partial^2 C}{\partial x^2} + D_y \frac{\partial^2 C}{\partial y^2} \tag{12.17}$$

方程(12.17)的解为

$$C = \frac{m}{4\pi t \sqrt{D_x D_y}} e^{-\left[\frac{(x - u_x t)^2}{4 D_x t} + \frac{(y - u_y t)^2}{4 D_y t}\right]} \tag{12.18}$$

12.6　存在化学反应的一维随流-扩散方程的解

只考虑一种较简单的情况,即在一条半无限长顺直矩形断面渠道中,在渠道的一端($x=0$)连续投入某种可以通过化学反应降解的污染物,污染物浓度为 C_0,在这种条件下,如果只考虑扩散作用,方程(12.1)化简为

$$\frac{\partial C}{\partial t} = D \frac{\partial^2 C}{\partial x^2} - k_C C \tag{12.19}$$

方程(12.19)的解为

$$C(x,t) = \frac{C_0}{2} e^{(-x\sqrt{k/D})} \operatorname{erfc}\left(\frac{x}{\sqrt{2Dt}} - \sqrt{k_C t}\right) + \frac{C_0}{2} e^{(x\sqrt{k/D})} \operatorname{erfc}\left(\frac{x}{\sqrt{2Dt}} + \sqrt{k_C t}\right) \tag{12.20}$$

如果同时考虑随流-扩散作用,则降解污染物的随流-扩散过程由下式描述:

$$\frac{\partial C}{\partial t} = -U \frac{\partial C}{\partial x} + D \frac{\partial^2 C}{\partial x^2} - k_C C \tag{12.21}$$

方程(12.21)的解为

$$C(x,t) = \frac{C_0}{2} e^{\frac{(U-\overline{U})x}{2D}} \operatorname{erfc}\left(\frac{x - \overline{U}t}{2\sqrt{Dt}}\right) + \frac{C_0}{2} e^{\frac{(U+\overline{U})x}{2D}} \operatorname{erfc}\left(\frac{x + \overline{U}t}{2\sqrt{Dt}}\right) \tag{12.22}$$

式中

$$\overline{U} = \sqrt{U^2 + 4k_C D}$$

12.7　扩散系数的分析与估算

如果水体作层流运动,则扩散过程由水体的分子运动和弥散过程两部分组成。如果水体作紊流运动,则扩散过程由水体分子运动、弥散过程和紊动掺混过程三部分

组成,表示为

$$D = D_m + D_d + D_t \tag{12.23}$$

其中分子扩散系数 D_m 一般取值为 10^{-6} m^2/s。弥散系数 D_d 和紊动扩散系数 D_t 均可由相应的经验公式估算。

弥散系数

$$D_d = 5.93 u_* h \quad \text{或} \quad D_d = \frac{0.011 v B}{u_* h} \tag{12.24}$$

式中,u_* 为摩阻流速;h 为水深;v 为平均流速;B 为渠道的水面宽度。

紊动扩散系数 D_t 可分为垂向紊动扩散系数 D_{tz} 和横向紊动扩散系数 D_{ty}。

垂向紊动扩散系数:

$$D_{tz} = 0.067 u_* h \tag{12.25}$$

横向紊动扩散系数:

顺直河道

$$D_{ty} = (0.15 \pm 0.075) u_* h \tag{12.26}$$

天然河道

$$D_{ty} = (0.60 \pm 0.30) u_* h \tag{12.27}$$

习题及解答

12.1 某半无限长的渠道中,水体的初始污染物的浓度为零,在渠道一端的单位面积上瞬时投入质量为 1.0 kg 的污染物,扩散系数 $D = 0.0045$ m^2/s,求经过 5 h 后,距投放断面 10 m 处,该污染物的浓度。

解:利用半无限长渠道中瞬时点源的扩散解,可得

$$C = \frac{m}{\sqrt{\pi D t}} e^{-\frac{x^2}{4Dt}} = \frac{1.0}{\sqrt{\pi \times 0.0045 \times 5 \times 3600}} e^{-\frac{10.0 \times 10.0}{4 \times 0.0045 \times 5 \times 3600}} = 0.046 (\text{kg/m}^3)$$

12.2 某面积较大而水深较浅的池塘,在其中间位置的单位面积上投入 1 kg 的污染物,扩散系数 $D_x = D_y = 0.0025$ m^2/s,求经过 1 h 后,距中间断面 $r = 5$ m 处,该污染物的浓度。

解:这是一个面积无限大而水深为有限的水体中的二维扩散问题,有

$$C = \frac{m}{4\pi t \sqrt{D_x D_y}} e^{-\frac{x^2}{4D_x t} - \frac{y^2}{4D_y t}} = \frac{m}{4\pi t \sqrt{D_x D_y}} e^{-\frac{r^2}{4D_x t}}$$

$$= \frac{m}{4\pi t \sqrt{D_x D_y}} e^{-\frac{r^2}{4D_x t}} = \frac{1.0}{4 \times \pi \times 3600 \times 0.0025} e^{-\frac{5^2}{4 \times 0.0025 \times 3600}}$$

$$= 4.415 \times 10^{-3} (\text{kg/m}^3)$$

12.3 某矩形断面渠道宽度 $b = 4$ m,水深 $h = 3$ m,水流为均匀流,运动黏度 $\nu =$

1.007×10^{-6} m^2/s,在渠道的中间断面上游水体污染物浓度为 10 kg/m^3,渠道底坡 $i = 0.001$,平均流速 $v = 0.45$ m/s。求经过 4.9 h 后,中间断面下游 $l = 8$ km 处,该污染物的浓度。

解:这是一个无限长渠道中区域浓度的随流-扩散问题。计算公式为

$$C_P = \frac{C_0}{2}\mathrm{erfc}\left(\frac{x - Ut}{2\sqrt{Dt}}\right)$$

其中扩散系数

$D = D_m + D_d + D_t$

$D_m = 10^{-6}$ m^2/s,$\quad u_* = \sqrt{gRJ} = \sqrt{9.81 \times 1.2 \times 0.001} = 0.108$(m/s)

$D_d = \dfrac{0.011vB}{u_* h} = \dfrac{0.011 \times 0.45 \times 4.0}{0.108 \times 3.0} = 0.0611$(m^2/s)

$Re = \dfrac{vR}{\nu} = \dfrac{0.45 \times 1.2}{1.007 \times 10^{-6}} = 5.362 \times 10^5,\quad$ 流动为紊流

$D_{tz} = 0.067u_* h = 0.067 \times 0.108 \times 3.0 = 0.022$(m^2/s)

$D = D_m + D_d + D_t = 0.000\,001 + 0.061 + 0.022 = 0.083$(m^2/s)

$C_P = \dfrac{C_0}{2}\mathrm{erfc}\left(\dfrac{x - Ut}{2\sqrt{Dt}}\right) = \dfrac{10.0}{2}\mathrm{erfc}\left(\dfrac{8000.0 - 0.45 \times 4.9 \times 3600}{2\sqrt{0.083 \times 4.9 \times 3600}}\right) = 1.26$(kg/m^3)

12.4 某面积较大而水深较浅的池塘,在其中间位置的单位面积上投入 1.0 kg 的污染物,扩散系数 $D_x = D_y = 0.05$ m^2/s,x、y 方向沿水深平均的流速分别为 $u_x = 0.3$ m/s,$u_y = 0.15$ m/s。求经过 100 s 后,距中间断面 $x = 30$ m,$y = 15$ m 处该污染物的浓度。

解:这是一个面积无限大而水深为有限的水体中的二维随流-扩散问题,有

$$C = \frac{m}{4\pi t\sqrt{D_x D_y}}\mathrm{e}^{-\left[\frac{(x - u_x t)^2}{4D_x t} + \frac{(y - u_y t)^2}{4D_y t}\right]}$$

$$= \frac{1.0}{4 \times \pi \times 100 \times \sqrt{0.05 \times 0.05}}\mathrm{e}^{-\left[\frac{(30.0 - 0.3 \times 100)^2}{4 \times 0.05 \times 100} + \frac{(15.0 - 0.15 \times 100)^2}{4 \times 0.05 \times 100}\right]}$$

$$= 0.016\,(\mathrm{kg/m}^3)$$

补充题及解答

12.1 某长直河道上游连续排放污水,污染物浓度 $C_0 = 9.0$ g/L,断面的平均流速为 0.25 m/s,化学反应系数 $k_C = 0.4$ d。若水流为均匀流,不考虑扩散作用,试求污染物浓度稳定后浓度为 0.9 g/L 的断面距河道始端的距离。

解:不考虑扩散作用且输运过程恒定,一维输运-扩散方程简化为

$$U\frac{\partial C}{\partial x} = -k_C C$$

方程的解为

$$C = C_0 e^{-\frac{k_C x}{U}}$$

$$x = \frac{U}{k_C}\ln\frac{C_0}{C} = \frac{0.25}{0.4/86\,400}\ln\frac{9.0}{0.9} = 124\,339.6(\text{m}) \approx 124.34(\text{km})$$

12.2   某长直河道上游连续排放污水，污水中污染物质的浓度为 $C_0 = 100$ g/L，河道的平均水深为 3.5 m，断面平均流速为 0.9 m/s，摩阻流速为 0.059 m/s，化学反应系数 $k_C = 0.14/\text{d}$。试求距排放点下游 500 m 处的污染物浓度时间过程的表达式。

解：扩散系数

$$D = D_m + D_d + D_t$$

$$D_m = 10^{-6}(\text{m}^2/\text{s})$$

$$D_d = 5.93u_* h = 5.93 \times 0.059 \times 3.5 = 1.2245(\text{m}^2/\text{s})$$

$$D_{tz} = 0.067u_* h = 0.067 \times 0.059 \times 3.5 = 0.0138(\text{m}^2/\text{s})$$

$$D = D_m + D_d + D_t = 0.000\,001 + 1.2245 + 0.0138 = 1.238\,301(\text{m}^2/\text{s})$$

$$\overline{U} = \sqrt{U^2 + 4k_C D} = \sqrt{0.9^2 + 4 \times 0.14/86\,400 \times 1.238\,301} = 0.900\,004(\text{m/s})$$

距排放点下游 500 m 处的污染物浓度时间过程的表达式为

$$C(x = 500\text{ m}, t) = \frac{C_0}{2}e^{\frac{(U-\overline{U})x}{2D}}\text{erfc}\left(\frac{x-\overline{U}t}{2\sqrt{Dt}}\right) + \frac{C_0}{2}e^{\frac{(U+\overline{U})x}{2D}}\text{erfc}\left(\frac{x+\overline{U}t}{2\sqrt{Dt}}\right)$$

$$= \frac{100}{2}e^{\frac{(0.9-0.900\,004)\times 500}{2\times 1.238\,301}}\text{erfc}\left(\frac{500-0.9t}{2\sqrt{1.238\,301t}}\right)$$

$$+ \frac{100}{2}e^{\frac{(0.9+0.900\,004)\times 500}{2\times 1.238\,301}}\text{erfc}\left(\frac{500+0.9t}{2\sqrt{1.238\,301t}}\right)$$

第13章 Chapter

水力相似与模型试验基本原理

内容提要

本章主要介绍了量纲的有关概念及量纲分析方法的基本原理。介绍了力学相似的有关概念及应用于水力相似原理的有关相似定律,介绍了常用相似定律的比尺换算关系以及水力模型试验的有关基本概念。

13.1 量纲分析基本原理

量纲分析方法是根据物理方程的量纲和谐原理,研究和讨论与某一现象相关的各物理量之间函数关系的一种方法,应用这一方法也可得到相似准则。

1. 量纲与单位、基本量纲和诱导量纲

量纲(或称因次)是区别物理量类别的标志。量纲可分为基本量纲和诱导量纲两类。

基本量纲必须具有独立性,即一个基本量纲不能从其他基本量纲导出。在国际单位制(SI)中,对于力学问题,规定三个基本量纲分别为长度、时间和质量,即 L-T-M 制。

用基本量纲的各种不同组合表示的其他物理量的量纲称为诱导量纲。

通常表示量纲的符号为物理量加方括号[],如长度 l 的量纲为$[l]$,速度 v 的量纲为$[v]$。

力学中任何一个物理量的量纲,一般均可用三个基本量纲的指数乘积形式来表示。如 x 为某一物理量,其量纲可用下式表示:

$$[x] = L^{\alpha} T^{\beta} M^{\gamma}$$

该式称为量纲公式。该量纲公式中 x 的性质可由量纲指数 α、β、γ 来反映。

如 $\alpha \neq 0, \beta = 0, \gamma = 0$,为一几何学量;

如 $\alpha\neq0,\beta\neq0,\gamma=0$，为一运动学量；

如 $\alpha\neq0,\beta\neq0,\gamma\neq0$，为一动力学量。

2. 无量纲数(量纲一的量)

量纲表达式中各基本量纲的指数均为零的量称为无量纲数或量纲一的量。

无量纲数可以是同种物理量的比值，也可以由几个有量纲量通过各种组合而成，组合后各个基本量纲的指数为零。

角度是一种特殊的物理量，它的量纲为一，但是有单位。水力学中常用弧度作为量度角度的单位。

3. 量纲和谐原理

凡是正确反映客观规律的物理方程，其各项的量纲都必须一致，称为量纲和谐原理。

4. 量纲分析法

量纲分析法是应用量纲和谐原理探求各物理量之间关系的方法。通常采用两种方法，一种适用于比较简单的问题，称为瑞利(L. Rayleigh)法；另一种是具有普遍性的方法，称为 π 定理，又称布金汉(E. Buckingham)定理。

由于基本量纲只有三个，利用量纲和谐原理求解指数的方程也就只有三个，因此用瑞利法只能确定三个指数。当待定的指数超过三个时，超过的这些指数只能人为给定或由其他方法确定，具体操作时有一定任意性和难度。

π 定理可以表述如下：对某个物理现象，如果存在 n 个物理量 x 互为函数关系，写为

$$f(x_1, x_2, \cdots, x_n) = 0$$

而这些物理量中含有 m 个相互独立的基本量，则这个物理现象可以用 $n-m$ 个无量纲 π 数所表达的新的函数关系描述，即

$$F(\pi_1, \pi_2, \cdots, \pi_{n-m}) = 0$$

应用 π 定理的步骤如下：

(1) 根据对所研究现象的认识，确定影响这个现象的各个物理量。

(2) 从 n 个物理量中选取 m 个基本物理量。对于力学问题，基本量纲有三个，因此，m 一般取 3。可以分别在几何学量、运动学量和动力学量中各选一个，如选择水头 h、流速 v 和水的密度 ρ 作为基本物理量。

(3) 写出 $n-3$ 个无量纲 π 数。从三个基本物理量以外的物理量中，每次轮取一个作为分子，由三个基本物理量指数形式的乘积 $x_1^a x_2^b x_3^c$ 作为分母，构成 $n-3$ 个新的变量 π_i，$i=1,2,\cdots,n-3$，即

$$\pi_1 = \frac{x_4}{x_1^{a_1} x_2^{b_1} x_3^{c_1}}$$

$$\pi_2 = \frac{x_5}{x_1^{a_2} x_2^{b_2} x_3^{c_2}}$$

$$\vdots$$

$$\pi_{n-3} = \frac{x_n}{x_1^{a_{n-3}} x_2^{b_{n-3}} x_3^{c_{n-3}}}$$

式中 a_i、b_i、c_i 为待定指数。

(4) 解出各 π 数中基本物理量的指数。

(5) 最后可写出描述物理现象的关系式为

$$F(\pi_1, \pi_2, \cdots, \pi_{n-3}) = 0$$

13.2　水力相似基本原理

水力相似原理是水力模型试验的理论依据,也是对模型和原型水流现象之间内在关系进行理论分析的一个重要手段。

1. 比尺、基本比尺、导出比尺

原型和模型对应的物理量之比称为比尺。基本物理量对应的比尺称为基本比尺。一般物理量对应的比尺称为导出比尺,导出比尺可由基本比尺以指数形式的乘积构成。

2. 力学相似、几何相似、运动相似和动力相似

如果两种流动(如原型和模型)所有对应点上同名物理量存在一定的比例关系,则称这两种流动是力学相似的。水力模型试验应满足力学相似的要求。

要满足力学相似,必须满足几何相似、运动相似和动力相似。

几何相似是指原型与模型两个流场中,所有相应线段的长度都维持一定的比例关系,即长度比尺为

$$\lambda_l = \frac{l_{\mathrm{p}}}{l_{\mathrm{m}}}$$

运动相似是指原型与模型两个流场对应点的速度 u 和加速度 a 的大小各维持一定的比例关系,且方向相同。可表示为:

速度比尺

$$\lambda_u = \frac{u_{\mathrm{p}}}{u_{\mathrm{m}}} = \frac{l_{\mathrm{p}}/t_{\mathrm{p}}}{l_{\mathrm{m}}/t_{\mathrm{m}}} = \frac{\lambda_l}{\lambda_t}$$

加速度比尺

$$\lambda_a = \frac{a_p}{a_m} = \frac{u_p/t_p}{u_m/t_m} = \frac{\lambda_u}{\lambda_t} = \frac{\lambda_l}{\lambda_t^2}$$

动力相似是指作用于原型与模型两个流场相应点上的各种同名作用力的大小均维持一定的比例关系,且方向相同。如以 F_p、F_m 分别表示原型和模型流场中相应点所受的同类性质的力,则动力相似要求

$$F_p/F_m = \lambda_F$$

3. 牛顿相似定律

应用量纲分析中建立量纲关系式的方法,牛顿第二定律可写为

$$F = ma = \rho l^3 \frac{l}{t^2} = \rho l^2 v^2$$

按动力相似要求,有

$$\lambda_F = \frac{F_p}{F_m} = \frac{\rho_p l_p^2 v_p^2}{\rho_m l_m^2 v_m^2} = \lambda_\rho \lambda_l^2 \lambda_v^2$$

整理后可以写成

$$\frac{F_p}{\rho_p l_p^2 v_p^2} = \frac{F_m}{\rho_m l_m^2 v_m^2}$$

牛顿数以 Ne 表示,即

$$Ne = \frac{F}{\rho l^2 v^2}$$

牛顿数的物理意义是作用于水流的外力与惯性力之比。两个动力相似的水流,它们的牛顿数必相等,称为牛顿相似定律。

4. 相似准则

动力相似条件中,要求模型和原型对应点上各种同名作用力的大小均维持一定的比例关系,这几乎是做不到的。因此,对于动力相似条件如何满足,需要作专门的讨论。

牛顿数中的 F 应为外力的合力。当仅将其中某一个作用力作为 F 的代表,忽略其他作用力的影响时,这样的相似定律称为单一作用力的相似准则。

(1) 重力相似准则

重力是液流现象中常遇到的一种作用力,如明渠水流、堰流及闸孔出流等都是重力起主要作用的流动。

模型与原型的流动在重力作用下的动力相似条件是它们的弗劳德数相等,即

$$Fr_p = Fr_m$$

称为重力相似准则或弗劳德相似准则。

(2) 摩阻力相似准则

模型与原型的流动在摩阻力作用下的动力相似条件是它们的沿程水头损失系数

或谢才系数的比尺等于 1,即

$$\lambda_p = \lambda_m$$

或

$$C_p = C_m$$

这一条件对层流和紊流均适用。

根据这一条件,可分别导出适用于层流和紊流粗糙区的摩阻力相似准则和相似条件。

层流时模型与原型的流动在摩阻力作用下的动力相似条件是它们的雷诺数相等:

$$Re_p = Re_m$$

称为黏滞力相似准则或雷诺相似准则。

紊流粗糙区的摩阻力相似条件为

$$\lambda_n = \lambda_l^{\frac{1}{6}}$$

表明粗糙度系数的比尺等于长度比尺的 1/6 次方,不要求模型与原型的雷诺数相等。因此,紊流粗糙区又称自动模型区。

（3）表面张力相似准则

模型与原型的流动在表面张力作用下的力学相似条件是它们的韦伯数相等,即

$$We_p = We_m$$

定义韦伯数 $We = \dfrac{\rho l v^2}{\sigma}$,表征水流中惯性力与表面张力之比。

（4）弹性力相似准则

模型与原型的流动在弹性力作用下的力学相似条件是它们的柯西数相等,即

$$Ca_p = Ca_m$$

定义柯西数为 $Ca = \dfrac{\rho v^2}{K}$,表征惯性力与弹性力之比。

（5）压力相似准则

模型与原型的流动在压力作用下的力学相似条件是它们的欧拉数相等,即

$$Eu_p = Eu_m$$

定义欧拉数为 $Eu = \dfrac{p}{\rho v^2}$,表征水流中动水压力与惯性力之比。

（6）惯性力相似准则

模型与原型非恒定流动相似的条件是它们的斯特劳哈尔数相等,即

$$St_p = St_m$$

定义斯特劳哈尔数为 $St = \dfrac{l}{v t}$,表征非恒定流动中当地加速度的惯性作用与迁移加速度的惯性作用之比。

13.3　相似准则的应用及水力模型设计

确定了相似准则后,即可进行模型设计。下面只介绍重力相似准则和阻力相似准则的有关内容。

根据不同的相似准则,可进行模型中各物理量比尺的计算。

(1) 重力相似准则要求的物理量比尺

流速比尺

$$\lambda_v = \lambda_l^{0.5}$$

时间比尺

$$\lambda_t = \lambda_l^{0.5}$$

流量比尺

$$\lambda_Q = \lambda_l^{2.5}$$

重力相似准则要求的其他物理量比尺可见表 13.1。

(2) 摩阻力相似准则要求的物理量比尺

摩阻力相似准则分为黏滞力相似准则(层流摩阻力相似准则)和紊流粗糙区摩阻力相似准则。

① 黏滞力相似准则

当模型与原型为同一种液体时,流速比尺

$$\lambda_v = \frac{1}{\lambda_l}$$

时间比尺

$$\lambda_t = \lambda_l^2$$

流量比尺

$$\lambda_Q = \lambda_l$$

黏滞力相似准则要求的其他物理量比尺可见表 13.1。

表 13.1　重力相似准则和黏滞力相似准则物理量比尺对照

名　称	符　号	相似准则		说明
		重力	黏滞力	
长度	λ_l	λ_l	λ_l	要求:
流速	λ_v	$\lambda_l^{0.5}$	λ_l^{-1}	
流量	λ_Q	$\lambda_l^{2.5}$	λ_l	
时间	λ_t	$\lambda_l^{0.5}$	λ_l^2	$\lambda_g = 1$
力	λ_F	λ_l^3	1	$\lambda_\rho = 1$
压强、切应力	$\lambda_p 、\lambda_\tau$	λ_l	λ_l^{-2}	$\lambda_\nu = 1$
加速度	λ_a	1	λ_l^{-3}	
功能	λ_E	λ_l^4	λ_l	
功率	λ_N	$\lambda_l^{3.5}$	λ_l^{-1}	

② 紊流粗糙区摩阻力相似准则

当原型和模型水流均处于紊流粗糙区时,紊流粗糙区的摩阻力相似条件为

$$\lambda_n = \lambda_l^{\frac{1}{6}}$$

只要模型与原型壁面的粗糙度系数 n 满足上式的要求,即达到摩阻力相似条件,显然,在紊流粗糙区,重力相似准则和摩阻力相似准则可以同时满足。

习题及解答

13.1 整理下列各组物理量成为无量纲数:

(1) τ、v、ρ;   (2) Δp、v、g、ρ;

(3) F、L、v、ρ;   (4) σ、L、v、ρ。

解:(1) $[\tau] = [ML^{-1}T^{-2}]$,$[v] = [LT^{-1}]$,$[\rho] = [ML^{-3}]$

$\pi = [\tau]^a [v]^b [\rho]^c = [ML^{-1}T^{-2}]^a [LT^{-1}]^b [ML^{-3}]^c$

求出 $c = -a$,$b = -2a$,令 $a = 1$ 时 $b = -2$,$c = -1$,则 $\pi = \dfrac{\tau}{\rho v^2}$。

(2) $\pi = [\Delta p]^a [v]^b [\rho]^c$,同样可求出 $b = -2a$,$c = -a$,令 $a = 1$ 时,$b = -2$,$c = -1$,则 $\pi = \dfrac{\Delta p}{\rho v^2}$。

(3) $\pi = [F]^a [L]^b [v]^c [\rho]^d$,求得 $b = -2a$,$c = -2a$,$d = -a$,令 $a = 1$ 时,$b = -2$,$c = -2$,$d = -1$,则 $\pi = \dfrac{F}{\rho v^2 L^2}$。

(4) $\pi = [\sigma]^a [L]^b [v]^c [\rho]^d$,求得 $d = -a$,$b = -a$,$c = -2a$,令 $a = -1$ 时,$b = 1$,$c = 2$,$d = 1$,则 $\pi = \dfrac{\sigma}{\rho v^2 L}$。

13.2 由实验观测得知量水堰的过堰流量 Q 与堰上水头 H_0、堰宽 b、重力加速度 g 之间存在一定的函数关系,试用瑞利法导出流量公式。

解:$Q = f(b, g, H_0)$,$[L^3 T^{-1}] = [L]^a [LT^{-2}]^b [L]^c$,得 $b = \dfrac{1}{2}$,$a + c = 2.5$。

由实验可知 Q 与 b 的 1 次方成正比,当 $a = 1$ 时,$c = \dfrac{3}{2}$,令 $m = \dfrac{k}{\sqrt{2}}$,则

$$Q = kb\sqrt{g} H_0^{\frac{3}{2}}$$

13.3 试用瑞利法推导管中液流的切应力 τ 的表达式。设切应力 τ 是管径 d、相对粗糙度 $\dfrac{\Delta}{d}$、液体密度 ρ、动力黏滞系数 μ 和流速 v 的函数,Δ 为绝对粗糙度。

解:令 $k = \dfrac{\Delta}{d}$ 为无量纲数,$\tau = f(v, d, \rho, \mu, k)$,即 $\tau = v^a d^b \rho^c \mu^d k^e$,则

$$[F^1 L^{-2} T^0] = [L^a T^{-a}][L^b][F^c T^{2c} L^{-4c}][F^d T^d L^{-2d}][L^e L^{-e}]$$

求得 $c+d=1, a+b-4c-2d+e-e=-2, -a+2c+d=0$，按 d 求解，得

$$c = 1-d, \quad a = 2-d, \quad b = -d$$

代入后得

$$\tau = \rho v^2 f_1(Re) f_2\left(\frac{\Delta}{d}\right), \quad Re = \frac{vd}{\nu}$$

13.4 用 π 定理推导文德里管流量公式。影响喉道处流速 v_2 的因素，有：文德里管进口断面直径 d_1、喉道断面直径 d_2、水的密度 ρ、动力黏滞系数 μ 及两断面间压强差 Δp。（设该管水平放置）

解：$f(v_2, d_1, d_2\rho, \mu, \Delta p) = 0$，选 d_2、v_2、ρ 为基本物理量，则

$$[d_2] = [L^1 T^0 M^0], \quad [v_2] = [L^1 T^{-1} M^0], \quad [\rho] = [L^{-3} T^6 M^1]$$

检查量纲的独立性：

$$\Delta = \begin{vmatrix} 1 & 0 & 0 \\ 1 & -1 & 0 \\ -3 & 0 & 1 \end{vmatrix} = -1 \neq 0$$

π 数为 3 个：

$$\pi_4 = \frac{d_1}{d_2^{a_1} v_2^{b_1} \rho c_1} = \frac{d_1}{d_2}$$

$$\pi_5 = \frac{\mu}{d_2^{a_2} v_2^{b_2} \rho c_2} = \frac{\mu}{d_2 v_2 \rho} = \frac{1}{Re}, \quad \pi_6 = \frac{\Delta p}{d_2^{a_3} v_3^{b_3} \rho c_3} = \frac{\Delta p}{v_2^2 \rho}$$

$$F\left(\frac{d_1}{d_2}, \frac{1}{Re}, \frac{\Delta p}{\rho v_2^2}\right) = 0, \quad \frac{v_2^2 \rho}{\Delta p} = f_1\left(\frac{d_2}{d_1}, Re\right), \quad v_2 = \sqrt{\frac{2\Delta p}{\rho}} \frac{1}{\sqrt{2}} f_2\left(\frac{d_2}{d_1}, Re\right)$$

$$Q = \frac{\pi}{4} d_2^2 \sqrt{\frac{\Delta p}{\rho}} f_2\left(\frac{d_2}{d_1}, Re\right), \quad Re = \frac{v_2 d_2}{\nu}$$

13.5 运动黏滞系数 μ 为 4.645×10^{-5} m²/s 的油，在黏滞力和重力均占优势的原型中流动，希望模型的长度比尺 $\lambda_l = 5.0$，为同时满足重力和黏滞力相似条件，问模型液体运动黏滞系数应为多少？

解：为使重力、阻力均相等，则要求

$$\lambda_v = \lambda_l^{0.5}, \quad \lambda_\nu = \lambda_l \lambda_v, \quad \lambda_\mu = \lambda_l^{1.5} = 5^{1.5} = 11.18$$

则

$$\nu_m = \frac{\nu_p}{11.18} = \frac{4.645 \times 10^{-5}}{11.18} = 4.15 \times 10^{-6} (\text{m}^2/\text{s})$$

13.6 有一单孔 WES 剖面混凝土溢流坝。已知坝高 $p_p = 10$ m，坝上设计水头 $H_p = 5.0$ m，流量系数 $m = 0.502$，溢流孔净宽 $b_p = 8.0$ m，在长度比尺 $\lambda_l = 20$ 的模型上进行试验，忽略行进流速，要求：（1）计算模型流量；（2）如在模型坝趾测得收缩断面表面流速 $u_{c0m} = 3.46$ m/s，计算原型的相应流速 u_{c0p}；（3）求原型的流速系数 φ_p。

解：溢流坝按重力和紊动阻力同时作用设计。

(1) $Q_p = mb_p\sqrt{2g}H_p^{1.5} = 0.502 \times 8.0 \times 4.429 \times 5^{1.5} = 198.86(\text{m}^3/\text{s})$

$$Q_m = \frac{Q_p}{\lambda_l^{2.5}} = \frac{198.86}{20^{2.5}} = 0.111(\text{m}^3/\text{s})$$

(2) $u_{c0p} = \lambda_l^{0.5}u_{c0m} = 20^{0.5} \times 3.46 = 15.47(\text{m/s})$

(3) $u_{c0p} = \varphi_p\sqrt{2g(H_p+P_p)}$，$\varphi = \dfrac{u_{c0p}}{\sqrt{2g(H_p+P_p)}} = \dfrac{15.47}{\sqrt{2 \times 9.81 \times (5+10)}} = 0.9$

13.7 某溢流坝按长度比尺 $\lambda_l = 25$ 设计一断面模型。模型坝宽 $b_m = 0.61$ m，原型坝高 $a_p = 11.4$ m，原型最大水头 $H_p = 1.52$ m，问：(1)模型坝高和最大水头应为多少？(2)如果模型通过流量为 0.02 m³/s，原型中单宽流量 q_p 为多少？(3)如果模型中出现跃高 $a_m = 26$ mm 之水跃，原型中水跃高度为多少？

解：(1) 模型坝高

$$a_m = \frac{a_p}{\lambda_l} = \frac{11.4}{25} = 0.456(\text{m})$$

模型水头

$$H_m = \frac{H_p}{\lambda_l} = \frac{1.52}{25} = 0.061(\text{m})$$

(2) $Q_p = Q_m\lambda_l^{2.5} = 0.02 \times 25^{2.5} = 62.5(\text{m}^3/\text{s})$，$b_p = b_m\lambda_l^{0.5} = 0.61 \times 25 = 15.25(\text{m})$

$$q_p = \frac{Q_p}{b_p} = \frac{62.5}{15.25} = 4.1(\text{m}^2/\text{s})$$

(3) 水跃高度

$$a_p = a_m\lambda_l = 0.026 \times 25 = 0.65(\text{m})$$

补充题及解答

13.1 一个质量为 m 的球体，在距地面高为 H 处自由降落，在忽略空气阻力的情况下，试用瑞利法求球体落到地面时的速度表达式。

解：速度 v 与质量 m、距地面高度 H 和重力加速度 g 有关，可写出指数函数形式的公式

$$v = km^a g^b H^c$$

式中 k 为待定的无量纲系数。上式的量纲关系式为

$$[v] = k[m]^a[g]^b[H]^c$$

量纲公式为

$$[LT^{-1}] = [M]^a[LT^{-2}]^b[L]^c$$

$$[L][T]^{-1} = [L]^{b+c}[M]^a[T]^{-2b}$$

根据量纲和谐原理，有

对基本量纲 L：$\qquad\qquad\qquad 1=b+c$

对基本量纲 M：$\qquad\qquad\qquad 0=a$

对基本量纲 T：$\qquad\qquad\qquad -1=-2b$

解得

$$a=0,\quad b=1/2,\quad c=1/2$$

速度表达式为

$$v=k\sqrt{gh}$$

以上分析表明,球体落到地面时的速度与球体质量 m 无关。式中系数 k 需根据物理分析或实验确定。

13.2　试用瑞利法建立自由落体的下落距离公式。

解：设自由落体下落距离 s 与落体质量 m、重力加速度 g 及时间 t 有关。即

$$f(s,m,g,t)=0$$

可写出指数函数形式公式

$$s=km^{a}g^{b}t^{c}$$

式中,k 为待定的无量纲系数。上式的量纲关系式为

$$[s]=k\,[m]^{a}\,[g]^{b}\,[t]^{c}$$

量纲公式为

$$[L]=[M]^{a}\,[LT^{-2}]^{b}\,[T]^{c}=[L]^{b}\,[M]^{a}\,[T]^{-2b+c}$$

根据量纲和谐原理,有

对基本量纲 L：$\qquad\qquad\qquad 1=b$

对基本量纲 M：$\qquad\qquad\qquad 0=a$

对基本量纲 T：$\qquad\qquad\qquad 0=-2b+c$

解得

$$a=0,\quad b=1,\quad c=2$$

自由落体的下落距离公式为

$$s=kgt^{2}$$

以上分析过程中,落体质量 m 的指数 a 为零,表明自由落体下落距离与落体质量无关。式中系数 k 需根据物理分析或实验确定。

13.3　雷诺数是流体的密度 ρ、动力黏度 μ、速度 v 和特征长度 L 的函数。试用瑞利法建立雷诺数的表达式。

解：写出雷诺数 Re 与流体密度 ρ、动力黏度 μ、速度 v 和特征长度 L 的指数函数形式的关系式

$$Re=k\rho^{a}\mu^{b}v^{c}L^{d}$$

上式的量纲关系式为

$$[L^{0}M^{0}T^{0}]=k\,[ML^{-3}]^{a}\,[ML^{-1}T^{-1}]^{b}\,[LT^{-1}]^{c}\,[L]^{d}=[L]^{-3a-b+c+d}\,[M]^{a+b}\,[T]^{-b-c}$$

根据量纲和谐原理,有

对基本量纲 L：$\qquad 0 = -3a - b + c + d$

对基本量纲 M：$\qquad 0 = a + b$

对基本量纲 T：$\qquad 0 = -b - c$

以 b 为待定指数，得

$$a = -b, \quad c = -b, \quad d = -b$$

雷诺数的表达式为

$$Re = k\rho^{-b}\mu^{-b}v^{-b}L^{-b} = k\left[\frac{\rho v L}{\mu}\right]^{-b}$$

取 $k=1, b=-1$，则

$$Re = \frac{vL}{\nu}$$

13.4 通过三角形薄壁堰的流量与堰上水头 H、三角形开口的顶角 θ 及重力加速度 g 有关，试用瑞利法建立三角形薄壁堰流量计算公式。

解：设流量 Q 与堰上水头 H、三角形开口的顶角 θ 及重力加速度 g 有关。

写出指数函数形式的关系式

$$Q = kH^a\theta^b g^c$$

考虑 θ 为量纲一的量，则

$$Q = k\theta H^a g^b$$

上式的量纲关系式为

$$[L^3 T^{-1}] = [L]^a [LT^{-2}]^b$$
$$[L]^3 [T]^{-1} = [L]^{a+b} [T]^{-2b}$$

根据量纲和谐原理，有

对基本量纲 L：$\qquad 3 = a + b$

对基本量纲 T：$\qquad -1 = -2b$

解得

$$b = 1/2, \quad a = 2.5$$

流量表达式为

$$Q = k\theta \sqrt{g} H^{2.5}$$

13.5 固体颗粒在液体中等速沉降速度 v 与固体颗粒的直径 d、密度 ρ_s 及液体密度 ρ、动力黏度 μ、重力加速度 g 有关。试用 π 定理建立沉降速度的关系式。

解：依题意，相关的物理量个数 $n=6$。

列出各物理量的函数关系式为

$$f(v, d, \rho_s, \rho, \mu, g) = 0$$

选取三个基本物理量，分别为几何学量 d，运动学量 g，动力学量 ρ，其量纲公式分别为

$$[d] = [L]^1 [M]^0 [T]^0$$
$$[g] = [L]^1 [M]^0 [T]^{-2}$$

$$[\rho] = [L]^{-3}[M]^{1}[T]^{0}$$

检查 d、g、ρ 的相关独立性：

$$\Delta = \begin{vmatrix} 1 & 0 & 0 \\ 1 & 0 & -2 \\ -3 & 1 & 0 \end{vmatrix} = 2 \neq 0$$

表明三个物理量是相互独立的。写出 $n-3=6-3=3$ 个无量纲 π 数：

$$\pi_1 = \frac{v}{d^{a_1} g^{b_1} \rho^{c_1}}$$

$$\pi_2 = \frac{\rho_s}{d^{a_2} g^{b_2} \rho^{c_2}}$$

$$\pi_3 = \frac{\mu}{d^{a_3} g^{b_3} \rho^{c_3}}$$

根据量纲和谐原理，分别求出各 π 数中的指数。

对 π_1，量纲关系式为

$$[v] = [d]^{a_1} [g]^{b_1} [\rho]^{c_1}$$

量纲公式为

$$[LT^{-1}] = [L]^{a_1} [LT^{-2}]^{b_1} [ML^{-3}]^{c_1}$$

$$[L][T]^{-1} = [L]^{a_1+b_1-3c_1} [M]^{c_1} [T]^{-2b_1}$$

根据量纲和谐原理，有

对基本量纲 L：　　　　　　$1 = a_1 + b_1 - 3c_1$

对基本量纲 M：　　　　　　$0 = c_1$

对基本量纲 T：　　　　　　$-1 = -2b_1$

解得

$$c_1 = 0, \quad b_1 = 1/2, \quad a_1 = 1/2$$

则 π_1 可表示为

$$\pi_1 = \frac{v}{d^{1/2} g^{1/2}} = \frac{v}{\sqrt{gd}}$$

对 π_2，量纲关系式为

$$[\rho_s] = [d]^{a_2} [g]^{b_2} [\rho]^{c_2}$$

量纲公式为

$$[ML^{-3}] = [L]^{a_2} [LT^{-2}]^{b_2} [ML^{-3}]^{c_2}$$

$$[L]^{-3}[M] = [L]^{a_2+b_2-3c_2} [M]^{c_2} [T]^{-2b_2}$$

根据量纲和谐原理，有

对基本量纲 L：　　　　　　$-3 = a_2 + b_2 - 3c_2$

对基本量纲 M：　　　　　　$1 = c_2$

对基本量纲 T：　　　　　　$0 = -2b_2$

解得

$$c_2 = 1, \quad b_2 = 0, \quad a_2 = 0$$

则 π_2 可表示为

$$\pi_2 = \frac{\rho_s}{\rho}$$

对 π_3，量纲关系式为

$$[\mu] = [d]^{a_3} [g]^{b_3} [\rho]^{c_3}$$

量纲公式为

$$[ML^{-1}T^{-1}] = [L]^{a_3} [LT^{-2}]^{b_3} [ML^{-3}]^{c_3}$$

$$[L]^{-1}[M][T]^{-1} = [L]^{a_3 + b_3 - 3c_3} [M]^{c_3} [T]^{-2b_3}$$

根据量纲和谐原理，有

对基本量纲 L：$\qquad -1 = a_3 + b_3 - 3c_3$

对基本量纲 M：$\qquad 1 = c_3$

对基本量纲 T：$\qquad -1 = -2b_3$

解得

$$c_3 = 1, \quad b_3 = 1/2, \quad a_3 = 3/2$$

则 π_3 可表示为

$$\pi_3 = \frac{\mu}{d^{3/2} g^{1/2} \rho} = \frac{\mu}{\rho d \sqrt{gd}}$$

用 π 数表示的函数关系式为

$$F(\pi_1, \pi_2, \pi_3) = F\left(\frac{v}{\sqrt{gd}}, \frac{\rho_s}{\rho}, \frac{\mu}{\rho d \sqrt{gd}} \right) = 0$$

解出速度 v，可写为

$$\frac{v}{\sqrt{gd}} = F_1\left(\frac{\rho_s}{\rho}, \frac{\mu}{\rho d \sqrt{gd}} \right)$$

又可写为

$$v = \sqrt{gd}\, F_2\left(\frac{\rho_s}{\rho}, \frac{\mu}{\rho d \sqrt{gd}} \right)$$

函数 F_2 的形式需根据实验确定。

13.6 通过矩形薄壁堰的流量 Q 与堰顶水头 H、堰顶宽度 B、液体密度 ρ、重力加速度 g、动力黏度 μ 和表面张力系数 σ 等因素有关。试用定理建立矩形薄壁堰的流量公式。

解：依题意，相关的物理量个数 $n = 7$。

列出各物理量的函数关系式为

$$f(Q, H, B, \rho, g, \mu, \sigma) = 0$$

选取三个基本物理量，分别为几何学量 H、运动学量 g、动力学量 ρ，其量纲公式分别为

$$[H] = [L]^1 [M]^0 [T]^0$$
$$[g] = [L]^1 [M]^0 [T]^{-2}$$
$$[\rho] = [L]^{-3} [M]^1 [T]^0$$

检查 H、g、ρ 的相互独立性:

$$\Delta = \begin{vmatrix} 1 & 0 & 0 \\ 1 & 0 & -2 \\ -3 & 1 & 0 \end{vmatrix} = 2 \neq 0$$

表明三个物理量是相互独立的。写出 $n-3=7-3=4$ 个无量纲 π 数:

$$\pi_1 = \frac{Q}{H^{a_1} g^{b_1} \rho^{c_1}}$$

$$\pi_2 = \frac{B}{H^{a_2} g^{b_2} \rho^{c_2}}$$

$$\pi_3 = \frac{\mu}{H^{a_3} g^{b_3} \rho^{c_3}}$$

$$\pi_4 = \frac{\sigma}{H^{a_4} g^{b_4} \rho^{c_4}}$$

根据量纲和谐原理,分别求出各 π 数中的指数。

对 π_1,量纲关系式为

$$[Q] = [H]^{a_1} [g]^{b_1} [\rho]^{c_1}$$

量纲公式为

$$[L^3 T^{-1}] = [L]^{a_1} [LT^{-2}]^{b_1} [ML^{-3}]^{c_1}$$
$$[L]^3 [T]^{-1} = [L]^{a_1+b_1-3c_1} [M]^{c_1} [T]^{-2b_1}$$

根据量纲和谐原理,有

对基本量纲 L: $3 = a_1 + b_1 - 3c_1$
对基本量纲 M: $0 = c_1$
对基本量纲 T: $-1 = -2b_1$

解得

$$c_1 = 0, \quad b_1 = 1/2, \quad a_1 = 5/2$$

则 π_1 可表示为

$$\pi_1 = \frac{Q}{H^{5/2} g^{1/2}} = \frac{Q}{H^2 \sqrt{gH}}$$

对 π_2,量纲关系式为

$$[B] = [H]^{a_2} [g]^{b_2} [\rho]^{c_2}$$

量纲公式为

$$[L] = [L]^{a_2} [LT^{-2}]^{b_2} [ML^{-3}]^{c_2}$$
$$[L] = [L]^{a_2+b_2-3c_2} [M]^{c_2} [T]^{-2b_2}$$

根据量纲和谐原理,有

对基本量纲 L： $\qquad 1 = a_2 + b_2 - 3c_2$

对基本量纲 M： $\qquad 0 = c_2$

对基本量纲 T： $\qquad 0 = -2b_2$

解得

$$c_2 = 0, \quad b_2 = 0, \quad a_2 = 1$$

则 π_2 可表示为

$$\pi_2 = \frac{B}{H}$$

对 π_3，量纲关系式为

$$[\mu] = [H]^{a_3} [g]^{b_3} [\rho]^{c_3}$$

量纲公式为

$$[ML^{-1}T^{-1}] = [L]^{a_3} [LT^{-2}]^{b_3} [ML^{-3}]^{c_3}$$

$$[L]^{-1}[M][T]^{-1} = [L]^{a_3 + b_3 - 3c_3} [M]^{c_3} [T]^{-2b_3}$$

根据量纲和谐原理，有

对基本量纲 L： $\qquad -1 = a_3 + b_3 - 3c_3$

对基本量纲 M： $\qquad 1 = c_3$

对基本量纲 T： $\qquad -1 = -2b_3$

解得

$$c_3 = 1, \quad b_3 = 1/2, \quad a_3 = 3/2$$

则 π_3 可表示为

$$\pi_3 = \frac{\mu}{d^{3/2} g^{1/2} \rho} = \frac{\mu}{\rho H \sqrt{gH}}$$

对 π_4，量纲关系式为

$$[\sigma] = [H]^{a_4} [g]^{b_4} [\rho]^{c_4}$$

量纲公式为

$$[MT^{-2}] = [L]^{a_4} [LT^{-2}]^{b_4} [ML^{-3}]^{c_4}$$

$$[M][T]^{-2} = [L]^{a_4 + b_4 - 3c_4} [M]^{c_4} [T]^{-2b_4}$$

根据量纲和谐原理，有

对基本量纲 L： $\qquad 0 = a_4 + b_4 - 3c_4$

对基本量纲 M： $\qquad 1 = c_4$

对基本量纲 T： $\qquad -2 = -2b_4$

解得

$$c_4 = 1, \quad b_4 = 1, \quad a_4 = 2$$

则 π_4 可表示为

$$\pi_4 = \frac{\sigma}{H^2 g\rho}$$

用 π 数表示的函数关系式为

$$F(\pi_1, \pi_2, \pi_3, \pi_4) = F\left(\frac{Q}{H^2\sqrt{gH}}, \frac{B}{H}, \frac{\mu}{\rho H\sqrt{gH}}, \frac{\sigma}{H^2 g\rho}\right) = 0$$

解出流量 Q,可写为

$$\frac{Q}{H^2\sqrt{gH}} = F_1\left(\frac{B}{H}, \frac{\mu}{\rho H\sqrt{gH}}, \frac{\sigma}{H^2 g\rho}\right)$$

又可写为

$$Q = H^2\sqrt{gH}\, F_2\left(\frac{B}{H}, \frac{\mu}{\rho H\sqrt{gH}}, \frac{\sigma}{H^2 g\rho}\right)$$

函数 F_2 的形式需根据实验确定。

附录 A 梯形及矩形渠道均匀流水深求解图

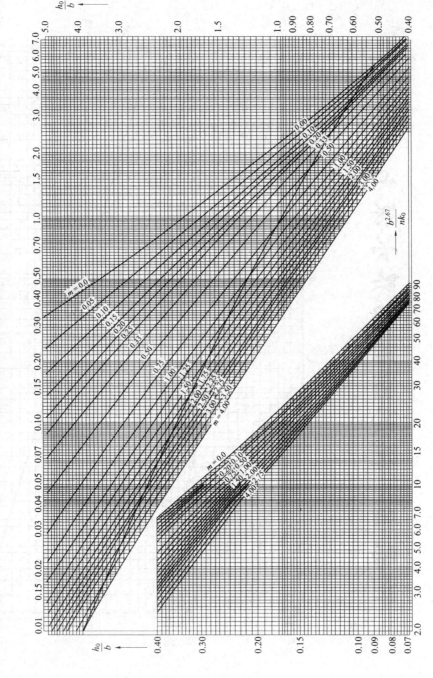

附录 B 梯形断面临界水深 h_c 求解图

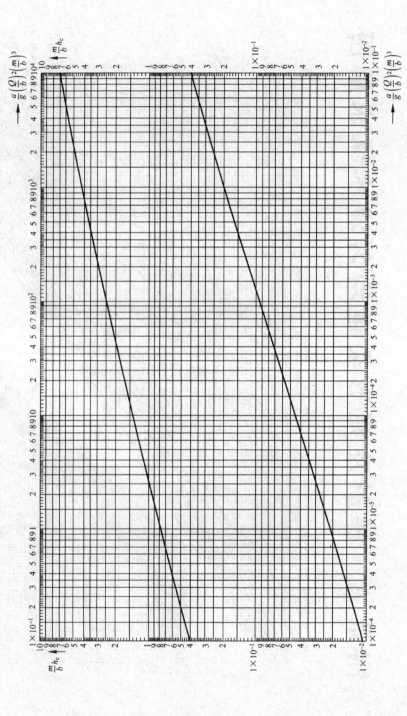

附录 C 矩形断面明渠底流消能水力计算求解图

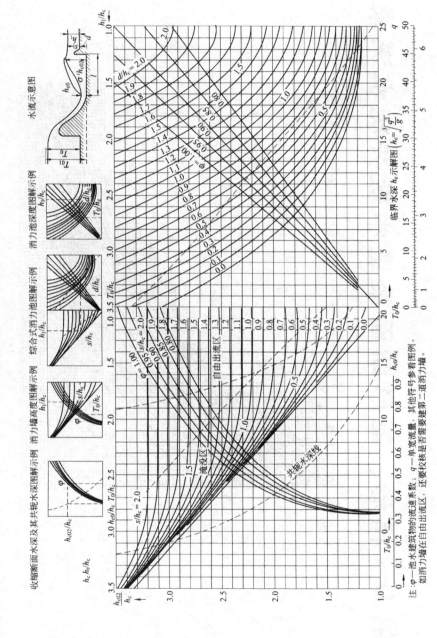

附录 D 梯形、矩形断面渠道水跃类轭水深求解图

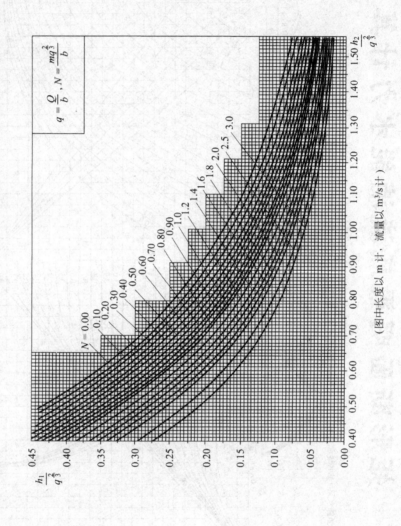

$$q = \frac{Q}{b}, N = \frac{mq^{\frac{2}{3}}}{b}$$

（图中长度以 m 计，流量以 m³/s 计）

考试题及参考答案

试 卷 1

一、是非题(10分)

1. 凡切应力与剪切变形速度呈线性关系的液体均为牛顿液体。　　　　　(　　)

2. 渗流系数及边界条件相同,作用水头不同,两者渗流流网相同。　　　(　　)

3. 边界层就是边界附近作层流运动的黏性底层。　　　　　　　　　　(　　)

4. 流函数存在的条件是不可压缩液体平面流动。　　　　　　　　　　(　　)

5. 两个明渠流量一定,断面形状、尺寸、粗糙度完全相同,但底坡不同,因此它们的正常水深不等。　　　　　　　　　　　　　　　　　　　　　　　　(　　)

6. 当实用堰的下游水位超过堰顶时,就是堰的淹没出流。　　　　　　(　　)

7. 凡是均匀渗流都能应用达西定律。　　　　　　　　　　　　　　　(　　)

8. 有压圆管均匀层流的最大点流速是断面平均流速的 1.75 倍。　　　(　　)

9. 静水总压力的压力中心就是受力面面积的形心。　　　　　　　　　(　　)

10. 无旋运动必须满足 $\dfrac{\partial u_x}{\partial y} = \dfrac{\partial u_y}{\partial y}$。　　　　　　　　　　　　　(　　)

二、选择题(10分)

1. 下列物理量中的有量纲数为(　　)。

(1) 弗劳德数 Fr　　　　　　　　　　(2) 沿程阻力系数 λ

(3) 渗流系数 k　　　　　　　　　　(4) 堰流流量系数 m

2. 如果两个液流是力学相似的,它们应满足的关系是(　　)。

(1) $Fr_p = Fr_m$　　　　　　　　　　(2) $Re_p = Re_m$

(3) $Ne_p = Ne_m$　　　　　　　　　　(4) $Ca_p = Ca_m$

3. 当水流条件一定时,随着液体动力黏性系数 μ 的加大,紊流的附加切应力就(　　)。

(1) 加大　　　　　(2) 减小　　　　　(3) 不变　　　　　(4) 不定

4. 缓坡明渠中的均匀流(　　)。

(1) 只能是急流　　　　　　　　　　(2) 只能是缓流

(3) 可以是急流或缓流　　　　　　　(4) 可以是层流或紊流

5. 管流的负压区是指测压管水头线(　　)。

(1) 在基准面以下的部分　　　　　　(2) 在下游自由水面以下的部分

（3）在管轴线以下的部分　　　　　　（4）在基准面以上的部分

三、填充题（30分）

1. 某水闸底板下已绘出渗流流网图由 20 条等势线和 6 条流线所组成，渗流系数 $k=0.00001$ cm/s，当上、下游水位差 $h=30$ m 时，则闸下单宽渗流量 $q=$_____。

2. 某管道长 $l=1000$ m，突然关闭出口阀门时，产生水击，若关闭时间为 1 s，水击波传播速度 $c=1000$ m/s 时，则产生_____水击。

3. 某矩形渠道中，通过单宽流量 $q=9.8$ m^2/s，取动能校正系数 $\alpha=1.0$，则临界水深 $h_c=$_____。

4. 有一明渠均匀流，通过流量 $Q=55$ m^3/s，底坡 $i=0.0004$，则其流量模数 $K=$_____。

5. 已知谢才系数 $C=100$ m$^{0.5}$/s，则沿程水头损失系数 $\lambda=$_____。

6. 水流经过一渐缩圆管，若已知直径比 $\dfrac{d_1}{d_2}=2$，其雷诺数之比 $\dfrac{Re_1}{Re_2}=$_____。

7. 水泵进口真空计的读数为 $p_v=4.0$ kN/m^2，则该处的相对压强 $p_r=$_____，绝对压强 $p_{abs}=$_____。

8. 紊流中某点均时均流速 $\bar{u}=1.0$ m/s，已知该点瞬时流速 $u_1=1.5$ m/s 及 $u_2=0.7$ m/s，则脉动流速为 $u_1'=$_____，$u_2'=$_____。

9. 若已知流函数 $\psi=a(x^2-y^2)$，则流速 $u_x=$_____，$u_y=$_____。

10. 一矩形断面平底渠道，底宽 $b=2.0$ m，流量 $Q=10$ m^3/s。当渠中发生水跃时，跃前水深 $h_1=0.65$ m，则跃后水深 $h_2=$_____。

四、作图题（10分）

1. 定性绘制棱柱体渠道的水面曲线（每段渠道都充分长；粗糙度沿程不变）。（5分）

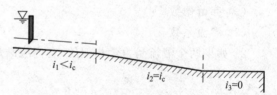

2. 绘制下列管道的测压管水头线和总水头线。（5分）

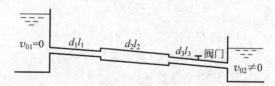

五、计算题（40分）

1. 在容器上部有一半球形曲面（见图），容器中充满相对密度为 0.8 的油，求该曲面上所受的液体总压力的大小和方向。（13分）

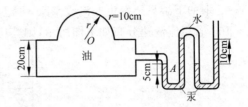

2. 某平底矩形断面的河道中筑一溢流坝,坝高 $a = 30$ m,坝上水头 $H = 2.0$ m,坝下游收缩断面处水深 $h_{c0} = 0.8$ m,溢流坝水头损失为 $h_w = 2.5 \dfrac{v_c^2}{2g}$,$v_c$ 为收缩断面流速,不计行近流速 v_0(取动能及动量校正系数均为1)。求水流对单宽坝段上的水平作用力(包括大小和方向)。(15分)

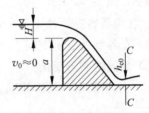

3. 某平面运动的流速场可表示为 $u_x = ax$,$u_y = -ay$,a 为常量,此流动:
(1)是否满足连续方程?(2)是否为势流?(3)求出流函数;(4)求出势函数。(12分)

试 卷 2

一、是非题(10分)

1. 流函数存在的条件是不可压缩液体的平面流动。　　　　　　　　　　（　　）

2. 在底流消能设计中,取最大流量作为设计流量时,消力池的长度一定最大。
　　　　　　　　　　　　　　　　　　　　　　　　　　　　　　　　　　（　　）

3. 只要堰壁厚度 δ 与水头 H 之比 $\dfrac{\delta}{H} > 0.67$ 都是实用堰。　　（　　）

4. 在并联管路中,如果各支管长度相同,则各支管的水力坡度也相同。（　　）

5. 缓流时断面单位能量随水深的增大而增加,急流时断面单位能量随水深的增大而减小。　　　　　　　　　　　　　　　　　　　　　　　　　　　（　　）

6. 时均流速等于瞬时流速与脉动流速之和。　　　　　　　　　　　　（　　）

7. 圆管紊流的动能校正系数大于层流的动能校正系数。　　　　　　　（　　）

8. 静水压强的方向指向受压面,因而静水压强是矢量。　　　　　　　（　　）

9. 堰的下游只要发生非淹没水跃,一定是自由出流。   (   )

10. 若层流流速分布如下图所示,则其切应力沿 y 方向为均匀分布。   (   )

二、选择题(**20 分**)

1. 突然完全关闭管道末端阀门时发生直接水击,已知水击波速 $c=1000$ m/s,水击压强水头 $\Delta H=250$ m,则管中原来的流速 v_0 为(   )。

(1) 1.54 m/s   (2) 2.0 m/s   (3) 2.45 m/s   (4) 3.22 m/s

2. 在均质各向同性土壤中,渗流系数 k(   )。

(1) 在各点处数值不同   (2) 是个常量

(3) 数值随方向变化   (4) 以上三种答案都不对

3. 一水箱侧壁接两根相同直径的管道 1 和 2,已知管 1 的流量为 Q_1,雷诺数为 Re_1;管 2 的流量为 Q_2,雷诺数为 Re_2。若 $\dfrac{Q_2}{Q_1}=2$,则 $\dfrac{Re_1}{Re_2}$ 等于(   )。

(1) 2.0   (2) 1/2   (3) 1.0   (4) 4.0

4. 水流过水断面上压强的大小和正负与基准面的选择(   )。

(1) 有关   (2) 无关

(3) 大小无关而正负有关   (4) 以上均有可能

5. 当管道尺寸及粗糙度一定时,随着流量的加大,紊流流区的变化是(   )。

(1) 光滑区→粗糙区→过渡粗糙区   (2) 过渡粗糙区→粗糙区→光滑区

(3) 粗糙区→过渡粗糙区→光滑区   (4) 光滑区→过渡粗糙区→粗糙区

6. 有两条梯形断面渠道 1 和 2,已知其流量、边坡系数、粗糙度和底宽均相同,但底坡 $i_1>i_2$,则其均匀流水深 h_1 和 h_2 的关系为(   )。

(1) $h_1>h_2$ (2) $h_1<h_2$ (3) $h_1=h_2$ (4) 无法确定

7. 长管的总水头线与测压管水头线(   )。

(1) 相重合   (2) 相平行,呈直线

(3) 相平行,呈阶梯状   (4) 以上答案都不对

8. 在同一管流断面上,动能校正系数 α 与动量校正系数 β 的比较是(   )。

(1) $\alpha>\beta$ (2) $\alpha=\beta$ (3) $\alpha<\beta$ (4) 不定

9. 一输送热水的管道,其散热效果最佳的水流流态是(   )。

(1) 层流   (2) 光滑区紊流

(3) 过渡粗糙区紊流   (4) 粗糙区紊流

10. 水流在等直径直管中作恒定流动时,其测压管水头线沿程变化是(   )。

(1) 下降   (2) 上升

(3) 不变   (4) 可以上升, 亦可下降

三、填充题(20 分)

1. 缓流时 Fr _____ 1, h _____ h_c, v _____ v_c, $\dfrac{\mathrm{d}E_s}{\mathrm{d}h}$ _____ 0。(填写 $>$, $=$ 或 $<$)

2. 紊流粗糙区的沿程水头损失 h_f 与断面平均流速 v 的_____次方成正比, 其沿程水头损失系数 λ 与_____有关。

3. 在水击计算中, 把阀门关闭时间 T_s 小于水击相长 $T_r = \dfrac{2l}{c}$ 的水击称为_____水击; 把 $T_s > T_r$ 的水击称为_____水击。

4. 密度、重度、重力加速度三者之间的关系为_____, 三者的量纲分别是_____、_____和_____。

5. 已知某液流的沿程水头损失系数 $\lambda = 0.02$, 则谢才系数 $C =$ _____。

6. A_2 型水面曲线发生在_____坡上, 其水流属于_____流, 曲线的特征是_____。

7. 矩形断面平底渠道, 底宽 $b = 10$ m, 通过流量 $Q = 35$ m³/s, 测得跃前水深 $h_1 = 0.8$ m, 问跃后水深 $h_2 =$ _____。

8. 矩形断面渠道, 水深 $h = 1.0$ m, 单宽流量 $q = 1.0$ m²/s, 则该水流的弗劳德数 $Fr =$ _____, 属于_____流。

9. 某挡水坝上、下游水头差为 10 m, 已绘制坝下曲边正方形的渗流流网, 若流网有 17 根等势线和 6 根流线, 渗流系数 $k = 0.000\ 05$ cm/s, 则坝下单宽渗流量 $q =$ _____。

10. 进行堰流模型试验, 要使模型水流与原型水流相似, 必须满足的条件是_____。若模型长度比尺选用 $\lambda_l = 100$, 当原型流量 $Q_p = 1000$ m³/s, 则模型流量 $Q_m =$ _____。

四、作图题(10 分)

1. 绘出图中曲面 ABC 的水平分力的压强分布图和垂直分力的压力体图, 并标出数值和方向。(5 分)

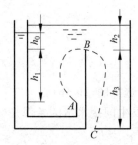

2. 定性绘制出图示棱柱形明渠的水面曲线,并注明曲线名称。(各渠段均为充分长、各段粗糙度相同,各段底坡如图所示,临界底坡 $i_c=0.003$)(5 分)

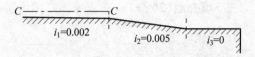

C ————·——·—— C

$i_1=0.002$ $i_2=0.005$ $i_3=0$

五、计算题(40 分)

1. 半径 $R=0.2$ m,长度 $l=2.0$ m 的圆柱体与油(相对密度为 0.8)水接触情况如图所示。圆柱体右边与容器顶边成直线接触,试求:

(1) 圆柱体作用在容器顶边上的力;

(2) 圆柱体的质量。(15 分)

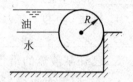

2. 水箱一侧接一水平管嘴,水箱内水位不变,从管嘴喷出的水流射到水平放置的曲面板上(如图),已知管嘴直径 $d=5$ cm,其局部水头损失系数 $\zeta=0.5$。当水流对曲面板的水平方向上的作用力为 980 N 时,求水箱的水头 H。(水箱面积很大,不计曲面板对水流的摩阻力,取动能、动量校正系数均为 1。)(15 分)

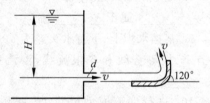

3. 对于流场为 $u_x=2xy$,$u_y=a^2+x^2-y^2$(a 为常数)的平面流动。要求:

(1) 判别是否是不可压缩流体的流动。

(2) 判别是无旋流还是有旋流?若为无旋流,确定其速度势函数 φ。

(3) 求流函数 ψ。(10 分)

试　卷　3

一、选择题(10 分)

1. 发生间接水击的条件是(　　)。

(1) $T_s<\dfrac{l}{c}$ (2) $T_s>\dfrac{l}{c}$ (3) $T_s<\dfrac{2l}{c}$ (4) $T_s>\dfrac{2l}{c}$

式中 T_s 为阀门关闭时间,l 为管道长度,c 为水击波速。

2. 当实用堰水头 H 大于设计水头 H_d 时,其流量系数 m 与设计流量系数 m_d 的关系是(　　)。

(1) $m = m_d$ (2) $m > m_d$ (3) $m < m_d$ (4) 不能确定

3. 按普朗特的动量传递理论,紊流的断面流速分布规律符合(　　)。

(1) 对数分布   (2) 椭圆分布

(3) 抛物线分布   (4) 直线分布

4. 上临界雷诺数是(　　)。

(1) 从紊流变为层流的判别数   (2) 从层流变为紊流的判别数

(3) 从缓流变为急流的判别数   (4) 从渐变流变为急变流的判别数

5. 液体运动黏性系数 ν 的量纲为(　　)。

(1) $\mathrm{TL^{-2}}$ (2) $\mathrm{ML^{-1}T^{-1}}$ (3) $\dfrac{\mathrm{L^3}}{\mathrm{T^2}}$ (4) $\mathrm{L^2T^{-1}}$

二、填充题(15 分)

1. 按重力相似准则设计模型,模型长度比尺为 $\lambda_l = 100$,已知模型流速 $u_m = 1.5\ \mathrm{m/s}$,则原型流速 $u_p = $ _____ m/s,设原型流量 $Q_p = 1000\ \mathrm{m^3/s}$,则模型流量应为 _____ $\mathrm{m^3/s}$。

2. 渗流的基本定律是 _____,表达式的物理意义是 _____,适用条件是 _____。

3. 判别闸坝下游的水跃形式:当 $h_{c02} > h_t$ 时,为 _____ 水跃;当 $h_{c02} = h_t$ 时,为 _____ 水跃;当 $h_{c02} < h_t$ 时,为 _____ 水跃。

4. 宽顶堰的总水头 $H_0 = 2.0\ \mathrm{m}$,下游水位超过堰顶的高度 $h_s = 1.4\ \mathrm{m}$,此时堰流为 _____ 出流。

5. 在明渠水流中,发生 _____ 型水面曲线时,断面单位能量 E_s 沿程增大;发生 _____ 型水面曲线时,E_s 沿程减小。(各举一例)

三、计算题(75 分)

1. 有上、下两平行圆盘,直径均为 d,两盘之间的间隙为 δ,两盘间充满液体,其动力黏性系数为 μ。下盘固定不动,设给上盘加一转动力矩 M,求上盘旋转角速度 ω 的表达式。(设两盘间隙速度呈直线变化)(10 分)

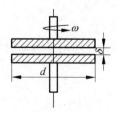

2. 水箱右侧下部由半径 $r=3.0$ m 的 $\frac{1}{4}$ 圆柱面组成,上部高 $h_1=1.5$ m,如图所示。水箱在垂直于纸面方向的宽度 $b=3.0$ m。箱内压强由压力表指示为 $p=1.962\times10^4$ N/m^2。试确定曲面 bc 所受的总压力及方向。(15 分)

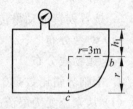

3. 图示为射流从喷嘴水平射向一块铅直的正方形平板上。平板为等厚度,边长 $L=30$ cm,平板上缘悬挂在铰上(铰摩擦力不计),铰至射流中心的高度 $h=15$ cm。在射流冲击下,平板偏转,转角 $\theta=30°$。设喷嘴直径 $d=25$ mm,喷嘴前渐变段起点处压力表读数 $p=1.96$ N/cm^2,该断面平均流速 $v=2.76$ m/s,喷嘴的局部水头损失系数 $\zeta=0.3$(对应于喷嘴流速)。求平板的质量。(取动能校正系数及动量校正系数为 1.0)(15 分)

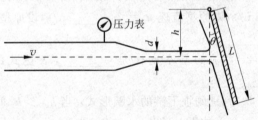

4. 有一倾斜放置的等直径输水管道,如图所示,管径 $d=200$ mm,管长 $l=20$ m,A、B 两点高差 $\Delta z=0.05$ m;水银压差计的 $\Delta h=0.12$ m。试求:

(1) A、B 两断面间的沿程水头损失 h_f;

(2) 管壁的切应力 τ_0,并绘出圆管断面的切应力分布图。(10 分)

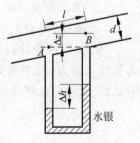

5. 已知不可压缩液体,在圆管中的流速分布公式为

$$u_x = -\frac{ky}{x^2+y^2}$$
$$u_y = \frac{kx}{x^2+y^2}$$
$$u_z = 0$$

试判断该流动：

(1) 是恒定流动还是非恒定流动； (2) 是均匀流动还是非均匀流动；

(3) 是否满足连续性微分方程； (4) 有无线变形；

(5) 是有旋流动还是无旋流动； (6) 有无剪切变形？(15分)

6. 某河道断面如图所示，其底坡 $i=0.0004$，主槽平均水深 $h_1=3.0$ m，宽度 $B_1=15$ m，粗糙度 $n_1=0.03$，滩地平均水深 $h_2=1.0$ m，宽度 $B_2=60$ m，粗糙度 $n_2=0.04$。求河道的流量 Q。(主槽和滩地过水断面近似为矩形断面)(10分)

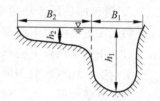

试 卷 4

一、是非题(10分)

1. 当液体中发生真空时，其相对压强必小于零。 (   )

2. 边界层内的液流，其黏滞性可以忽略，因此可以看作是理想液体运动。 (   )

3. 在紊流粗糙区中，对同一种材料的管道，管径越小，则沿程水头损失系数 λ 越大。 (   )

4. 在同样的边界条件下，紊流过水断面上的流速分布比层流要均匀。 (   )

5. 紊流均匀流在管轴线和管壁处的紊流附加切应力都等于零。 (   )

6. 恒定总流的总水头线沿流程下降，而测压管水头线沿程可升可降。 (   )

7. 缓流时断面单位能量随水深的增大而增加，急流时断面单位能量随水深的增大而减小。 (   )

8. 渗流模型流速与真实渗流流速数值相等。 (   )

9. 水击波传播的一个周期为 $\dfrac{2l}{c}$。 (   )

10. 两个液流只要在相应点的速度和加速度的大小成比例，则两个液流就是运动相似。 (   )

二、选择题(10分)

1. 切应力 τ 与流速梯度符合下表关系的液体为(   )。

$\dfrac{\mathrm{d}u}{\mathrm{d}n}$	0	0.3	0.6	0.9	1.2
τ	0	2	4	6	8

（1）非牛顿液体　　　（2）理想液体　　　（3）牛顿液体　　　（4）宾汉液体

2. 在恒定流中（　　）。

（1）流线一定相互平行　　　　　　　　　（2）断面平均流速必定沿程不变

（3）不同瞬时流线有可能相交　　　　　　（4）同一点处不同时刻的动水压强相等

3. 一管道均匀层流，当流量增加时，下列答案中错误的是（　　）。

（1）沿程水头损失系数 λ 增大　　　　（2）沿程水头损失增大

（3）边界切应力增大　　　　　　　　　　（4）水力坡度增大

4. 当输水管道的流量和水温一定时，水流雷诺数随管径的减小而（　　）。

（1）增大　　　　　　（2）减小　　　　　　（3）不变　　　　　　（4）不定

5. 管流的负压区是指测压管水头线（　　）。

（1）在基准面以下的部分　　　　　　　　（2）在下游自由水面以下的部分

（3）在管轴线以下的部分　　　　　　　　（4）在基准面以上的部分

6. 有一溢流堰，堰顶厚度为 2 m，堰上水头为 2 m，则该堰流属于（　　）。

（1）薄壁堰流　　　　（2）宽顶堰流　　　　（3）实用堰流　　　　（4）明渠水流

7. 闸坝下有压渗流流网的形状与下列哪个因素有关？（　　）

（1）上游水位　　　　　　　　　　　　　（2）渗流系数

（3）上、下游水位差　　　　　　　　　　（4）边界的几何形状

8. 在水击研究中，必须认为（　　）。

（1）液体是可压缩的，管道是刚体　　　　（2）液体是不可压缩的，管道是弹性体

（3）液体和管道都是弹性体　　　　　　　（4）液体是不可压缩的，管道是刚体

9. 惯性力与黏性力之比的无量纲数是（　　）。

（1）弗劳德数 Fr　　　　　　　　　　　（2）欧拉数 Eu

（3）雷诺数 Re　　　　　　　　　　　　（4）斯特罗哈数 St

10. A、B 两根管道，A 管输水，B 管输油，其长度 L、管径 d、壁面粗糙度 k_s 和雷诺数 Re 都相同，则沿程水头损失之间的关系为（　　）。

（1）$h_{fA}=h_{fB}$　　　　（2）$h_{fA}>h_{fB}$　　　　（3）$h_{fA}<h_{fB}$　　　　（4）不能确定

三、计算题（80 分）

1. 图示为泄水洞进口设置一直立平面闸门 AB，门高 $a=3.0$ m，门宽 $b=2.0$ m，门顶 A 在水下的深度 $h_1=4.0$ m，上、下游水位差 $h_2=5.2$ m。求闸门所受的静水总压力大小和方向。（12 分）

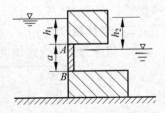

2. 自水箱引出一水平管段,长度 $L=15$ m,直径 $D=0.06$ m,末端接一喷嘴,喷嘴出口的直径 $d=0.02$ m,如图所示。已知射流作用于铅直放置的平板 A 上的水平力 $F=31.4$ N,求水箱水头 H。(设管段沿程水头损失系数 $\lambda=0.04$,喷嘴局部水头损失系数 $\zeta=0.2$,管道进口局部水头损失系数 $\zeta=0.1$,各系数均对应于管中流速水头 $\frac{v^2}{2g}$,动能校正系数和动量校正系数均为 1.0)(12 分)

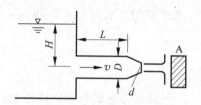

3. 在矩形断面渠道中有一升坎,坎高 $a=0.5$ m,坎前水头 $H=1.0$ m,坎上水深 $h=0.75$ m,渠宽 $b=1.0$ m,如图所示。水流过坎时的水头损失 $h_w=0.2\frac{v^2}{2g}$(v 为坎上流速),渠道摩阻力不计。求流量 Q 和坎壁 AB 上的水流作用力 F。(取动能校正系数和动量校正系数均为 1.0)(10 分)

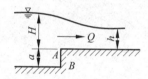

4. 有一密闭水箱,其右下方接一圆柱体,横断面如图所示。圆柱体长度 $L=1.0$ m(垂直于纸面方向),圆柱半径 $R=0.5$ m,A 点距水箱顶部 0.5 m。在距水箱顶部 0.3 m 的 C 点处接一 U 形水银测压计,水银面高差 $\Delta h=14.7$ cm。其他尺寸见图。要求:

(1) 绘出 AB 曲面上静水总压力水平分力的压强分布图及垂直分力的压力体图;

(2) 计算 AB 曲面上静水总压力的大小及方向。(12 分)

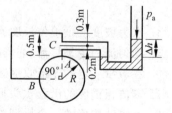

5. 已知平面流动的流速为 $u_x=x^2+2x-4y$,$u_y=-2xy-2y$,要求:

(1) 检查是否连续;

(2) 检查是否无旋;

（3）说明是否存在流函数及流速势函数,如存在,求其函数式;

（4）求点 $A(4,3)$ 和 $B(2,1)$ 间的单宽流量。（12分）

6. 有一矩形断面引水渡槽,底宽 $b=1.5$ m,槽长 $L=116.5$ m,进口处槽底高程 $z_1=52.06$ m,槽身为普通混凝土,粗糙度 $n=0.014$。当通过设计流量 $Q=10.5$ m^3/s 时,槽中均匀流水深 $h_0=2.56$ m。求渡槽出口处底部高程 z_2。（10分）

7. 图示为一面积 $A=1200$ cm^2 的平板在液面上以 $u=0.5$ m/s 的速度作水平移动,使平板下的液体作层流运动。液体分两层,它们的动力黏性系数与厚度分别为 $\mu_1=0.142$ N·s/m^2,$\delta_1=1.0$ mm;$\mu_2=0.235$ N·s/m^2,$\delta_2=1.4$ mm。两液层内的流速均按直线分布。试绘制平板间液体的流速分布图和切应力分布图,并求平板上所受的内摩擦力 F。（12分）

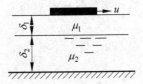

试 卷 5

一、是非题（10分）

1. 流速梯度 $\mathrm{d}u/\mathrm{d}n$ 发生变化时,黏滞系数 μ 不变的液体均属于牛顿液体。

（   ）

2. 当液体中某点的绝对压强小于当地大气压时必定存在真空。 （   ）

3. 平面上静水总压力的大小等于压力中心点的压强与受力面面积的乘积。

（   ）

4. 水力坡度就是单位长度流程上的水头损失。 （   ）

5. 均匀流一定是层流,非均匀流一定是紊流。 （   ）

6. 在流量一定的逐渐收缩管道中,雷诺数沿程减少。 （   ）

7. 紊流粗糙区的沿程水头损失系数与雷诺数无关。 （   ）

8. 水击波传播的一个周期为 $4l/c$,其中 l 为管道长度,c 为水击波传播波速。

（   ）

9. 渐变无压渗流中任意过水断面各点的渗流流速相等,且等于断面平均流速。

（   ）

10. 对于实用堰和宽顶堰，只要下游水位不超过堰顶时就一定是自由出流。

                                                               （   ）

二、填空题（15 分）

1. 已知水流某点处绝对压强值为 3.92 N/cm^2，当地大气压为 10 m 水柱高，则该处的真空高度为 _____ m。

2. 两层静止液体，上层为油（密度为 ρ_1），下层为水（密度为 ρ_2），两层液深相同，均为 h。水油分界面的相对压强与水底面相对压强的比值为 _____。

3. 一底坡非常陡的渠道如图所示，水流为恒定均匀流，A 点距水面铅直水深为 $h=3.5$ m，坡道倾角 $\theta=30°$，则 A 点的压强水头为 _____ m。

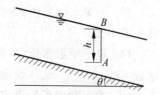

4. 宽浅明渠中产生渐变流如图所示，用与压差计相连的两根毕托管量测流速，压差计中液体密度 $\rho=820 \text{ kg/m}^3$，则 $u_B=$ _____ m/s。

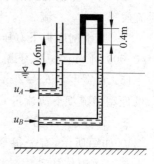

5. 射流流量为 q_v，以速度 v 射向平板（如图）。若平板以 $v/2$ 的速度与射流作同方向运动，则射流对平板的作用力为 _____。

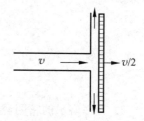

6. 上临界雷诺数是判别流态从 _____ 流变为 _____ 流的判别数。

7. 当圆管断面平均流速 v 与最大流速 u_{max} 之比 $v/u_{max}=0.8$ 时，则管中水流属 _____。

8. 抽水机装置如图所示,该抽水机因_____而不能正常工作。

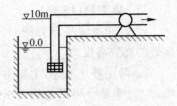

9. 突然完全关闭管道末端阀门时发生直接水击,已知波速 $c=1000$ m/s,水击压强水头 $\Delta H=250$ m,则管中原来的流速 $v=$ _____ m/s。

10. 明渠水流发生 M_3 型水面曲线时,断面单位能量 E_s 沿程_____。(填增大、减小或不变)

11. 矩形明渠水流中,断面单位能量 E_s 与势能 h 之比 $E_s/h=2$ 时,水流的弗劳德数 $Fr=$ _____。(取动能校正系数 $\alpha=1.0$)

12. 矩形断面平底渠道,底宽 $b=2.0$ m,通过流量 $Q=10$ m³/s,已知跃前水深 $h_1=0.65$ m,则跃后水深 $h_2=$ _____ m。

13. 有一宽顶堰式的水闸,当闸孔水头 $H=4.0$ m,闸门开度 $e=3.0$ m 时,水闸泄流属于_____流。

14. 某水闸底板下有压渗流流网由 20 条等势线和 6 条流线所组成。渗流系数 $k=0.000\,01$ cm/s,上、下游水位差 $h=30$ m,则闸下单宽渗流量 $q=$ _____ m²/s。

15. 在宽度为 $b_m=2$ m 的水槽中做溢流坝模型试验,长度比尺 $\lambda_l=50$,相应宽度 b_p 的原型溢流坝下泄流量 $Q_p=2227$ m³/s,则模型流量 $Q_m=$ _____ L/s。

三、计算题(75 分)

1. 如图所示,有一很窄间隙,高为 h,其间被一平板隔开,平板向右拖动速度为 u,平板一边液体的动力黏性系数为 μ_1,另一边液体动力黏性系数为 μ_2,计算平板放置的位置 y。要求:(1)平板两边切应力相同;(2)拖动平板的阻力最小。(15 分)

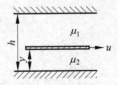

2. 有一盛水的密闭容器,中间用水平隔板分为上、下两部分。隔板中有一圆孔,并用一圆球堵塞(如图)。已知圆球直径 $D=50$ cm,球重 $G=1.36$ kN,圆孔直径 $d=25$ cm,容器顶部压力表读数 $p=0.49$ N/cm²。当测压管中水面与容器中水面高差超过 x 时,圆球即被水压力向上顶开,试求 x 值。(10 分)

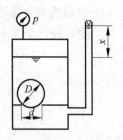

3. 矩形渠道内的一跌水,如图所示。水舌下面与大气相通,跌水前某一距离处的水深为临界水深 h_c。渠道单宽流量 $q=9.8 \text{ m}^2/\text{s}$,下游水深 $h_t=3.0 \text{ m}$,试求水舌下水的深度 h。(跌坎垂直壁面上的动水压强按静水压强规律分布,取动能校正系数 $\beta=1.0$)(15 分)

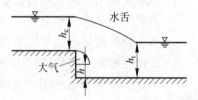

4. 已知不可压缩液体流动的流速场为
$$u_x = x^2 - y^2 + 2x, \quad u_y = -2xy - 2y$$
(1) 论证是否存在流函数,若存在,求流函数 Ψ;

(2) 论证是否存在流速势函数,若存在,求出流速势函数 φ。

(3) 求通过 A 点 $(0,0)$ 和 B 点 $(2,1)$ 两流线间的单宽流量 Δq_{AB}。(单位用 m,m^2/s)(10 分)

5. 某梯形断面渠道,边坡系数 $m=1.5$,粗糙度 $n=0.025$,通过流量 $Q=30.0 \text{ m}^3/\text{s}$,水流为均匀流。由于航运要求,取水深 $h_0=2.0 \text{ m}$。为防止渠道淤积,取平均流速 $v=0.8 \text{ m/s}$。试求:(1)渠底宽度 b;(2)渠道底坡 i。(10 分)

6. 在实用堰的下游连接一棱柱体缓坡长渠和一断面尺寸相同的棱柱体陡坡长渠,如图所示。已知渠道断面为矩形,堰下收缩断面水深 $h_{c0}=0.506 \text{ m}$,缓坡长渠均匀流水深 $h_0=3.0 \text{ m}$,过堰单宽流量 $q=6.0 \text{ m}^2/\text{s}$。

(1) 判别缓坡上是否发生水跃,若发生请判别水跃的形式;

(2) 定性绘出渠中的水面曲线,并注明曲线名称。(15 分)

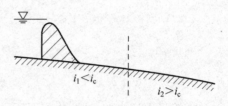

试 卷 6

一、是非题 (10 分)

1. 恒定总流的总水头线沿流程下降,而测压管水头线沿程可升可降。　　(　)

2. 只要下游水位高于堰顶,一定是堰的淹没出流。　　　　　　　　　(　)

3. 水力坡度就是单位长度流程上的水头损失。　　　　　　　　　　　(　)

4. 在恒定紊流中时均流速不随时间变化。　　　　　　　　　　　　　(　)

5. 不论平面在静止液体内如何放置,其静水总压力的作用点永远在平面形心之下。　　　　　　　　　　　　　　　　　　　　　　　　　　　　　　　(　)

6. 水流在边壁处的流速为零,因此该处的流速梯度为零。　　　　　　(　)

7. 同一种管径和粗糙度的管道,雷诺数不同时,可以在管中形成紊流光滑区、粗糙区或过渡粗糙区。　　　　　　　　　　　　　　　　　　　　　　　(　)

8. 棱柱形明渠中形成 M_3 型水面曲线时,其断面单位能量 E_s 沿程增大。(　)

9. 如果两个液流中作用于相应点上的相同性质的力的大小成一定比例,则两个液流就是动力相似的。　　　　　　　　　　　　　　　　　　　　　　　(　)

10. 渐变无压渗流中任意过水断面各点的渗流流速相等,且等于断面平均流速。
　　　　　　　　　　　　　　　　　　　　　　　　　　　　　　　　(　)

二、选择题 (20 分)

1. 管道均匀流中,当流段两端断面的测压管水头差增大时,管壁切应力(　)。

(1) 减小　　　　　　(2) 不变　　　　　　(3) 增大　　　　　　(4) 不定

2. 在恒定流中,(　)。

(1) 流线一定互相平行　　　　　　(2) 断面平均流速必定沿程不变

(3) 不同瞬时流线有可能相交　　　(4) 同一点处不同时刻的动水压强相等

3. 已知水流某处的绝对压强值为 2.94 N/cm², 当地大气压强为 10 m 水柱高,则该处真空度是(　)。

(1) 3 m　　　　　　(2) 7 m　　　　　　(3) 2.94 m　　　　　(4) 没有真空

4. 陡坡渠道上如发生非均匀流,则(　)。

(1) 一定是急流　　　　　　　　　(2) 一定是缓流

(3) 可以是缓流或急流　　　　　　(4) 一定是渐变流

5. 紊流过渡粗糙区的沿程水头损失系数 λ（　　）。

(1) 只与雷诺数有关　　　　(2) 只与相对粗糙度有关

(3) 只与绝对粗糙度有关　　(4) 与相对粗糙度和雷诺数有关

6. 按普朗特动量传递理论，紊流的断面流速分布规律符合（　　）。

(1) 对数分布　　　　　　　(2) 椭圆分布

(3) 抛物线分布　　　　　　(4) 直线分布

7. 矩形断面渠道的均匀流，若断面单位能量与水深之比 $\dfrac{E_s}{h}=2$，则水流为（　　）。

(1) 急流　　　　(2) 缓流　　　　(3) 临界流　　　　(4) 急变流

8. 当实用堰水头 H 大于设计水头 H_d 时，其流量系数 m 与设计流量系数 m_d 的关系是（　　）。

(1) $m=m_d$　　　　(2) $m>m_d$　　　　(3) $m<m_d$　　　　(4) 不能确定

9. 同一渠道中有 1、2 两个渠段，其粗糙度 $n_1>n_2$，其他参数均相同。当通过一定流量时，则两渠段的临界水深 h_{c1}、h_{c2} 和正常水深 h_{01}、h_{02} 的关系分别为（　　）。

(1) $h_{c1}=h_{c2}$，$h_{01}=h_{02}$　　　　(2) $h_{c1}=h_{c2}$，$h_{01}<h_{02}$

(3) $h_{c1}>h_{c2}$，$h_{01}>h_{02}$　　　　(4) $h_{c1}=h_{c2}$，$h_{01}>h_{02}$

10. 液流重力相似准则要求（　　）。

(1) 原型和模型水流的雷诺数相等

(2) 原型和模型水流的弗劳德数相等

(3) 原型和模型水流的牛顿数相等

(4) 原型和模型水流的重力相等

三、作图题（10 分）

1. 定性绘出图示倒虹吸管的总水头线和测压管水头线。（5 分）

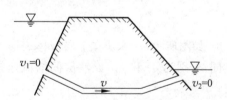

2. 定性绘出图示棱柱形明渠的水面曲线，并注明曲线名称。（各渠段均充分长，各段粗糙度相同）(5 分)

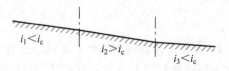

四、计算题（60 分）

1. 水平管道末端接一倾斜向上弯形喷嘴（轴线在同一铅直平面内），转角 $\alpha = 45°$，断面 1—1，2—2 直径分别为 $d_1 = 0.2$ m 和 $d_2 = 0.1$ m，两断面中心高差 $\Delta z = 0.2$ m。出口断面平均流速 $v_2 = 10$ m/s（喷入大气），断面 1 到断面 2 之间的水头损失为 $h_{w1-2} = 0.5 \dfrac{v_2^2}{2g}$，断面 1 到断面 2 间水体重 $G = 196$ N。求水流对喷嘴的作用力的大小和方向。（15 分）

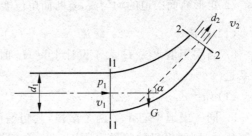

2. 已知不可压缩流动的流速场为

$$u_x = x^2 + 2x - 4y, \quad u_y = -2xy - 2y$$

要求：

(1) 论证是否存在流函数，若存在，求出 ψ；

(2) 论证是否存在流速势函数，若存在，求出 φ；

(3) 求出流经 A 点 $(3,1)$ 的流线与流经 B 点 $(5,1)$ 的流线之间的单宽流量 q。（10 分）

3. 如图所示，一木块在上层液体表面上以速度 v 运动。两液层的厚度相同，黏度不同，分别为 μ_1 和 μ_2，设液层间的流速按直线分布。求液层交界面上的流速 u。（10 分）

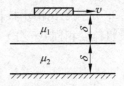

4. 容器内盛有密度 $\rho_1 = 888$ kg/m³ 和 $\rho_2 = 1000$ kg/m³ 的两种液体，如图所示。已知上层液体深度 $h_1 = 2.0$ m，下层液体深度 $h_2 = 2.0$ m，圆弧半径 $R = 1.0$ m。求 1/4 圆弧曲面 AB 单位宽度上静水总压力的大小和方向。（15 分）

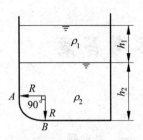

5. 有一宽浅式矩形断面棱柱形渠道,底坡 $i=0.0009$,粗糙度 $n=0.017$,单宽流量 $q=2.0 \text{ m}^2/\text{s}$,水力半径 R 近似等于正常水深 h_0。要求:计算均匀流水深 h_0,判别渠中水流是缓流还是急流。(10 分)

参考答案

试 卷 1

一、是非题

1. (×)   2. (√)   3. (×)   4. (√)   5. (√)   6. (×)   7. (×)   8. (×)
9. (×)   10. (×)

二、选择题

1. (3)   2. (3)   3. (2)   4. (2)   5. (3)

三、填充题

1. 7.9×10^{-6} m²/s   2.直接   3. 2.14 m   4. 2750 m³/s   5. 0.007 84   6. $\frac{1}{2}$

7. -4 kN/m²; 97.4 kN/m²   8. 0.5 m/s; -0.3 m/s   9. $-2ay$; $-2ax$

10. $h_2 = 2.5$ m

四、作图题

1.

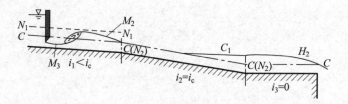

2.

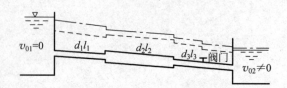

五、计算题

1. **解**：根据等压面原理，可算得 O 点的压强

$$p_0 = \rho_m g \times 0.1 - \rho g \times 0.1 + \rho_m g \times 0.1 - \rho_0 g \times (0.2 - 0.05)$$
$$= (0.2\rho_m - 0.1\rho - 0.15\rho_0)g$$

将 O 点的压强换算成液面为大气压强作用下的当量高度为

$$H = \frac{p_0}{\rho_0 g} = \frac{0.2\rho_m - 0.1\rho - 0.15\rho_0}{\rho_0} = 3.125(m)$$

作用在半球面上的作用力为

$$P_z = \rho_0 g V = \rho_0 g \left(\frac{\pi D^2}{4} H - \frac{\pi D^3}{12} \right)$$

$$= 800 \times 9.81 \times \left(\frac{3.14 \times 0.2^2}{4} \times 3.125 - \frac{3.14 \times 0.2^3}{12} \right)$$

$$= 753(N)(\uparrow)$$

2. **解**：先求出收缩断面的流速，以渠底为基准面，列坝前与收缩断面的能量方程，取动能校正系数 $\alpha_1 = \alpha_2 = 1.0$。则有

$$(a + H) = h_{c0} + \frac{\alpha v_C^2}{2g} + 2.5 \frac{v_C^2}{2g}$$

代入已知数据可得出

$$32 = 0.8 + 3.5 \frac{v_C^2}{2g}$$

由此可解出

$$v_c = 13.22 \text{ m/s}$$

可得出流量

$$Q = v_c h_{c0} \times 1.0 = 13.22 \times 0.8 \times 1.0 = 10.58(m^3/s)$$

列出动量方程，取 $\beta_1 = \beta_2 = 1.0$，可得

$$P_1 - P_2 - R = \beta \rho Q(v_c)$$

代入已知数据可得

$$R = \frac{1}{2} \times 9810 \times 32^2 - \frac{1}{2} \times 9810 \times 0.8^2 - 1000 \times 10.58 \times 13.22$$

$$= 4879.71(kN)(\rightarrow)$$

3. **解**：(1) 由于是平面运动，其连续方程为 $\frac{\partial u_x}{\partial x} + \frac{\partial u_y}{\partial y} = a - a = 0$，故满足连续方程。

(2) 由于 $\omega_z = \frac{1}{2} \left(\frac{\partial u_y}{\partial x} - \frac{\partial u_x}{\partial y} \right) = 0$，所以该流动为势流。

(3) $d\psi = -u_y dx + u_x dy = a y dx + a x dy$

对方程两边积分得

$$\psi = a \int d(xy) = axy + C$$

(4) $d\varphi = u_x dx + u_y dy = a x dx - a y dy$

对方程两边积分得

$$\varphi = \frac{1}{2} a(x^2 - y^2) + C$$

试 卷 2

一、是非题

1. (√)   2. (×)   3. (×)   4. (√)   5. (√)   6. (×)   7. (×)   8. (×)
9. (√)   10. (√)

二、选择题

1. (3)   2. (2)   3. (2)   4. (2)   5. (4)   6. (2)   7. (1)   8. (1)   9. (4)
10. (1)

三、填充题

1. $<,>,<,>$ 2. $2,\dfrac{\Delta}{d}$ 3. 直接,间接

4. $\gamma=\rho g$,$[ML^{-2}T^{-2}]$,$[ML^{-3}]$,$[LT^{-2}]$ 5. $62.64\ m^{0.5}/s$

6. 负;缓;上游以水平线为渐近线,下游与 C—C 线垂直的降水曲线。

7. $1.41m$ 8. 0.32;缓流   9. $1.56\times10^{-6}\ m^2/s$ 10. 力学相似;$0.01\ m^3/s$

四、作图题

1.

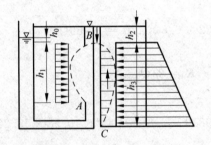

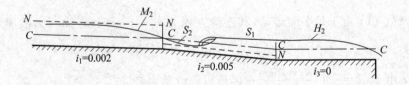

五、计算题

1. **解**:

$$P_x=\frac{1}{2}\rho_0 gR^2L$$

$$=\frac{1}{2}\times0.8\times9.81\times0.2^2\times2.0$$

$$=0.314(kN)$$

$$P_z = \rho g V$$

$$= \rho g \left(\frac{\pi R^2}{2}\right) L + \rho_{油} g \left(\frac{\pi R^2}{4} + R^2\right) L$$

$$= 9.81 \times \frac{3.14 \times 0.2^2}{2} \times 2.0 + 0.8 \times 9.81 \times \left(\frac{3.14 \times 0.2^2}{4} + 0.2^2\right) \times 2.0$$

$$= 2.353(\text{kN}) = 2353(\text{N})$$

由力的平衡

$$R_x = P_x = 0.314(\text{kN})$$

$$G = P_z$$

$$mg = 2353$$

$$m = 239.9 \text{ kg}$$

2. **解**：取基准面，并列出能量方程

$$H = \frac{\alpha v_2^2}{2g} + \zeta \frac{v_2^2}{2g}$$

可解出

$$v_2 = \sqrt{\frac{2gH}{\alpha + \zeta}} = \sqrt{\frac{2 \times 9.81 H}{1.5}} = 3.61 \sqrt{H}(\text{m/s})$$

则

$$Q = \frac{\pi d^2}{4} v_2 = \frac{3.14 \times 0.05^2}{4} \times 3.61\sqrt{H} = 0.0071\sqrt{H}(\text{m}^3/\text{s})$$

取 2—2，3—3 断面之间的水体为控制体，并分析受力，选取坐标系，如图所示。

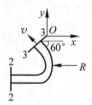

列 x 方向动量方程：

$$-R = \beta \rho Q(-v_2 \cos 60° - v_2)$$

$$R = \frac{3}{2} \beta \rho Q v_2 980 = \frac{3}{2} \times \frac{3.14 \times 0.05^2 \times 1000}{4} \times 3.61^2 \times H = 38.36H$$

由此可解出 $H = 25.55$ m。

3. **解**：(1) 由于该流动满足平面运动的连续方程，即

$$\frac{\partial u_x}{\partial x} + \frac{\partial u_y}{\partial y} = 2y - 2y = 0$$

故该流动是不可压缩流体的流动。

(2) 由于满足

$$\omega_z = \frac{1}{2}\left(\frac{\partial u_y}{\partial x} - \frac{\partial u_x}{\partial y}\right) = \frac{1}{2}(2x - 2x) = 0$$

故该流动为无旋流。

由 $u_x=\dfrac{\partial\varphi}{\partial x}=2xy$，分离变量并积分可得出

$$\varphi = x^2 y + C(y)$$

将其代入

$$u_y = \frac{\partial\varphi}{\partial y} = a^2 + x^2 - y^2 = x^2 + C'(y)$$

由此得出

$$C'(y) = a^2 - y^2$$

对该式再分离变量并积分可得 $C(y)=a^2 y-\dfrac{1}{3}y^3+C$，将其代入 φ 的表达式中可得出

$$\varphi = a^2 y - \frac{1}{3}y^3 + x^2 y + C$$

（3）由 $u_x=\dfrac{\partial\psi}{\partial y}=2xy$，对该式分离变量并积分得

$$\psi = xy^2 + C(x)$$

将其代入

$$u_y = -\frac{\partial\psi}{\partial x} = a^2 + x^2 - y^2 = -y^2 - C'(x)$$

由此得出

$$C'(x) = -a^2 - x^2$$

对该式再分离变量并积分可得出

$$C(x) = -a^2 x - \frac{1}{3}x^3 + C$$

将其代入 ψ 的表达式中可得出

$$\psi = -a^2 x - \frac{1}{3}x^3 + xy^2 + C$$

试　卷　3

一、选择题

1.（4）　2.（2）　3.（1）　4.（2）　5.（4）

二、填充题

1. 15；0.01　2. $u=v=kJ$；$v\sim J$；均匀流，层流，砂土　3. 远离；临界；淹没

4. 自由　5. $>,<,<,>$

三、计算题

1. **解**：假设两盘之间流体的速度为直线分布，上盘半径 r 处的切应力为

$$\tau = \mu \frac{u}{\delta} = \frac{\mu r \omega}{\delta}$$

则所需阻力矩为

$$M = \int_0^{\frac{d}{2}} (\tau \times 2\pi r dr) r = \frac{2\pi\mu\omega}{\delta} \int_0^{\frac{d}{2}} r^3 \, dr = \frac{\pi\mu\omega d^4}{32\delta}$$

由此可解出

$$\omega = \frac{32M\delta}{\mu\pi d^4}$$

2. **解**：求出水箱顶部的压强水头

$$H = \frac{p}{\rho g} = \frac{1.962 \times 10^4}{9810} = 2.0(\text{m})$$

则

$$P_x = \rho g \left(H + h_1 + \frac{1}{2} r\right) \times r \times b = 9810 \times (2 + 1.5 + 1.5) \times 3 \times 3 = 441.45(\text{kN})$$

$$P_z = \rho g \left[(H + h_1) \times r + \frac{1}{4}\pi r^2\right] \times b$$

$$= 9810 \times \left[3.5 \times 3 + \frac{1}{4} \times 3.14 \times 9\right] \times 3 = 517.09(\text{kN})$$

$$P = \sqrt{P_x^2 + P_z^2} = 679.9 \text{ kN}$$

方向角

$$\alpha = \arctan \frac{P_z}{P_x} = 49.51°$$

3. **解**：列 1—1,2—2 断面的能量方程,取 $\alpha_1 = \alpha_2 = 1.0$,得

$$\frac{p_1}{\rho g} + \frac{v_1^2}{2g} = (1 + \zeta) \frac{v_2^2}{2g}$$

代入已知数据得

$$\frac{1.96 \times 10^4}{9810} + \frac{2.76^2}{19.62} = 1.3 \times \frac{v_2^2}{19.62}$$

可解出 $v_2 = 6.0$ m/s。则流量

$$Q = A_2 v_2 = \frac{3.14}{4} \times 0.025^2 \times 6 = 2.94 \times 10^{-3} (\text{m}^3/\text{s})$$

取射流水体为控制体,如题解图所示。列动量方程,取 $\beta_1 = \beta_2 = 1.0$,则有

$$-R' = -\rho Q v_2 \cos 30°$$

代入数据得

$$R' = 1000 \times 2.94 \times 10^{-3} \times 6 \times 0.866 = 15.28(\text{N})$$

射流对平板的作用力 $R = -R'$。

对 O 点求矩：

$$\sum M_0 = 0, \quad R \times OA = mg \times OB$$

而式中

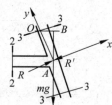

$$OA = \frac{0.15}{\cos 30^\circ} = 0.173(\text{m})$$

$$OB = 0.15 \sin 30^\circ = 0.075(\text{m})$$

这样代入上式后可得 $15.28 \times 0.173 = m \times 9.81 \times 0.075$，可解出平板的质量 $m = 3.59$ kg。

4. **解**：(1) 列出 A、B 断面的能量方程

$$\frac{p_A}{\rho g} = \Delta z + \frac{p_B}{\rho g} + h_f$$

而由等压面原理

$$p_A + \rho g h_1 = p_B + \rho g(\Delta z + h_2) + \rho_m g \Delta h$$

则有

$$\frac{p_A - p_B}{\rho g} - \Delta z = \left(\frac{\rho_m}{\rho} - 1\right)\Delta h = 1.512(\text{m})$$

则代入能量方程可得 $h_f = 1.512$ m。

(2) 管壁的切应力

$$\tau_0 = \rho g R J = 9810 \frac{0.2}{4} \frac{1.512}{20} = 37.08(\text{N/m}^2)$$

切应力分布如下图所示。

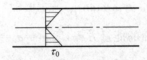

5. **解**：(1) 由于流场与时间无关，故为恒定流动；

(2) 由于存在迁移加速度故为非均匀流动；

(3) 满足连续方程；

(4) 有线变形；

(5) 为无旋运动；

(6) 有角变形。

6. **解**：$A_1 = B_1 h_1 = 15 \times 3 = 45(\text{m}^2)$，$\chi_1 = B_1 + h_1 = 15 + 3 = 18(\text{m})$，$R_1 = \dfrac{A_1}{\chi_1} = \dfrac{45}{18} = 2.5(\text{m})$

$$C_1 = \frac{1}{n_1} R_1^{\frac{1}{6}} = \frac{1}{0.03} 2.5^{\frac{1}{6}} = 38.84(\text{m}^{0.5}/\text{s})$$

$$Q_1 = A_1 C_1 \sqrt{R_1 i} = 45 \times 38.84 \sqrt{2.5 \times 0.0004} = 55.27(\text{m}^3/\text{s})$$

$$A_2 = B_2 h_2 = 60(\text{m}^2), \quad \chi_2 = B_2 + h_2 = 61(\text{m}), \quad R_2 = \frac{A_2}{\chi_2} = 0.984(\text{m})$$

$$C_2 = \frac{1}{n_2} R_2^{\frac{1}{6}} = 24.93(\text{m}^{0.5}/\text{s})$$

$$Q_2 = A_2 C_2 \sqrt{R_2 i} = 60 \times 24.92 \times \sqrt{0.984 \times 0.0004} = 29.69 (\mathrm{m}^3/\mathrm{s})$$

通过河道的总流量

$$Q = Q_1 + Q_2 = 55.27 + 29.69 = 84.96 (\mathrm{m}^3/\mathrm{s})$$

试 卷 4

一、是非题

1. （√） 2. （×） 3. （√） 4. （√） 5. （√） 6. （√） 7. （√） 8. （×）
9. （×） 10. （×）

二、选择题

1. （3） 2. （4） 3. （1） 4. （1） 5. （3） 6. （3） 7. （4） 8. （3） 9. （3）
10. （3）

三、计算题

1. **解**：$P_1 = \rho g \left(h_1 + \dfrac{a}{2} \right) \times a \times b = 9810 \times (4 + 1.5) \times 6 = 323.73 (\mathrm{kN})$

$$P_2 = \frac{1}{2} \rho g (h_1 + a - h_2)^2 \times b = \frac{1}{2} \times 9810 \times 1.8^2 \times 2 = 31.78 (\mathrm{kN})$$

$$P = P_1 - P_2 = 323.73 - 31.78 = 291.95 (\mathrm{kN}) (\rightarrow)$$

2. **解**：列水箱和出口断面的能量方程

$$H = \frac{\alpha v_1^2}{2g} + \lambda \frac{L}{D} \frac{v^2}{2g} + \zeta_1 \frac{v^2}{2g} + \zeta_2 \frac{v^2}{2g}$$

由连续方程可知 $v_1 = 9v$，代入已知数据后得

$$H = \left(81 + 0.04 \frac{15}{0.06} + 0.1 + 0.2 \right) \frac{v^2}{2g}$$

可解出 $v = 0.464 \sqrt{H}$，而 $v_1 = 9v = 4.176 \sqrt{H}$。

由动量方程

$$F = R = \rho Q v_1 = \rho \frac{\pi}{4} d^2 v_1^2 = 1000 \times \frac{3.14}{4} \times 0.02^2 \times 4.176^2 H = 5.48H = 31.4 \mathrm{~N}$$

由此可解出 $H = 5.73 \mathrm{~m}$。

3. **解**：列堰前和堰顶断面的能量方程（取堰顶作为基准面，$\alpha_1 = \alpha_2 = 1.0$）

$$H + \frac{v_1^2}{2g} = h + \frac{v_2^2}{2g} + 0.2 \frac{v_2^2}{2g}$$

代入已知数据得

$$1.0 + 0.023Q^2 = 0.75 + 0.09Q^2 + 0.018Q^2$$

经整理得 $0.085Q^2 = 0.25$，可解出流量 $Q = 1.715 \mathrm{~m}^3/\mathrm{s}$。

列动量方程：

$$P_1 - P_2 - R = \rho Q (v_2 - v_1)$$

代入已知数据可得

$$R = \frac{1}{2} \times 9810 \times 1.5^2 - \frac{1}{2} \times 9810 \times 0.75^2 - 1000 \times 1.715 \times \left(\frac{1.715}{0.75} - \frac{1.715}{1.5} \right)$$

$$= 11.04 - 2.76 - 1.97 = 6.32 (\text{kN}) (\rightarrow)$$

4. **解**：(1) 绘制水平压强分布图及压力体图如下：

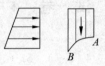

(2) 先求出箱顶的压强

$$p = \rho_m g \Delta h - \rho g \times 0.5 = 13\,600 \times 9.81 \times 0.147 - 1000 \times 9.81 \times 0.5$$

$$= 19\,612.15 - 4905 = 14\,707.15 (\text{N/m}^2)$$

则折算成水头

$$H = \frac{p}{\rho g} = 1.5 (\text{m})$$

$$P_x = \rho g (H + 0.5 + 0.25) \times 0.5 \times 1$$

$$= 9810 \times (1.5 + 0.5 + 0.25) \times 0.5 = 11\,036.25 (\text{N})$$

$$P_z = \rho g V = 9810 \times \left(2.5 \times 0.5 - \frac{1}{4} \times 3.14 \times 0.5^2 \right) \times 1.0 = 10\,339.74 \text{ N}$$

$$P = \sqrt{P_x^2 + P_z^2} = 15.12 (\text{kN}), \quad \theta = \arctan \frac{P_z}{P_x} = 43.13°$$

5. (1) 将流场代入平面的连续方程有 $\frac{\partial u_x}{\partial x} + \frac{\partial u_y}{\partial y} = 2x + 2 - 2x - 2 = 0$，故流场连续。

(2) 将流场代入方程：$\omega_z = \frac{1}{2} \left(\frac{\partial u_y}{\partial x} - \frac{\partial u_x}{\partial y} \right) = \frac{1}{2}(-2y + 4) \neq 0$，故为有旋运动。

(3) 是平面运动，存在流函数 ψ；是有旋运动，不存在势函数 φ。

求流函数：由 $u_x = \frac{\partial \psi}{\partial y} = x^2 + 2x - 4y$，分离变量并积分得

$$\psi = x^2 y + 2xy - 2y^2 + C(x)$$

再利用另外一式

$$u_y = -\frac{\partial \psi}{\partial x} = -2xy - 2y = -2xy - 2y + C'(x)$$

则 $C'(x) = 0$，所以 $C(x) = C$，代入 ψ 的表达式，则得

$$\psi = x^2 y + 2xy - 2y^2 + C$$

(4) 由于 $\psi_A = 54 \text{ m}^2/\text{s}, \psi_B = 6 \text{ m}^2/\text{s}$，则单宽流量

$$q = \psi_A - \psi_B = 54 - 6 = 48 (\text{m}^2/\text{s})$$

6. **解**：过水断面面积

$$A = b h_0 = 1.5 \times 2.56 = 3.84 (\text{m}^2)$$

湿周

$$\chi = b + 2h_0 = 1.5 + 2 \times 2.56 = 6.62(\text{m}^2)$$

水力半径

$$R = \frac{A}{\chi} = 0.58(\text{m})$$

谢才系数

$$C = \frac{1}{n}R^{\frac{1}{6}} = 65.22(\text{m}^{0.5}/\text{s})$$

根据谢才公式

$$i = \frac{Q^2}{A^2 C^2 R} = \frac{10.5^2}{3.84^2 \times 65.22^2 \times 0.58} = 0.003\,03$$

由于 $i = \frac{z_1 - z_2}{L}$，可解得

$$z_2 = z_1 - iL = 52.06 - 0.003\,03 \times 116.5 = 51.71(\text{m})$$

7. **解**：由于平板与槽底之间的水流为层流，其切应力可用牛顿内摩擦定律求解，表面液层速度等于平板移动速度。设在液层分界面上，流速为 u'，切应力为 τ，因 δ_1、δ_2 很小，近似认为流速按直线分布。

上层液体的切应力

$$\tau_1 = \mu_1 \frac{u - u'}{\delta_1}$$

下层液体的切应力

$$\tau_2 = \mu_2 \frac{u' - 0}{\delta_2}$$

根据题给条件 $\tau = \tau_1 = \tau_2$，即

$$\mu_1 \frac{u - u'}{\delta_1} = \mu_2 u'/\delta_2$$

可解出

$$u' = \frac{\mu_1 \delta_2 u}{\mu_2 \delta_1 + \mu_1 \delta_2} = \frac{0.142 \times 0.0014 \times 0.5}{0.235 \times 0.001 + 0.142 \times 0.0014} = 0.23(\text{m/s})$$

因为

$$\tau = \tau_1 = \mu_1 \frac{u - u'}{\delta_1} = 0.142 \times \frac{0.5 - 0.23}{0.001} = 38.34(\text{N/m}^2)$$

故平板所受的内摩擦力

$$F = \tau_1 A = 38.34 \times 1200 \times 10^{-4} = 4.6(\text{N})$$

流速分布及切应力分布图如下所示。

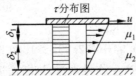

试　卷　5

一、是非题

1.（×）　2.（√ ）　3.（×）　4.（√ ）　5.（×）　6.（×）　7.（√ ）

8.（√ ）　9.（×）　10.（√ ）

二、填空题

1. 6　　　2. $\rho_1/(\rho_1+\rho_2)$　3. 2.625　4. 3.22　5. $\frac{1}{4}\beta\rho q_v v$　6. 层流；紊流

7. 紊流　8. 超过最大安装高度　9. 2.45　10. 减小　11. 1.414　12. 2.49

13. 堰流　14. 7.89×10^{-7}　15. 125.98

三、计算题

1. **解**：（1）由牛顿内摩擦定律可写出

$$\tau_1 = \mu_1 \frac{u}{h-y}, \quad \tau_2 = \mu_2 \frac{u}{y}$$

由于平板两边的 $\tau_1 = \tau_2$ 即

$$\mu_1 \frac{u}{h-y} = \mu_2 \frac{u}{y}$$

可解出 $y = \frac{\mu_2 h}{\mu_1+\mu_2}$，由于总切应力为

$$\tau = \mu_1 \frac{u}{h-y} + \mu_2 \frac{u}{y}$$

根据极值原理 $\dfrac{\mathrm{d}\tau}{\mathrm{d}y} = \dfrac{\mu_1 u}{(h-y)^2} - \mu_2 \dfrac{u}{y^2} = 0$ 可解出

$$y = \frac{h}{1+\sqrt{\dfrac{\mu_1}{\mu_2}}}$$

2. **解**：球体受到的浮力

$$P_1 = \frac{\pi}{6} D^3 \rho g$$

内外水头差作用在孔径 d 上的力

$$P_2 = \left(x - \frac{p}{\rho g}\right)\frac{\pi d^2}{4} \times \rho g$$

$$P = P_1 + P_2 = \rho g \pi \left[\frac{D^3}{6} + \left(x - \frac{p}{\rho g}\right)\frac{d^2}{4}\right]$$

$$= 9810 \times 3.14 \times \left[\frac{0.5^3}{6} + \left(x - \frac{0.49 \times 10^4}{9810}\right) \times \frac{0.25^2}{4}\right]$$

$$= 400.94 + 492.85x$$

如果 $P > G$ 圆球即被顶开。$400.94 + 492.85x > 1360$ 即 $x > 1.95$ m，圆球即可顶开。

3. **解**：在跌坎上游不远处产生临界水深，该断面近似认为是渐变流断面。

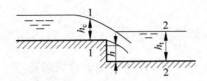

先求出临界水深，取 $\alpha = 1.0$，则有

$$h_c = \sqrt[3]{\frac{\alpha q^2}{g}} = \sqrt[3]{\frac{1 \times 9.8^2}{9.81}} = 2.14(\text{m})$$

取 $1-1, 2-2$ 间单宽水体为控制体，令 $\beta_1 = \beta_2 = 1.0$，则沿 x 方向列动量方程

$$R_x + P_1 - P_2 = \rho g(v_2 - v_1)$$

代入具体数值可得

$$\frac{1}{2}\rho g h^2 + \frac{1}{2}\rho g h_c^2 - \frac{1}{2}\rho g h_t^2 = \rho g\left(\frac{q}{h_t} - \frac{q}{h_c}\right)$$

可解出

$$h = \sqrt{(h_t^2 - h_c^2) + \frac{2q^2}{g}\left(\frac{1}{h_t} - \frac{1}{h_c}\right)}$$

$$= \sqrt{(9 - 2.14^2) + \frac{2 \times 9.8^2}{9.81}\left(\frac{1}{3} - \frac{1}{2.14}\right)} = 1.296(\text{m})$$

4. **解**：(1) 是平面运动，存在流函数 ψ。

由

$$u_x = \frac{\partial \psi}{\partial y} = x^2 - y^2 + 2x$$

分离变量并积分可得

$$\psi = x^2 y - \frac{1}{3}y^3 + 2xy + C(x)$$

由另一式

$$u_y = -\frac{\partial \psi}{\partial x} = -2xy - 2y - C'(x) = -2xy - 2y$$

则有 $C'(x) = 0$，所以 $C(x) = C$，代入 ψ 的表达式可得

$$\psi = x^2 y + 2xy - \frac{y^3}{3} + C$$

(2) 由于 $\omega_z = \frac{1}{2}\left(\frac{\partial u_y}{\partial x} - \frac{\partial u_x}{\partial y}\right) = \frac{1}{2}(-2y + 2y) = 0$，故存在势函数。

由

$$u_x = \frac{\partial \varphi}{\partial x} = x^2 - y^2 + 2x$$

分离变量并积分得

$$\varphi = \frac{1}{3}x^3 - y^2 x + x^2 + C(y)$$

由另一式

$$u_y = \frac{\partial \varphi}{\partial y} = -2xy - 2y = -2xy + C'(y)$$

则 $C'(y) = -2y$，$C(y) = -y^2 + C$，代回 φ 的表达式可得

$$\varphi = \frac{x^3}{3} - xy^2 + x^2 - y^2 + C$$

(3) $\psi_A = C$，而 $\psi_B = \frac{11}{3} = 3.67 + C$，通过的单宽流量

$$\Delta q = \psi_B - \psi_A = 3.67 (\text{m}^2/\text{s})$$

5. 解：(1) 计算底宽 b

$$A = \frac{Q}{v} = \frac{30}{0.8} = 37.5 (\text{m}^2)$$

$$A = (b + mh_0)h_0 = (b + 1.5 \times 2) \times 2 = 37.5 (\text{m}^2)$$

$$b = 15.75 \text{ m}$$

(2) 计算底坡 i

由谢才公式 $Q = CA\sqrt{Ri}$ 得

$$i = \frac{Q^2}{C^2 A^2 R}$$

其中

$$\chi = b + 2h_0\sqrt{1+m^2} = 15.75 + 2 \times 2 \times \sqrt{1+1.5^2} = 22.961 (\text{m})$$

$$R = A/\chi = \frac{37.5}{22.961} = 1.633 (\text{m})$$

$$C = \frac{1}{n}R^{\frac{1}{6}} = 43.41 (\text{m}^{0.5}/\text{s})$$

$$i = \frac{Q^2}{A^2 C^2 R} = \frac{30^2}{43.41^2 \times 37.5^2 \times 1.633} = 0.000\,21$$

6. 解：(1) 先求出临界水深

$$h_c = \sqrt[3]{\frac{\alpha q^2}{g}} = \sqrt[3]{\frac{36}{9.81}} = 1.54 (\text{m})$$

收缩断面流速

$$v_{c0} = \frac{q}{h_{c0}} = 11.86 (\text{m/s})$$

弗劳德数

$$Fr_1 = \frac{v_{c0}}{\sqrt{gh_{c0}}} = \frac{11.86}{\sqrt{9.81 \times 0.506}} = 5.31$$

求出跃后水深

$$h_2 = \frac{h_{c0}}{2}(\sqrt{1+8Fr_1^2} - 1) = \frac{0.506}{2}(\sqrt{1+8 \times 28.2} - 1) = 3.56 (\text{m})$$

由于 $h_2 > h_0$，故缓坡长渠内发生远离水跃。

（2）水面线连接如图所示。

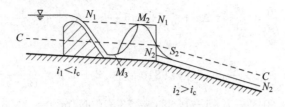

试 卷 6

一、是非题

1. （√）　2. （×）　3. （√）　4. （√）　5. （×）　6. （×）　7. （√）　8. （×）
9. （×）　10. （√）

二、选择题

1. （3）　2. （4）　3. （2）　4. （3）　5. （4）　6. （1）　7. （1）　8. （2）　9. （4）
10. （2）

三、作图题

1.

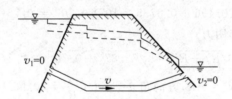

2.

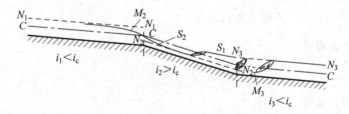

四、计算题

1. **解**：先求出流量

$$Q = v_2 \frac{\pi d_2^2}{4} = 10 \times \frac{3.14 \times 0.1^2}{4} = 0.0785 (\text{m}^3/\text{s})$$

断面 1 的流速

$$v_1 = \frac{4Q}{\pi d_1^2} = \frac{4 \times 0.0785}{3.14 \times 0.2^2} = 2.5 (\text{m/s})$$

求断面 1 的动水压强，列断面 1、2 之间的能量方程。基准面选在水平管轴线上。

并取 $\alpha_1 = \alpha_2 = 1.0$

则有

$$\frac{p_1}{\rho g} + \frac{v_1^2}{2g} = \Delta z + \frac{v_2^2}{2g} + 0.5 \frac{v_2^2}{2g} = \Delta z + 1.5 \frac{v_2^2}{2g}$$

可解出

$$p_1 = \rho g \left(\Delta z + 1.5 \frac{v_2^2}{2g} - \frac{v_1^2}{2g} \right) = 9810 \times \left(0.2 + 1.5 \times \frac{10^2}{19.62} - \frac{2.5^2}{19.62} \right)$$

$$= 9810 \times (0.2 + 7.65 - 0.32) = 73\,870(\text{N/m}^2) = 73.87(\text{kN/m}^2)$$

列 x、z 方向的动量方程。取 $\beta_1 = \beta_2 = 1.0$。

x 方向：

$$p_1 A_1 - R_x = \beta \rho Q (v_2 \cos 45° - v_1)$$

则可解出

$$R_x = 73.87 \times \frac{3.14 \times 0.2^2}{4} - 0.0785(10 \times 0.707 - 2.5)$$

$$= 2.32 - 0.36 = 1.96(\text{kN})$$

z 方向：

$$R_z - G = \beta \rho Q (v_2 \sin 45°)$$

则可解出

$$R_z = 0.196 + 0.0785 \times 10 \times 0.707 = 0.75(\text{kN})$$

喷嘴对水流的总作用力

$$R = \sqrt{R_x^2 + R_z^2} = \sqrt{73.87^2 + 0.75^2} = 2.1(\text{kN})$$

水流对喷嘴的作用力 $R' = -R$，方向角 $\theta = \arctan \dfrac{R_z}{R_x} = 20.96°$。

2. **解**：(1) 由于是平面运动，存在流函数。

由 $u_x = \dfrac{\partial \psi}{\partial y}$，$u_y = -\dfrac{\partial \psi}{\partial x}$ 则可进行求解。

由第 1 个方程得

$$\frac{\partial \psi}{\partial y} = x^2 + 2x - 4y$$

对方程两边积分可得

$$\psi = x^2 y + 2xy - 2y^2 + C(x)$$

将 ψ 代入第 2 个方程得

$$-2xy - 2y = -2xy - 2y - C'(x)$$

则可得出 $C(x) = C$，$C =$ 常数，则有

$$\psi = x^2 y + 2xy - 2y^2 + C$$

(2) 由于

$$\omega_z = \frac{1}{2} \left(\frac{\partial u_y}{\partial x} - \frac{\partial u_x}{\partial y} \right) = \frac{1}{2}(-2y + 4) \neq 0$$

故不存在流速势函数。

（3）由于

$$\phi_A = 9 + 6 - 2 = 13 + C, \quad \phi_B = 25 + 10 - 2 = 33 + C$$

则单宽流量为

$$q = \phi_B - \phi_A = 20 (\mathrm{m}^2/\mathrm{s})$$

3. **解**：由于

$$\tau_2 = \mu_2 \frac{u}{\delta}, \quad \tau_1 = \mu_1 \frac{v - u}{\delta}$$

而在两层液体的交界面上切应力相等，由此可得

$$\mu_2 \frac{u}{\delta} = \mu_1 \frac{v - u}{\delta}$$

并由此解出

$$u = \frac{\mu_1 v}{\mu_2 + \mu_1}$$

4. **解**：$p_A = \rho_1 g h_1 + \rho_2 g (h_2 - R) = 888 \times 9.81 \times 2 + 1000 \times 9.81 \times 1.0$
   $= 27\,232.56 (\mathrm{N/m}^2)$

   $p_B = p_A + \rho_2 g R = 37\,042.56 (\mathrm{N/m}^2)$

则

$$P_x = \frac{p_A + p_B}{2} R b = 32\,137.56 (\mathrm{N})$$

$$P_z = \rho_1 g h_1 b + \rho_2 g \times 1 \times 1 + \rho_2 g \frac{1}{4} \pi R^2$$

$$= 888 \times 9.81 \times 2 + 1000 \times 9.81 \times 1$$

$$+ 1000 \times 9.81 \times \frac{1}{4} \times 3.14 \times 1$$

$$= 34\,933.41 (\mathrm{N})$$

总压力 $P = \sqrt{P_x^2 + P_z^2} = 47\,467.52\mathrm{N}$，方向角 $\theta = \arctan \dfrac{P_z}{P_x} = 47.39°$。

5. **解**：由谢才公式 $Q = AC\sqrt{Ri}$，并由宽浅河道的 $R = h_0$，$q = \dfrac{1}{n} h_0^{\frac{5}{3}} i^{\frac{1}{2}}$，则有

$$nq = h_0^{1.67} i^{0.5}$$

代入已知数据得

$$0.017 \times 2 = h_0^{1.67} \times 0.0009^{0.5}$$

经整理得 $1.13 = h_0^{1.67}$，解得渠道正常水深 $h_0 = 1.07 \mathrm{\ m}$。

由矩形断面临界水深公式

$$h_c = \sqrt[3]{\frac{1 \times 4}{9.81}} = 0.742 \mathrm{\ m}$$

由于 $h_0 > h_c$，故渠道中的水流属于缓流。